建筑装饰装修职业技能岗位培训教材

建筑装饰装修涂裱工

（高级工　技师　高级技师）

中国建筑装饰协会培训中心组织编写

中国建筑工业出版社

图书在版编目（CIP）数据

建筑装饰装修涂裱工（高级工　技师　高级技师）/中国建筑装饰协会培训中心组织编写．—北京：中国建筑工业出版社，2003

建筑装饰装修职业技能岗位培训教材

ISBN 7-112-05735-3

Ⅰ．建…　Ⅱ．中…　Ⅲ．建筑装饰-裱糊工程-技术培训-教材　Ⅳ．TU767

中国版本图书馆 CIP 数据核字（2003）第 021063 号

建筑装饰装修职业技能岗位培训教材

建筑装饰装修涂裱工

（高级工　技师　高级技师）

中国建筑装饰协会培训中心组织编写

*

中国建筑工业出版社出版、发行（北京西郊百万庄）

新 华 书 店 经 销

北京市彩桥印刷厂印刷

*

开本：850×1168 毫米　1/32　印张：10⅜　字数：279 千字

2003 年 7 月第一版　　2003 年 7 月第一次印刷

印数：1—5000 册　　定价：**15.00** 元

ISBN 7-112-05735-3

TU·5034（11374）

本社网址：http：//www．china-abp．com．cn

网上书店：http：//www．china-building．com．cn

出 版 说 明

为了不断提高建筑装饰装修行业一线操作人员的整体素质，根据中国建筑装饰协会2003年颁发的《建筑装饰装修职业技能岗位标准》要求，结合全国建设行业实行持证上岗、培训与鉴定的实际，中国建筑装饰协会培训中心组织编写了本套“建筑装饰装修职业技能岗位培训教材”。

本套教材包括建筑装饰装修木工、镶贴工、涂裱工、金属工、幕墙工五个职业（工种），各职业（工种）教材分初级工、中级工和高级工、技师、高级技师两本，全套教材共计10本。

本套教材在编写时，以《建筑装饰装修职业技能鉴定规范》为依据，注重理论与实践相结合，突出实践技能的训练，加强了新技术、新设备、新工艺、新材料方面知识的介绍，并根据岗位的职业要求，增加了安全生产、文明施工、产品保护和职业道德等内容。本套教材经教材编审委员会审定，由中国建筑工业出版社出版。

为保证全国开展建筑装饰装修职业技能岗位培训的统一性，本套教材作为全国开展建筑装饰装修职业技能岗位培训的统一教材。在使用过程中，如发现问题，请及时函告我会培训部，以便修正。

中国建筑装饰协会

2003年6月

本教材根据建筑装饰装修职业技能岗位标准和鉴定规范进行编写，考虑建筑装饰装修涂裱工的特点，围绕高级工、技师、高级技师的“应知应会”内容，全书由基本知识、识图、材料、机具、施工工艺和施工管理六章组成，以材料和施工工艺为主线。

本书可作为涂裱工技术培训教材，也适用于上岗培训以及读者自学参考。

建筑装饰装修职业技能岗位标准、鉴定规范、习题集及培训教材编审委员会

前　言

本书是中国建筑装饰协会规定的“建筑装饰装修职业技能岗位培训统一教材”之一，是根据中国建筑装饰协会颁发的《建筑装饰装修职业技能岗位标准》和《建筑装饰装修职业技能鉴定规范》编写的。本书内容包括涂裱工的基本知识、识图、机具、材料、施工工艺及施工管理等。通过系统的学习培训，可分别达到高级工、技师、高级技师的标准。

本书根据建筑装饰装修涂裱工的特点，以材料和工艺为主线，突出了针对性、实用性和先进性，力求作到图文并茂，通俗易懂。

本书由陈晋楚主编，由韩立群、路化林主审，主要参编人员魏秀本。在编写过程中得到了有关领导和同行的支持及帮助，参考了一些专著书刊，在此一并表示感谢。

本书除作为业内涂裱工岗位培训教材外，也适用于中等职业学校建筑装饰专业、职业高中教学及读者自学参考。

本教材与《建筑装饰装修涂裱工职业技能岗位标准、鉴定规范、习题集》配套使用。

由于时间紧迫，经验不足，书中难免存在缺点和错漏，恳请广大读者指正。

目　录

第一章 高级工、技师、高级技师应具备的基础知识

第一节 高级工、技师、高级技师的地位和作用

一、是涂裱（油漆）**分包企业的技术骨干**

高级技工、技师、高级技师是技术工人队伍中具有专门高级技能的人才，是施工第一线的一支重要力量，他们对提高建筑装饰装修工程中的涂饰工程质量有着重要作用。

1. 建设部最新发布的建筑装饰装修施工企业资质等级标准中制订了油漆作业分包企业资质等级标准。“标准”明确规定“企业具有相关专业技术员或本专业高级工以上的技术负责人”。因此，在具有“作业分包企业资质”的企业中，必须具备本专业高级技工或技师，高级技师来担负起“技术负责人”之称。

2. 作为专业分包企业同时必须对所分包的工程做出技术方案，进行质量控制。企业技术负责人同时也是工程承包单位工程项目部的技术管理成员之一，应当担负起技术管理职能。

（1）在新建装饰装修工程中，具有熟悉图纸和审核图纸并能发现设计中存在的问题的能力。为承包单位技术负责人提供本专业的具体技术问题。

（2）能够根据已经定案的设计图纸提出准确的工程量、人工和材料消耗量，供给承包单位做备料计划和劳动力计划。

（3）在改建工程中，能够根据业主的要求，提出完整的改建施工方案，并能在涂裱（含古建筑）专业上对出现的高难技术问

题作出准确判断，并提出科学合理的解决方案，且能亲自动手实施。

二、是推广使用新技术、新材料的领头人

涂裱材料是个不断更新发展的品种。应该随时掌握涂裱材料的市场动态，及时了解新材料、学习新技术，并能对工人进行示范操作，推动新材料、新技术的推广使用。认真执行建设部2001年109号令关于《建设领域推广应用新技术管理规定》。规定中明确："所指新技术，是指经过鉴定、评估的先进、成熟、适用的技术、材料、工艺、产品。所指限制、禁止使用的落后技术，是指已无法满足工程建设、城市建设、村镇建设等领域的使用要求，阻碍技术进步与行业发展，且已有替代技术，需要对其应用范围加以限制或者禁止使用的技术、材料、工艺和产品。"

三、是继承和发扬古建装饰的主力

在古建方面有一定的造诣。能够区分不同朝代及其油饰彩画方面的特点、名词和做法。根据中国建筑宫殿式、大式、小式的不同类型确定相应的油饰彩画做法。特别对清式彩画的种类应了解得更清楚。懂得彩画与油活工序之间的关系。并能在具体古建修缮工程中参与技术定案工作。

四、是施工现场协调各工种有序施工的协调员

在具体工程项目的施工中，应根据涂裱施工特点，合理地协调好有关工种衔接关系，特别是木工、抹灰工、电气工、水暖工等工种的密切配合，不相互扯皮，做到有序施工。

五、是对企业技术工人进行培训和示范的老师

作为一名高级工、技师、高级技师应该具备对本专业的技术工人进行示范操作、培训考核，促进本企业工人提高操作技能。

六、是参与工程项目管理中技术管理核心成员

除以上总的要求以外，还应该具体执行"工程项目管理"中有关技术管理方面的职责。

1. 协助做好项目部工程师分配的本作业技术及质量工作。

2. 协助项目部技术组编制施工方案。

3. 监督现场本作业重大设备材料的检验工作。

4. 负责本作业工程质量检验工作。

5. 认真作好与其他工种的交接鉴定工作，要熟悉新的质量标准，即《建筑装饰装修工程质量验收规范》（GB 50210—2001）。

6. 对本作业施工中出现的重大技术问题能及时提出处理方案并付诸实施。

7. 协助项目部贯彻安全操作规程，模范执行安全生产制度。

8. 要对新项目作出样板，调色地漆做示范。

9. 对设计上的明确缺陷能提出合理建议。

10. 能在工程项目完工后及时做出技术工作总结。

七、应该具有计算机的一级知识水平

作为技师、高级技师还必须学会运用计算机技术，至少应掌握计算机一般水平。能够使用计算机进行文字处理。

八、能够将自己的实践经验进行总结

高级工、技师，特别是高级技师，要求在完成一项工程以后，将自己的经验教训写成总结，作为今后工作的指导。

一般技术工人以往都是重实践轻总结，只凭经验对工人进行“传、帮、带”，不能将自己的经验上升到理论高度，用理论联系实际来培训工人。为了迅速培养出新一代技师和高级技师，我们要求每项工程施工完后一定要写出总结。

下面对如何写专题总结作一点提示：

专题总结也就是单项总结。比如：进了一批新涂料，以往没有用过，这一次施工后就可以对其材质、性能、操作方法、工具要求，环境要求等方面进行实践，找出提高工效，保证质量的经验。具体写法：一般总结分三个部分：第一，标题。如“对某某涂料施工的一点体会”；第二，正文。正文是总结的主要部分，有基本情况和主要经验教训。基本情况写得简明扼要，主要经验教训写得具体详细，写出取得成绩的方法、措施。第三，签署。签署就是写上这份总结是谁写的，再写上日期。

九、具有装饰设计知识并能绘制本专业施工图

高级技师应该通过专业培训或学习，初步掌握建筑装修、装饰设计构造基本原理，并能绘制本专业工程施工图。

第二节 化学基础知识与涂料

涂料是一种特殊的装饰材料，它以自己特有的结膜性能覆盖于被涂物质表面而起到保护基底面层、美化环境的作用。而这种结膜性能是由其化学分子结构决定的，所以涂料是化学工业产品。我们研究涂料，首先要对化学的基础知识有所了解。

一、化学基础知识

世界是由物质组成，那么物质是由什么构成的呢？研究证明，构成物质的微粒可以是分子、原子或离子。有些物质是由分子构成的，还有一些物质是由原子直接构成的。例如汞是由许多汞原子构成的，铁是由许多铁原子构成的。

(一) 分子

分子是物质中能够独立存在并保持其物理化学性质的最小微粒，不为肉眼所见到。如二氧化碳就是由大量的二氧化碳分子构成的，而氢气则是由大量的氢气分子构成的。其中二氧化碳分子、氢气分子决定了二氧化碳、氢气的化学性质。

(二) 原子

原子是构成分子的基本单元。在化学反应里，分子还可以分成原子，但原子却不能再分，因此原子是化学变化中的最小微粒。

(三) 离子

离子是指带电荷的原子（或原子团）。如钠离子 Na^+、镁离子 Mg^{2+}、氢离子 H^+，它们均带正电。故称为阳离子。而氯离子 Cl^-、硫离子 S^{2-} 都带负电称为阴离子。元素符号右上角表示离子的电荷量。如 Na^+ 带一个单位的正电荷，Mg^{2+} 带二个单位的正电荷，S^{2-} 带二个单位的负电荷，Cl^- 带一个单位负电荷。

（四）原子的组成

原子是化学变化中的最小微粒，它是由原子核和核外带负电的电子构成的。原子核带正电荷，位于原子的中心，只占极小的体积。它的半径只有原子半径的十万分之一，电子带负电荷，在原子核周围作高速运动。在原子中，由于原子核所带的正电荷数（简称核电荷数）与核外电子所带的负电荷数相等，但电性相反，因此原子不显电性。

原子核虽小，但仍然具有复杂的结构，它是由两种更小的微粒质子和中子组成的。中子不带电，一个质子带一个单位正电荷，因此核电荷数由质子数决定。

（五）核外电子排布情况

电子是质量很小，带负电的微粒，它在原子核外作高速运动，在含有多个电子的原子里，电子的能量不相同，能量低的，通常在离核近的区域运动，能量高的，通常在离核远的区域运动。为了说明问题，通常用电子层来描述。电子是分层排布的，能量最低，离核最近的叫第一层，能量稍高离核稍远的叫第二层，由里往外依次类推，依次用第三、四、……来表示。这样就可将电子看作是在能量不同的电子层上运动着的微粒。而核外电子的分层运动又称为核外电子的分层排布。

（六）元素

具有相同的核电荷数的同一类原子总称为元素。如氧元素就是所有氧原子的总称，碳元素就是所有碳原子的总称。像这种由同种元素组成的纯净物叫单质。有些物质的组成比较复杂，它由两种或两种以上不同的元素组成，这种物质叫化合物，如氧化镁或氢氧化钠等。

（七）元素符号

在化学上，用不同的符号表示各种元素。例如用“O”表示氧元素，用“C”表示碳元素，用“S”表示硫元素等等。这种符号就叫元素符号。

元素符号除表示一种元素外，还表示这种元素的一个原子。一些常见的元素的名称符号见表 1-1。

常见元素名称符号　　表 1-1

元素名称	元素符号	元素名称	元素符号	元素名称	元素符号
氢	H	硫	S	铁	Fe
氧	O	钠	Na	铜	Cu
氯	Cl	铝	Al	锌	Zn
碳	C	钙	Ca	银	Ag
硅	Si	钾	K	金	Au

（八）分子式

用元素符号来表示物质分子组成的式子叫分子式。如氧气分子、氢气分子和水分的组成，可以分别用分子式 O_2、H_2 和 H_2O 来表示。

（九）原子量

原子虽很小，但有一定的质量，一个碳原子质量是 1.993×10^{-26}kg，一个氧原子质量是 2.657×10^{-26}kg，这样小的数字，记忆和使用均不方便，因此一般不直接用原子的实际质量，而采用其相对质量。国际上的同位素 12C 的 1/12 作为标准，其他原子的质量跟它相比较所得的数值，就是该原子的原子量。因此原子量只是一个比值，没有单位。采用原子量来计算就比较方便。

（十）分子量

一个分子中各原子的原子量的总称就是分子量。根据分子式就可以计算出分子量。例如氧气的分子式是 O_2，那么氧气的分子量就是两个氧原子原子量之和，即为 $16\times2=32$（氧的原子量是 16）。

（十一）化学方程式

用分子式来表示化学反应的式子，叫化学方程式。如 $C+O_2\xlongequal{点燃}CO_2$，为二氧化碳的化学方程式。

JH80—1 型无机高分子涂料主要成膜物质的化学方程式为：

$$K_2CO_3 + nSiO_2 \xrightarrow{1300\sim1400℃} K_2O \cdot nSiO_2 + CO_2$$

其中 K_2CO_3 是碳酸钾、$nSiO_2$ 是二氧化硅、1300～1400℃是燃点、$K_2O \cdot nSiO_2$ 是硅酸钾（为 JH80—1 涂料的主要成膜物质）、CO_2 是二氧化碳（辅料）。

JH80—2 型无机高分子涂料主要成膜物质的化学方程式为：

$$2KOH + nSiO_2 \xrightarrow{170\sim180℃} K_2O \cdot nSiO_2 + H_2O$$

其中 2KOH 氢氧化钾、$nSiO_2$ 是二氧化硅、170～180℃是燃点、$K_2O \cdot nSiO_2$ 硅酸钾（JH80—2 主要成膜物质）、H_2O 是水（辅料）。

（十二）无机化合物

无机化合物简称无机物，一般指分子组成里不含碳元素的物质，如水（H_2O）、食盐（NaCl）、硫酸（H_2SO_4）、碳酸钙 $CaCO_3$ 等。而像二氧化碳（CO_2）、一氧化碳（CO）等少数物质，虽含有碳元素，但它们的组成和性质与无机化合物很相近，一般把它们作为无机物看待。

（十三）有机化合物

有机化合物简称有机物，是指含碳元素的化合物。组成有机物的元素，除主要的碳元素外，通常还有氢、氧、磷等。

有机物的特点是易燃烧，熔点、沸点低，易挥发。

（十四）高分子化合物

塑料、橡胶、化学纤维以及某些胶粘材料、涂料等是以高分子化合物（简称为高汞物）为基础制成的，这些高分子化合物绝大多数是由人工合成制得的，故又称高分子合成材料。

1. 特征

高分子化合物的结构不但复杂而且分子量大，一般都在 1000 以上，甚至可以达到数万、数十万或更大。例如由乙烯（$H_2C=CH_2$，分子量为 28）聚合而成的高分子化合物聚乙烯（$\cdots -CH_2-CH_2- \cdots$）的分子量则在 1，000～35，000 之间或更大。高分子聚合物或其预聚体，均称为合成树脂。

合成高分子化合物的化学组成都比较简单，一般是由一种或几种简单的化合物(称为单体)聚合生成的。高分子化合物的结构单位称为链节，如聚氯乙烯的分子式可写为($-CH_2-\underset{\displaystyle Cl}{\underset{|}{CH}}-$)$_n$，其中每一个（ $-CH_2-\underset{\displaystyle Cl}{\underset{|}{CH}}-$ ）均属链节，n 称为聚合度，它表示着一个高分子中的链节数目。聚合度的大小决定于原料、反应过程进行的条件以及加工方法等等。

在单体聚合的过程中，由于多种因素的影响，生成的聚合物是许多结构和性质相类似而聚合度不完全相符的混合物。这些聚合物称为同系聚合物，因此，高分子化合物是不同分子量的同系聚合物。这种特点称为多分散性，所以高分子化合物的分子量也只能用平均分子量来表示。

从结构上看，高分子化合物的主链常为 C—C 、C—N 或 Si—O 等链所组成，在每个链节上，还可能带有不同的极性基(如 —Cl、—OH 等)或非极性基(如 $-CH_3$、$-C_6H_5$ 等)。例如，聚氯乙烯 $[\!-CH_2-\underset{\displaystyle Cl}{\underset{|}{CH}}-]_n$、聚苯乙烯 $[\!-CH_2-\underset{\displaystyle C_6H_5}{\underset{|}{CH}}-]_n$ 等。所带的基团能影响聚合物的各种物理、化学性质。

高分子化合物的性质在很大程度上还决定于分子链的形状。根据分子链的形状不同，分为线型、球型、网型和体型几种结构。

线型结构高分子化合物的主链原子，常排列成一长链形状，在长链上接有或多或少、长短不一的支链。这类结构的高聚物受热时，往往可以熔化，也能溶于特定的有机溶剂，具有形成晶体的可能性，并可用人工定向。由于其中少量支链分子间距增大，结构变松，从而使机械强度降低，溶解能力和可塑性增高。常用的这类高聚物有聚乙烯、聚氯乙烯、橡胶等。

球型结构高分子化合物的主链也是长链形状，但带有大量的支链，并围绕在主链的四周，使分子成为球状。其强度和弹性都不及线型结构高，无显著的熔点，但具有良好溶解性能。酚醛树脂、脲醛树脂等反应过程的中间产物均属这类结构。

网型结构高分子化合物的主链也是长链形状，但为横跨键所交联成为网状。它在高温下不熔化，但能变软，具有塑性，在有机溶剂中不溶解，但能膨胀，硫化橡胶即属于这类分子。

体形结构高分子化合物长链的主链，在三度空间与其他许多分子发生交联而成，但在单体聚合过程中，也能逐步交联而形成。体型结构的高聚物质硬而脆，在高温中既不熔化，也无可塑性，在有机溶剂中不能溶解。酚醛、胺醛、环氧及聚酯等树脂的最终产物，均属此结构。

2. 高分子化合物的分类

目前高分子化合物的分类方法很多，根据来源可分为天然的和人工合成的两类；根据使用性质可分为塑料、橡胶、纤维等类；根据高分子化合物主链结构可分为碳链、杂链、元素等高聚物三类；最主要的是根据其对热的性质分为热塑性、热固性及热稳定性高聚物三类。

热塑性高聚物在加热时呈现可塑性，甚至熔化，冷却后又凝固硬化，而且这种变化是可逆的，并能重复多次。属于此类的，其分子间作用力较弱，为线型及带支链的高聚物，如聚乙烯、聚氯乙烯等。

热固性高聚物在加热时易转变成黏稠状态，再继续加热则固化，其分子量也随之增大，最后成为热稳定性的高聚物，但这变化是不可逆的。热固性高聚物这种特性是由于加热时，分子内部发生化学反应，转变成体型结构的缘故，因此，凡是在热的作用下，能转变成网型或体型结构的线型或球型的高聚物均属此类。如热固性酚醛树脂、氨基树脂等。

热稳定性高聚物受热的影响较小，加热到分解温度时，也不能转变成塑性状态。属于这类的是具有网型或体型结构的高聚物，如受热反应最终阶段的酚醛树脂、氨基树脂，以及带有极性的、高度定向的线型高分子。天然纤维属这一类。

3. 高分子化合物的合成

许多低分子化合物可作为合成高分子化合物的原料，其结构不同，聚合方法也不同。常用的聚合方法有缩聚及加聚两种。

(1) 缩聚反应

它是由一种或数种单位，通过缩合反应形成高聚物，同时析出水、卤化氢、氨及醇等低分子化合物的过程。为了得到聚合度高的聚合物，须注意保持两种原料的克当量数比例，而且要控制杂质量很小，并要选择副反应少的反应过程。在反应中如用二官能团化合物作原料，则得到线型高聚物，如用三官能团的原料，一般得到体型结构的高聚物。前者如改变反应条件也可得到体型高聚物。

例如缩聚物酚醛树脂是由苯酚（C_6H_5—OH）和甲醛（H—C(H)=O）这两种单体缩聚而成，其反应式如下：

$$H_2C{=}O + C_6H_5OH + H_2C{=}O + C_6H_5OH + \cdots\cdots \rightarrow \cdots\cdots CH_2-C_6H_2(OH)(CH_2)-CH_2-C_6H_2(OH)(CH_2)-\cdots\cdots + H_2O$$

线型酚醛树脂

反应中除生成与原来单体组成不同的线型酚醛树脂外，还生成水。此产物在180℃以上熔化，冷却后又变硬而脆的物质，可溶于有机溶剂。

若改变以上缩聚反应的条件，将苯酚溶于碱性水溶液中（如 NaOH、$NH_3 \cdot H_2O$）等，当甲醛过量时，得到的却是性质极不相同、具有网状结构的体型结构高聚物，其结构如下所示：

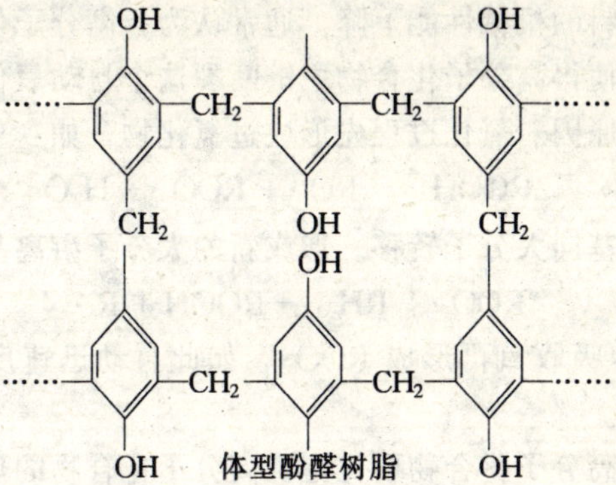

体型酚醛树脂

此体型酚醛树脂加热后不熔化，高温下则发生裂解，也不溶于有机溶剂。

(2) 加聚反应

许多烯类及其衍生物可以起加聚反应生成高分子化合物。常用的烯类多为 $CH_2{=\!=}CHX$ 或 $CH_2{=\!=}CXY$ 型及共轭$=\!=$烯烃等。

例如聚氯乙烯的合成：

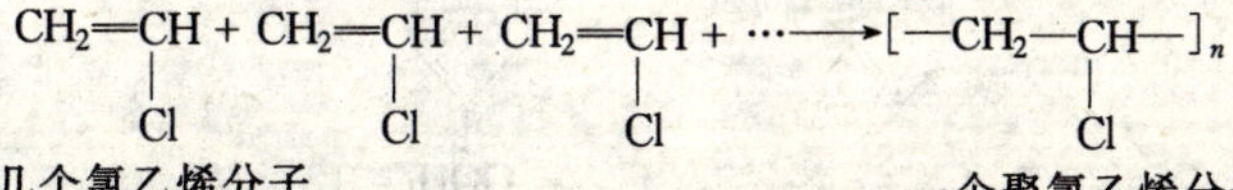

$$\underset{\text{Cl}}{CH_2{=}\underset{|}{CH}} + \underset{\text{Cl}}{CH_2{=}\underset{|}{CH}} + \underset{\text{Cl}}{CH_2{=}\underset{|}{CH}} + \cdots \longrightarrow [-CH_2-\underset{\underset{\text{Cl}}{|}}{CH}-]_n$$

几个氯乙烯分子　　　　　　　　　　　　一个聚氯乙烯分子

加聚反应得到的高聚物一般为线型分子，它的组成与单体的组成完全一样，所不同的是它属于高分子量化合物，同时也没有水、氨、醇等第三产物形成。

4. 高分子化合物的老化

高分子化合物在加工和应用的过程中，由于环境因素的影响，本身使用性能降低甚至破坏的现象叫做老化。导致高分子化合物老化的主要因素有光、热、氧气、水、霉菌以及其他化学物质的作用。其中影响最大的是热氧老化和光氧老化。

（1）热氧老化

热氧老化是热和氧综合作用于高分子化合物的结果，热氧效应将导致材料的机械性能下降。通常认为，高分子化合物含氧游离基的分解使得高分子化合物主链断裂这个自动氧化过程是造成热氧老化的原因。氧化过程先形成过氧化物，如：

$$2ROOH \longrightarrow RO\cdot + ROO\cdot + H_2O$$

形成的游离基向大分子转移，形成新的大分子游离基：

$$ROO\cdot + RH \longrightarrow ROOH + R\cdot$$

而 R·又迅速吸收氧再形成 ROO·，如此自动迅速反应下去，使大分子氧化。

不饱和高分子化合物要比饱和高分子化合物的热氧裂解速度快得多，主要原因是双键处容易形成过氧化物，加速了热氧老化的引发阶段，即加快了游离基的形成速度。

对于在叔碳原子上含有活泼氢原子的高聚物，可以直接氧化形成过氧化物，如聚苯乙烯聚丙烯热裂解等，首先在叔碳上形成不稳定的过氧化物，从而诱发了自动氧化过程。

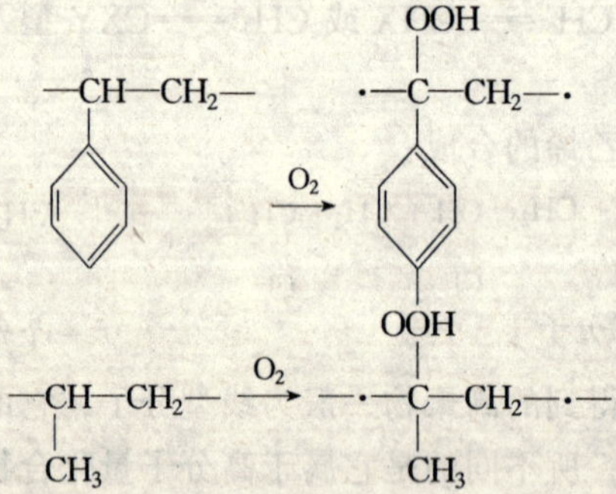

$$-CH(C_6H_5)-CH_2- \xrightarrow{O_2} \cdot-C(OOH)(C_6H_5)-CH_2-\cdot$$

$$-CH(CH_3)-CH_2- \xrightarrow{O_2} -\cdot-C(OOH)(CH_3)-CH_2-\cdot-$$

高分子化合物的热氧老化随着易于形成游离基物质的增多而加速。高分子化合物中残余的引发剂可以加速热氧老化过程，因此对引发剂的使用要正确控制。

如果在高分子化合物中加入抗氧剂，中断自动氧化的连锁反应，则可大大降低热氧老化的速度。常用的抗氧剂有芳香胺类

（如苯基－β－萘胺）和阻碍酚类。前者主要作用是链转移，给出活泼氢的同时，本身形成较稳定的游离基，从而切断热氧化连锁过程。后者系利用空间阻碍和较高的共轭体系，使链转移后生成的游离基稳定。所以适当地合理选用抗氧剂有利于提高高分子化合物的热氧稳定性。通常把这些抗氧剂叫稳定剂或防老剂。

（2）光氧老化

光氧老化是指高分子化合物在空气、水和氧的参与下，光化学裂解（或放射线化学裂解）的复杂过程。在很多情况下，光氧老化引起高分子化合物性能改变的基本过程是高分子化合物分子链被光激发的氧化连锁过程所破坏。

聚烯烃（如高压聚乙烯、聚丙烯）中支链结构的存在，使叔碳的氢原子在光的作用下，很容易被氧化形成过氧化物。

为了使高分子化合物稳定，需加入光稳定剂，如光屏蔽剂（炭黑等）、紫外线吸收剂（苯基水杨酸类、二苯酮类、苯并三唑类等）和能量转移剂（含 Ni 或 Co 的络合物）

（十五）化学键

原子与原子相互结合形成分子时，原子间存在着强烈的相互作用，这种相互作用导致了分子的形成。化学上，把分子中相邻原子（或离子）间的这种强烈的相互作用称为化学键。由于各种元素的原子结构不同，彼此结合的方式也不相同，因此就形成了不同类型的化学键，化学键最基本的类型有两种：离子键和共价键。

1. 离子键

以氯化钠的形成为例来说明离子键。由于钠离子 Na^{+} 和氯离子 Cl^{-} 所带的电荷符号相反，就会产生静电引力而互相靠近，但因钠离子和氯离子本身都有带负电的电子层，当它们接近时，又产生排斥力而互相推开。当吸引力与排斥力达到平衡时，钠离子和氯离子就保持着一定的距离，结合成为氯化钠。像氯化钠那样，阳离子和阴离子通过静电作用而形成的化学键叫做离子键。

2. 共价键

用离子键的理论只能解释活泼金属元素形成离子化合物的原因。许多非金属单质的分子，如 H_2、Cl_2 以及非金属元素之间的化合物分子，如 HCl、H_2O 等，形成的原因却是共价键的作用。两个相结合的原子所共用的一对电子叫做共用电子对。原子间通过共用电子对而形成的化学键叫共价键。

由两个原子共用一对电子形成的共价键叫做共价单键，通常用短线 — 表示，例如氢分子可表示为 H—H 。此外不同元素的原子间也可以通过两个或三个共用电子对形成共价双键或共价叁键，例如在二氧化碳分子（CO_2）中，碳原子分别和两个氧原子以共价双键相结合：O═C═O。

在氰化氢（HCN）分子中，碳原子与氮原子以共价叁键相结合： H—C≡N 。

二、常用涂料的成膜知识

涂料是由不挥发部分和挥发部分两大部分组成。涂料施涂于物体表面后，其挥发部分逐渐散去，剩下的不挥发部分留在物体表面上干结成膜。这些不挥发的固体部分叫做涂料的成膜物质。成膜物质又可分为主要、次要和辅助成膜物质。主要成膜物质也叫胶粘剂，一般是天然油脂、天然树脂或合成树脂。

涂料中使用的油脂主要是植物油，依照油脂干结成膜的速度可分为干性油、半干性油和不干性油。其中以干性油用量最大。

树脂是现代涂料的重要成分，有广阔的发展前途。树脂是有机高分子复杂物互相溶合而成的混合物，每种树脂都各有其特性，为了满足涂料的多种性能，往往在一种涂料中需加入几种树脂或油性漆中加入树脂混合使用。为此要求树脂间或树脂与油性漆间应有很好的相溶性，否则就会给涂料的成活质量带来不良的后果。

常用涂料由于种类不同，涂膜的类型与成膜原理各不相同，简介如下：

（一）涂膜的类型

根据涂膜的分子结构，涂膜分为三类，即低分子球状结构的涂膜；线型分子结构的涂膜和体型网状分子结构的涂膜。涂膜的分子结构如图 1-1。

1. 低分子球状结构的涂膜：低分子球状结构的涂膜是由大量球形或类似球形的低分子（如虫胶、松香衍生物等）组成的。这些涂膜对木材的附着力尚好，但因分子之间的联系微弱，所以耐磨性很差，弹性低，大多数不耐水、不耐热、不能抵抗大气的侵入。

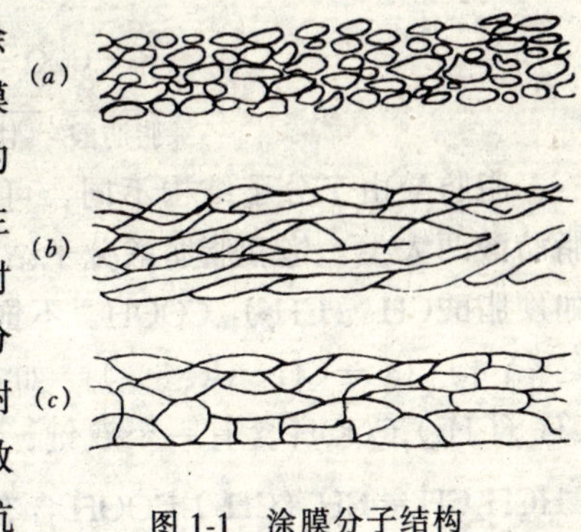

图 1-1 涂膜分子结构

(a) 低分子球状结构；(b) 线型分子结构；(c) 体型网状分子结构

2. 线型分子结构的涂膜：它是由直链型或支链型大分子（如硝酸纤维）与许多非转化型的合成树脂（如过氯乙烯、聚丙烯等）组成的。这类涂膜因分子间彼此相互交织，联系紧密，因此弹性、耐磨性、耐水性和耐热性等均高于低分子结构的涂膜。

3. 体型网状分子结构的涂膜：属于体型网状分子结构的涂膜有聚酯、丙烯酸、聚氨酯等涂料的涂膜。各个分子之间由许多侧链紧密连接起来。由于这些牢固的侧链存在，所以这类涂膜的耐水、耐候、耐热、耐寒、耐磨、耐化学性能等都比其他分子结构的涂膜高得多。

（二）涂料的成膜原理

涂料品种极多，其分类不很一致，有的以成膜物质为基础进行分类；也有按施涂部位分成用于内外墙面、顶棚、地面等涂料；还有按装饰质感和效果分薄涂料、厚涂料和复层建筑涂料等。为了从化学理论知识角度来说明涂料的成膜原理，现将常用涂料归纳为以下几种类别作介绍：

1. 油性涂料的成膜原理：油性涂料的成膜是由油的分子结构决定的。油的化学结构式为：

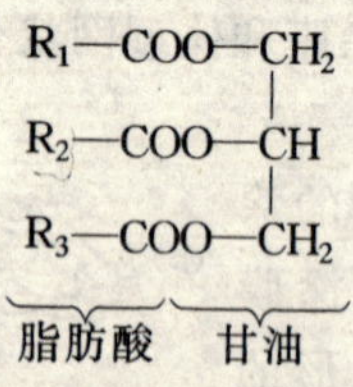

脂肪酸由于分子结构不同，可以分为饱和脂肪酸和不饱和脂肪酸两大类。饱和脂肪酸分子结构中的碳原子之间不含双键，如硬脂酸$CH_3(CH_2)_{16}COOH$。不饱和脂肪酸含有不同数量的双键结构（—CH═CH—），如油酸$CH_3(CH_2)_7CH═CH(CH_2)_7COOH$含有一个双键；亚麻油酸$CH_3(CH_2)_4CH═CHCH_2CH═CH(CH_2)_7COOH$含有两个双键；次亚麻油酸含有三个双键。在化学性质方面，含有双键的不饱和脂肪酸要比不含双键的饱和脂肪酸活泼得多，容易起化学反应；一是和空气中的氧气发生氧化反应；二是不饱和脂肪酸之间互相连接起来，由小分子变成大分子发生聚合反应。当把含有不饱和脂肪酸较多的油涂成薄层时，它和空气接触首先发生氧化反应，同时自身也发生聚合作用，由小分子变为大分子，液态薄层逐渐变成固态的涂膜。如果油含饱和脂肪酸多，那么它所起的氧化聚合作用很小，因而不能成膜。

2. 溶剂型涂料成膜原理：一般涂料的成膜物质，不能直接施涂于物体表面，必须先将成膜物质溶解在溶剂里变成稀薄的液体涂料，再施涂于物体表面，一般在15～25℃温度下，待溶剂全部挥发后，就可得到一层涂膜。在成膜过程中成膜物质的分子结构无明显的化学变化。属于这类成膜方式的涂料类别有虫胶漆、硝基漆、过氯乙烯树脂漆等。

3. 氧化聚合型涂料的成膜原理：这类涂料的成膜一方面靠溶剂的挥发，另一方面靠成膜物质的氧化、聚合、缩合等化学反应——由低分子物质或线型高分子物质转化为体型聚合物，故称“转化型涂料”。有清油、厚漆、天然树脂漆、酚醛树脂漆、醇酸树脂漆、丙烯酸漆等。这类涂料化学反应需较长时间，涂层干燥缓慢。

4. 固化剂固化型涂料的成膜原理：这类涂料的成膜需要加入固化剂，因为固化剂中的活性元素或活性基团能使成膜物质的分子发生化学反应，交联固化成高分子的涂膜。属于这种类型的涂料有双组分的聚氨酯漆和胺类固化的环氧树脂漆等。

5. 烘干聚合型涂料的成膜原理：这类涂料必须经过一定的温度烘烤才能使成膜物质分子中的官能团发生交联固化而形成连续完整的网状高分子涂膜。属于这类涂料的有氨基醇酸烘漆、沥青烘漆、环氧树脂烘漆等。每一种烘干聚合型涂料都有它自己的规定成膜烘烤时间和一定的温度。若温度太低则交联反应太慢，或根本不起反应；温度太高则会引起成膜物质中的颜料分解，或高分子树脂的裂解而使涂膜颜色变深等。一般烘烤温度范围在100～150℃之间。

6. 水溶性树脂涂料的成膜原理：水溶性涂料与溶剂型涂料的区别在于水溶性涂料是以水作溶剂，而溶剂型涂料是以有机溶剂作溶剂。

合成树脂能溶于水的原因是由于在树脂的分子链上含有一定数量的强亲水性基团。例如含有羧基（—COOH）、羟基（—OH）、氨基（$—NH_2$）、醚基（—O—）等。但是这些极性基团与水混合时只能形成混合液，它们的羧酸盐则可部分溶于水，因而水溶性树脂大多数以中和成盐的形式存在。为了提高树脂的水溶性和调节涂料的黏度，常加入少量的亲水性有机助溶剂（如低级的醇和醚醇类物质）。

水溶性涂料可分为烘干型和常温干燥型两类。

水溶性涂料的成膜原理，与一般的溶剂型涂料相同，只不过因为它是高分子树脂的多羧酸盐或铵盐，成膜过程中，首先是氨的挥发，在加热固化时，也有铵的衍生物生成。由于氨和铵的衍生物生成，就可形成一层涂膜。在常温下干燥型的水溶性涂料，可用环烷酸或硝酸钴、铅、锰等催干剂，在常温下水分挥发、树脂类等物质干燥成膜。

水溶性涂料常用的品种有：水溶性环氧树脂涂料、水溶性丙烯酸树脂涂料、水溶性聚氨酯树脂涂料等。

三、稀释剂的化学知识及选用

(一) 稀释剂的简单化学知识

稀释剂是单组分或多组分的挥发性液体，能稀释和冲淡涂料，调节黏度，利于施工。使用时应根据涂料中成膜物质的物理、化学性能，选择适宜的稀释剂。

稀释剂（水例外）几乎都是有机化合物，从分子结构看有机化合物都含有碳元素（C）和氢元素（H)。

1. 有机化合物的共同特点：易燃[1]，熔点低，反应速度慢，有同分异构现象。所谓同分异构是指同一个分子式，由于分子中各原子间连接方式不同，或由于分子中各原子在空间的排列不同可得到不同的化合物。例如乙醇和甲醚它们的分子式都是C_2H_6O，由于原子间连接方式不同，它们就互为同分异构体，其化学性质也不相同了。乙醇与甲醚的结构式如下：

```
   H  H            H        H
   |  |            |        |
H—C—C—OH     H—C—O—C—H
   |  |            |        |
   H  H            H        H
   乙醇               甲醚
```

由此可见有机化合物一定要用结构式来表示，才能区别各种化合物的性质。

2. 有机化合物的分类：一般有两种分类方法，即根据碳链的骨架（碳原子结合方法）和分子中含有的官能团来分类。所谓官能团是指能反应出某类有机化合物特性的原子或原子团（包括双键和叁键），因此含有相同官能团的化合物其他学性质基本相似，可归于一类。主要官能团及其所属化合物的类别见表1-2。

3. 由醇、酮、苯等溶剂组成的常用稀释剂的简单化学知识。

---

[1] 易燃这是与其中含有碳和氢有关。如乙醇、汽油等都易燃烧。

(1) 醇：是烃分子中的氢原子被官能团 —OH 所代替的有机物。

所谓烃是指只含有碳，氢两种元素的物质。醇的通式是 ROH。其中乙醇是组成稀释剂的常用品种，它又名酒精，结构式是 CH_3CH_2OH。

主要官能团及其所属化合物的类别表　　表 1-2

化合物类别	官能团	化合物类别	官能团
烯烃	双键 $>C=C<$	羧酸	羧基 —COOH
醇和酚	烃基 —OH	胺	氨基 $-NH_2$
醛和酮	羰基 $>C=O$	硝基化合物	硝基 $-NO_2$

(2) 酮：在羰（音汤）基左右连上 R 或 R′就是酮。所谓羰基是指官能团 $>C=O$ 。

酮的化学通式是 $\begin{matrix}R\\ \\R'\end{matrix}\!\!>C=O$ 。在酮类中丙酮是组成稀释剂的常用品种，其结构式为 CH_3COCH_3。

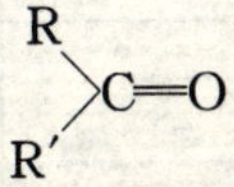

(3) 苯：是从蒸馏煤焦油所得的产物，具有芳香味。苯的分子式是 C_6H_6，其结构式如下：

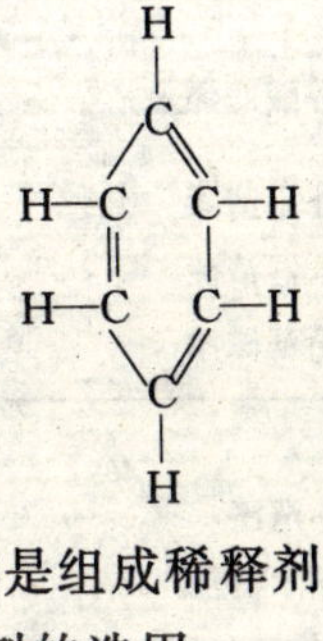

$$
\begin{array}{ccccc}
 & & H & & \\
 & & | & & \\
 & & C & & \\
 & \diagup & & \diagdown\!\!\diagdown & \\
H-C & & & & C-H \\
\| & & & & | \\
H-C & & & & C-H \\
 & \diagdown & & \diagup\!\!\diagup & \\
 & & C & & \\
 & & | & & \\
 & & H & &
\end{array}
$$

苯、甲苯和二甲苯都是组成稀释剂的常用材料。

(二) 常用涂料稀释剂的选用

不同品种的油料和树脂对稀释剂的要求是不同的，在使用各种涂料时必须选择相适应的稀释剂，否则涂料就会发生沉淀、析出、失光和施涂困难等问题。常用涂料稀释剂的选用见表1-3。

常用涂料稀释剂的选用 **表1-3**

类别	型号	涂料名称	稀释剂
油脂漆类	Y00-1 Y02-1 Y03-1 Y53-1	清油 各色厚漆 各色油性调合漆 红丹油性防锈漆	200号溶剂汽油、松节油、松香水
天然树脂漆类	T01-1 T01-18	酯胶清漆 虫胶清漆	200号溶剂汽油、松节油、乙醇
	T03-1	各色酯胶调合漆	200号溶剂汽油、松节油
	T03-2	各色酯胶无光调合漆	同上
	T04-1	各色酯胶磁漆	同上
酚醛树脂漆类	F01-1 F04-1 F06-1	酚醛清漆 各色酚醛磁漆 各色酚醛底漆	200号溶剂汽油、松节油
沥青漆类	L01-13	沥青清漆	松节油、苯类溶剂
	L50-1	沥青耐酸漆	200号溶剂汽油、二甲苯+200号溶剂汽油
醇酸树脂漆类	C01-1	醇酸清漆	松节油+二甲苯或200号溶剂汽油+二甲苯
	C04-2	各色醇酸磁漆	松节油、200号溶剂汽油+二甲苯
	C06-1	铁红醇酸底漆	二甲苯
硝基漆类	Q01-1	硝基外用清漆	X-1
	Q22-1	硝基木器清漆	X-1
	Q04-34	各色硝基磁漆	X-1
聚氨酯树脂漆		聚氨酯清漆	S-1
	S01-3	聚氨酯木器漆	S-1
		各色聚氨酯磁漆	二甲苯

续表

类别	型号	涂料名称	稀释剂
环氧树脂漆类	H06-2	铁红、铁黑、锌黄环氧底漆	二甲苯
	H01-1	环氧清漆	甲苯＋丁醇＋乙二醇乙醚＝1:1:1
	H04-1	各色环氧磁漆	甲苯:丁醇:乙二醇乙醚＝7:2:1
乙烯树脂漆类	X08-1	各色醋酸乙烯无光乳胶漆	水
过氯乙烯树脂漆类	G01-5	过氯乙烯清漆	X-3
	G04-2	各色过氯乙烯磁漆	X-3
丙烯酸漆类	B01-3	丙烯酸清漆	X-5
	B22-1	丙烯酸木器漆	X-5
	B04-9	各色丙烯酸磁漆	X-5、X-3

四、防锈颜料的化学性能

按颜填料在涂料中的作用可分为着色颜料、防锈颜料和体质颜填料。其中着色颜料的主要作用是着色和遮盖涂饰面；体质颜填料是涂料中的固体成分，一般是中性的，性质稳定，能改善涂料的某些性能；防锈颜料主要用来抑制金属的腐蚀，它有化学防锈颜料和物理防锈颜料两种。

化学防锈颜料不仅能增强涂膜的封闭作用，防止腐蚀介质渗入，还能与金属发生化学反应形成新的防锈层保护被涂的金属，常用的化学防锈颜料有红丹粉、锌粉、锌铬黄等。

物理防锈颜料是一种化学性质较为稳定的颜填料，它借助于颜料颗粒本身的特性，填充涂膜结构的空隙，提高涂膜的致密度，阻止水分的渗入。常用的物理防锈颜料如氧化铁红和铝粉。

（一）红丹

它是红丹防锈漆中的颜料，主要成分是四氧化铅（Pb_3O_4），它的结构式为

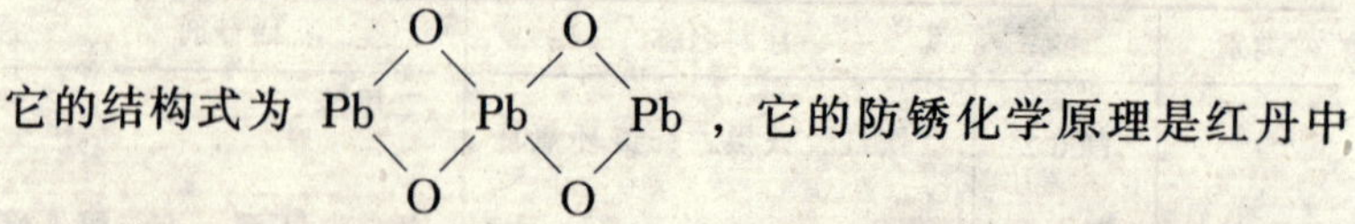

，它的防锈化学原理是红丹中的过氧化铅可以起氧化剂作用，使铁的表面生成氧化高铁而起到保护作用。红丹又是一种铅酸盐，它是阻锈剂，它与铁接触后，在氧化铁表面生成一层铅酸铁膜，覆盖在钢铁表面上，使其钝化，不再发生锈蚀。但铅的毒性较大，要注意防止中毒。

（二）锌铬黄

它是锌铬黄防锈漆的颜料，分子式为 $K_2O\cdot4ZnO\cdot4CrO_3\cdot3H_2O$，遇水后放出少量铬酸根离子，能使钢铁表面或铝镁、铝合金表面钝化防止生锈。

（三）铝粉

它是铝粉防锈漆中的颜料，有极强的遮盖力，可反射全部的光和热，阻隔水分的渗入，涂膜耐久牢固。铝粉的防锈作用是物理保护。

五、普通油性涂料与有机化学涂料涂膜相互结合原理

普通油性涂料一般是指油脂类漆和油基类漆，如厚漆、油性调合漆、醇酸磁漆、酚醛清漆等品种。而有机化学涂料是指高分子树脂涂料，如丙烯酸漆、聚氨酯漆和硝基漆等。

涂料的品种繁多，目前已达千余种，随着科学技术的发展，高分子有机化学涂料的新品种已不断的开发出来，它们具有各种优异的性能。由于高分子有机化学涂料在建筑工程中的广泛应用，在一般工程的施工工艺中就必然常常会遇到普通油性涂料和有机化学涂料所形成的涂膜相互结合使用的一些问题，应用得当可以发挥各自的特性，起到取长补短的作用。

油性涂料与有机化学涂料所形成的涂膜相互结合应用得适当与否可以从涂膜的质量上反映出来，如果两者能相互溶混非但不会影响涂膜质量，有些还可能提高或给施工带来方便，甚至节约造价；若两者不能相溶混就会咬底，所谓咬底就是面涂料中的溶

剂把底涂料的涂膜软化或溶解，影响底涂料与基层的附着力，使涂膜遭受破坏。油性涂料与有机化学涂料的混溶性见表1-4。

油性涂料与有机化学涂料的混溶性 **表1-4**

混溶程度 涂料种类＼涂料种类	厚漆	油性调合漆	磁性调合漆	酯胶漆	钙酯漆	酚醛漆	长油度醇酸漆	中油度醇酸漆	环氧树脂漆	硝基漆	过氧乙烯漆
厚　漆	A										
油性调合漆	A	A									
磁性调合漆	B	A	A								
酯　胶　漆	B	B	A	A							
钙　酯　漆	B	B	A	A	A						
酚　醛　漆	B	B	B	A	A	A					
长油度醇酸漆	C	B	B	B	B	B	A				
中油度醇酸漆	C	B	B	B	B	B	A	A			
环氧树脂漆	C	C	C	C	C	C	A	A	A		
硝　基　漆	D	D	D	D	D	D	B	B	C	A	
过氯乙烯漆	D	D	D	D	D	D	B	B	D	B	A

注：A——可以混合；B——能混合，但效果欠佳；C——混合后，颜色不均；D——混合后组分析出。

选用涂料时要注意涂料的配套问题，但涂料的配套很复杂，一般来说涂层间宜采用同类涂料配套，这样可获得较好的效果。当采用非同类涂料进行配套虽然也能显示出一定的优越性能，但必须选择得当。涂料的配套注意事项如下：

1. 过氯乙烯涂料应用同类涂料配套或与醇酸树脂、聚氨酯树脂类涂料配套，不宜与硝基类和环氧类涂料配套，因为它们之间的结合力差。

2. 沥青涂料组分复杂，与其他涂料组分性质差异很大，涂层间附着力差，因此不宜与非沥青类涂料相互配套使用。

3. 油性涂料，特别是长油度涂料，不宜作为溶剂型涂料的底层涂料，因为溶剂型涂料可将底层油性涂料咬起。

4. 聚氨酯漆与硝基漆它们虽均属有机化学高档涂料，却不能互相配套使用。这是因为聚氨酯漆会与含有羟基（—OH）成分的物质起化学作用。而硝基漆中恰好含有醇类溶剂（醇类溶剂有—OH存在）。因此聚氨酯漆与硝基漆配套使用后相互间就会起化学作用，其结果产生大量的气泡，对涂膜造成不良的后果。

5. 酚醛桐油腻子上面施涂聚氨酯漆也是不适合的，因为酚醛腻子用的是200号溶剂汽油，它是弱溶剂。而聚氨酯漆用的是二甲苯、环已酮一类的强溶剂，这样势必造成皱皮、咬底等不良后果。

6. 各种不同品种的涂料，必须使用与其相配套的专用稀释剂，如果在施工中不注意这一问题就会产生质量问题或带来经济损失。如聚氨酯漆采用200号溶剂汽油作稀释剂就会产生乳白色豆腐渣状的白色物质，此时涂料就报废了。因此必须采用专用的聚氨酯漆的稀释剂。

第三节　绿色建材与绿色健康住宅

一、绿色建材

（一）绿色建材定义

指采用清洁生产技术，少用天然资源的能源，大量使用工业或城市固态废弃物生产的无毒害、无污染、有利于人体健康的建筑材料。它是对人体、周边环境无害的健康、环保、安全（消防）型建筑材料，属“绿色产品”大概念中的一个分支概念，国际上也称之为生态建材、健康建材和环保建材。1992年，学术界明确提出绿色材料的定义：绿色材料是指在原料采取、产品制造、使用或者再循环以及废料处理等环节中对地球环境负荷为最小和有利于人类健康的材料，也称之为“环境调和材料”。绿色建材就是绿色材料中的一大类。

从广义上讲，绿色建材不是单独的建材品种，而是对建材“健康、环保、安全”属性的评价，包括对生产原料、生产过程、施工过程、使用过程和废弃物处置五大环节的分项评价和综合评价。绿色建材的基本功能除作为建筑材料的基本实用性外，就在于维护人体健康、保护环境。

（二）绿色建材的基本特征

与传统建材相比，绿色建材可归纳出以下5个方面的基本特征：

1. 其生产所用原料尽可能少用天然资源，大量使用尾矿、废渣、垃圾、废液等废弃物。

2. 采用低能耗制造工艺和不污染环境的生产技术。

3. 在产品配制或生产过程中，不使用甲醛、卤化物溶剂或芳香族氢化合物；产品中不得含有汞及其化合物，不得用含铅、镉、铬及其化合物的颜料和添加剂。

4. 产品的设计是以改善生活环境、提高生活质量为宗旨，即产品不仅不损害人体健康，而且应有益于人体健康，产品具有多功能化，如抗菌、灭菌、防雾、除臭、隔热、阻燃、防火、调温、调湿、消声、消磁、防射线、抗静电等。

5. 产品可循环或回收再生利用，无污染环境的废弃物。

（三）我国绿色建筑的发展现状

1. 全社会的环保意识不断增强，营造绿色建筑、健康住宅正成为越来越多的开发商、建筑师追求的目标。人们不但注重单体建筑的质量，也关注小区的环境；不但注意结构安全，也关注室内空气的质量；不但注重材料的坚固耐久和价格低廉，也关注材料消耗对环境和能源的影响。同时，用户的自我保护意识也在增强。今天，人们除了对煤气、电器、房屋结构方面可能出现的隐患日益重视外，对一些慢性危害人们健康产品的认识也在加强，人们已经意识到“绿色”和我们息息相关。

2. 开发生产了一批“绿色建材”。通过引进、消化、借鉴，先后开发出环保型、健康型的壁纸、涂料、地毯、复合地板、管道纤维强化石膏板等装饰建材，如“防霉壁纸”是壁纸革命性的改变。“塑料金属复合管”是国外20世纪90年代开始替代金属管材的高科技产品，其内外两层为高密度聚乙烯，中层为铝，塑料与金属铝之间铺两层胶，具有塑料与金属的优良性能，它有不会生锈，不使水质受污之优势，目前国内已研制成功。乳胶漆装饰材料除施工十分简便外，各种美丽颜色给居家环境带来缤纷色彩。在环保方面绝无污染，涂刷后散发出阵阵清香。当墙面陈旧后，还可以复涂或用清洁剂进行清理，同时又起到抑制墙体内的霉菌散发的作用。目前，这种绿色材料大有替代壁纸之势。对于石膏板装饰环保材料的开发近年来有长足发展，通过技术攻关，研制成一种在沿海湿热气候下，受潮不发生霉变，卫生间漏水板面不变形的石膏板装饰环保材料，从而在宾馆和家庭装饰中开创了新的局面。

3. 重视施工过程中环境问题。目前建筑行业主要的环境因素有噪声，粉尘的排放（扬尘），运输的遗撒，大量建筑垃圾的废弃，油漆（涂料）以及化学品的泄露，资源、能源的消耗，如生产生活水电的消耗，装饰装修过程中引起投诉较多的油漆、涂料、胶及含胶材料中甲苯、甲醛气味排放等。一些企业已通过ISO14001环境管理标准认证。

4. 各级政府主管部门适时强制淘汰落后产品和工艺。建设部、国家经贸委、质量技术监督局、国家建材局联合发布的《关于在住宅建设中淘汰落后产品的通知》（建住房［1999］295号）中明确规定，从2000年6月1日起，在新建住宅中，淘汰砂模铸造铸铁排水管道，推广应用硬聚氯乙烯（UPVC）塑料排水管和符合《排水用柔性接口铸铁管及管件》（GB/T 12772—1999）的柔性接口机制铸铁排水管。禁止使用冷镀锌钢管，推广应用铝塑复合管、交联聚乙烯管等。同时，逐步限时禁止使用实心黏土砖，积极推广采用新型建筑结构体系及与之相配套的新型墙体及推荐使用无害、无放射、无污染的环保产品。

综上所述，生产和使用绿色建材，是实现绿色建筑和健康住宅的重要条件之一。建造健康和绿色住宅是人们生活的基本愿望，绿色健康住宅的标准和条件是什么，怎样才能实现这一标准，是从事房屋建筑和室内装饰的工作人员应该了解的必要知识。

二、健康住宅的含义

(一) 物理因素

1. 住宅的位置选择合理，平面设计方便适用，在日照、间距符合规定的情况下，提高容积率（建筑面积/占地面积）。

2. 墙外保温，围护结构达50%的节能标准，外观、外墙含涂料、建材、体现现代风格和时代要求。

3. 通风窗应具备热交换、隔绝噪声、防尘效果优越等功能。

4. 住宅应装修到位，简约，以避免二次装修所造成的污染。

5. 声、热、光、水系列量化指标。有宜人的环境质量和良好的室内空气质量。

(二) 亲和自然

使人们在室内尽量享有日光的沐浴，呼吸清新的空气，饮用完全符合卫生标准的水。人与自然和谐共存。

(三) 环境保护

住宅排放废弃物、垃圾，分类收集，以便于回收和重复利用，对周围环境产生的噪声进行有效的防护，并进行中水回用，中水用于灌溉、冲厕等。

(四) 健康行为

小区开发模式以健康生态为宗旨，设有医疗保健机构、老少皆宜的运动场，不仅身体健康，且心理健康，重视精神文明建设，邻里助人为乐、和睦相处。

(五) 体现可持续发展

住宅环境和设计的理念，是坚持可持续发展为主旋律，主要有3个要点：

1. 减少对地球、自然、环境负荷的影响，节约资源，降低污染，既节能又有利于环境保护。

2. 建造宜人、舒适的居住环境。

3. 与周围生态环境融合，资源要为人所用。

三、小康住宅的新要求

国家建设部对新世纪实现小康住宅提出了能达到国际常用的文明居住 10 条标准如下：

1. 套形面积稍大，配置合理，平面布局体现食寝分离、居寝分离，并留有装修改造余地。

2. 根据炊事行为、合理配置成套厨房设备，改善通风效果，冰箱入厨。

3. 合理分隔卫生间，减少洗衣、洗浴间的相互干扰。

4. 管道集中隐蔽，水、电、煤气三表出户，增加电器插座，扩大电表容量。增设保安设施，使人有安全感，以安居乐业。

5. 设置门斗，方便更衣换鞋，扩宽阳台，提供室外休憩场所。

6. 房间采光充足，通风良好，具有优质的室内声、光、热和空气质量。隔声效果和照度水平符合国家标准。

7. 住区环境舒适，便于治安防范和噪声综合治理。

8. 道路交通组织合理，社区服务设施配套，达到文明标准的文化、物质生活条件。

9. 有宜人的绿化和景观，保留地方特色，体现节能、节地、保护生态原则。

10. 垃圾进行分类处理，自行车、汽车各置其位。

四、健康住宅的要求

“健康住宅”就是能使居住者在身体上、精神上、社会上完全处于良好状态的住宅，具体有以下几点要求：

1. 会引起过敏症的化学物质的浓度很低；

2. 为满足第 1 点的要求，尽可能不使用容易散发出化学物质的胶合板、墙体装修材料等。

3. 设有性能良好的换气设备，能将室内污染物质排至室外，特别是对高气密性、高隔热性住宅来说，必须采用具有风管的中央换气系统，进行定时换气；

4. 在厨房灶具或吸烟处要设局部排气设备；

5. 起居室、卧室、厨房、厕所、走廊、浴室等要全年保持在17～27℃之间；

6. 室内的湿度全年保持在40%～70%之间；

7. 二氧化碳浓度要低于1000ppm；

8. 悬浮粉尘浓度要低于0.15mg/m^3；

9. 噪声级要小于50dB（A）；

10. 一天的日照要确保3小时以上；

11. 设有足够的照明设备；

12. 住宅具有足够的抗自然灾害能力；

13. 具有足够的人均建筑面积，并确保私密性；

14. 住宅要便于护理老龄者和残疾人；

15. 因建筑材料中含有有害挥发性有机物质，所以在住宅竣工后，要隔一段时间（至少2个星期）才能入住，在此期间要进行良好的通风和换气，必要时，在入住前可接通采暖设备，提高室内温度，以加速化学物质的挥发。

五、绿色建筑

绿色建筑是综合运用当代建筑学、生态学及其他现代科学技术的成果，把建筑建造成一个小的生态系统，为人类提供生机盎然、自然气息浓厚、方便舒适并节省能源、没有污染的使用环境。这里所讲的“绿色”并非一般意义的立体绿化、屋顶花园，而是提高人们的生活质量及保障当代与后代的环境质量。其“绿色”的本质是物质系统的首尾相连、无废无污、高效和谐、开发式闭合性良性循环。通过建立建筑物内外的自然空气、水分、能源及其他各种物资的循环系统，来进行“绿色”建筑的设计，并赋予建筑物以生态学的文化和艺术内涵。

生态环境保护专家们一般又称绿色建筑为环境共生建筑。绿色建筑物在设计和建造上都具有独特的一些特点，主要有：

1. 这种建筑对所处的地理条件有特殊的要求，土壤中不应该存在有害的物质，地温相宜，水质纯净，地磁适中；

2. 绿色建筑通常采用天然材料如木材、树皮、竹子、石头、石灰来建造，对这些建筑材料还必须进行检验处理，以确保无毒无害，具有隔热保温功能、防水透气功能，有利于实行供暖、供热水一体化，以提高热效率和充分节能，在炎热地区还应减少户外高温向户内传递；

3. 绿色建筑将根据所处地理环境的具体情况而设置太阳能装置或风力装置等，以充分利用环境提供的天然再生能源，达到既减少污染又节能的目的；

4. 绿色建筑内要尽量减少废物的排放。可见，绿色建筑的诞生，标志着世界建筑业正面临着一场新的革命，这一革命是以有益于生态、有益于健康、有益于节省能源和资源、方便生活和工作、有利于人类社会发展为宗旨，对建筑的设计、材料、结构等方面提出了新的思路。它已不再是生态环境专家们的美好设想，现已在一些国家变成现实。

“绿色建筑”（或称“生态建筑”、“可持续建筑”）的概念。归纳如下：

1. 建筑物的环境要有洁净的空气、水源与土壤；

2. 建筑物能够有效地使用水、能源、材料和其他资源；

3. 回收并重复使用资源；

4. 建筑物的朝向、体形与室内空间布置；

5. 尽量保持并开辟绿地，在建筑物周围种植树木，以改善景观，保持生态平衡；

6. 重视室内空气质量。一些“病态建筑”就是由油漆、地毯、胶合板、涂料及粘结剂等含有挥发性造成对室内空气的污染；

7. 积极保护建筑物附近有价值的古代文化或建筑遗址；

8. 建筑造价与使用运行管理费用经济合理。

总之，绿色建筑归纳起来就是资源和能源有效利用、保护环境、亲和自然、舒适、健康、安全的建筑。

六、室内空气的卫生要求

1. 室内空气应无毒、无害、无臭味，各种污染物浓度不应超过表 1-5 所规定的限值。

室内空气中污染物浓度限值　　表 1-5

污染物名称		单位	浓度	备注
二氧化硫	SO_2	mg/m^3	0.15	
二氧化氮	NO_2	mg/m^3	0.10	
一氧化碳	CO	mg/m^3	5.0	
二氧化碳	CO_2	mg/m^3	0.10	
氨	NH_3	mg/m^3	0.2	
臭氧	O_3	mg/m^3	0.1	小时平均
甲醛	HCHO	mg/m^3	0.12	小时平均
苯	C_6H_6	$\mu g/m^3$	90	小时平均
苯并［a］芘	B（a）P	$\mu g/100m^3$	0.1	
可吸入颗粒	PM10	mg/m^3	0.15	
总挥发性有机物	TVOC	mg/m^3	0.60	
细菌总数		cfu/m^3	2500	

注：1. 除特殊指出外，均为日平均浓度；

2. 居室内甲醛的浓度限值为 $0.08mg/m^3$。

2. 室内建筑和装修材料、设备以及室内用品不应对人体健康造成危害，也不应释放影响室内空气质量的污染物。

（1）室内建筑和装修材料及室内用品应符合有关卫生标准和规范的要求。室内装饰装修材料应用应符合 2002 年 1 月 1 日开始执行的、由国家质量监督检验检疫总局颁布的十项国家标准。另外，室内建筑和装修材料中不得含有石棉。

（2）提倡使用清洁能源。厨房应安装排油烟设备，将厨房油烟直接排放到室外。燃具、热水器应安装通风换气设备或安装在通风良好的地方，以保证燃气、废气及时排至室外。

3. 室内装修完成后。应充分通风换气，使室内空气质量达到卫生标准。

4. 室内空气应保持清洁、新鲜和舒适，应尽量采用自然通风。

(1) 室内要保证有足够的新风量、洁净空气量和换气次数，室内新风量的要求为 $30m^3$ / (人·h)。

(2) 室内空气中污染物的浓度超过表 1-5 的规定时，应根据情况加大新风量，也可以采用空气净化装置净化室内空气。

(3) 室内通风系统要正确布置进、出通风口，合理组织气流，避免进出风短路。当室外空气污染严重时，应加预处理或净化装置，以保证进入室内的新风量。

(4) 净化、空调、通风系统中的滤网、管道、风口和风机排管，住宅的公共风道等应定期清除积尘、污垢及其他杂物。空调制冷系统的冷却塔应定期检查、清洗和消毒。

第四节　图案的一般知识

一、图案的概念及构成

(一) 图案的概念

“图案”从字面上来解释，“图”就是图样、图画、“案”就是一种规范、程式。图案就是按一定的形式法则，或者服从于一定的设计要求的规范和程式所创造出来的图画，它与纯绘画艺术的表现，在形式以及要达到的目的方面，都有着很大的区别。

绘画的目的是抒发艺术家个人思想上的感受和认识，把感情贯注到艺术形象中去；而图案的设计目的是为了实现实用功能，它要受到客观条件的制约，是科学、实用、艺术的有机结合，要求它的艺术性必须寓于科学性和实用性之中。所以图案应是实用与审美的统一，是工艺与美术的统一，是技术与艺术的统一。它设计的基本原则是“实用、经济、美观”三方面的统一。因此，图案必须是一种装饰性和实用性很强的艺术造型形式，它应该按照一定的形式法则，将自然形象进行必要的夸张、变形，依照美的规律加以装饰的一种绘画。

图案从狭意上讲是指装饰纹样，从广义上讲是指实用与美观相结合的设计方案。从建筑装饰工艺来讲，图案是为装饰施工提供的设计蓝图和制定的施工方案，又是装饰形象效果的依据。图案设计在建筑装饰施工中是有重要的指导意义，所以，在图案设计时，就不能脱离现实应用而设计，还要考虑到材料、技术、成本、美观、风情等要素。这就要求图案设计必须和装饰材料相协调，和现代生活环境相协调，和我国的时代风貌相协调，使图案具有可行性、民族性和创造性。

（二）图案的构成

在图案设计中，会经常运用几何中的点、线、面变化，用美的形式法则，构成一种图案，即称为几何形图案。几何形图案的应用非常广泛，特别是在建筑设计中，这种图案的构成较为普遍。例如：人行路面上铺的各种方块带有格式的面砖；建筑围墙上使用的各种花格饰品；楼梯间的花格窗；还有各式各样的陶瓷锦砖贴面砖等，都是用点、线、面所组成的几何形图案在实际中的应用。因此，掌握点、线、面的各种组织和排列方法，对进行几何形图案的设计和制作是很有必要的。

几何形图案的构图形式，可分为独立性和连续性两种。

1. 独立性几何形图案

独立性几何形图案是以方、圆、三角、多角等几何形为基本图形，在此基础上进行各种不同的变化，构成几何形图案。如图1-2所示。

（1）在基本图形中，以直线、折线或曲线进行有规则的分隔、装饰，形成各种变化。

（2）利用基本图形的累积，形成各种规则的变化。

（3）利用基本图形的相互结合，形成各种规则的变化。

（4）在基本图形内，自由地分隔、装饰，形成各种不规则的变化。

（5）利用基本图形的自由结合，形成各种不规则的变化。

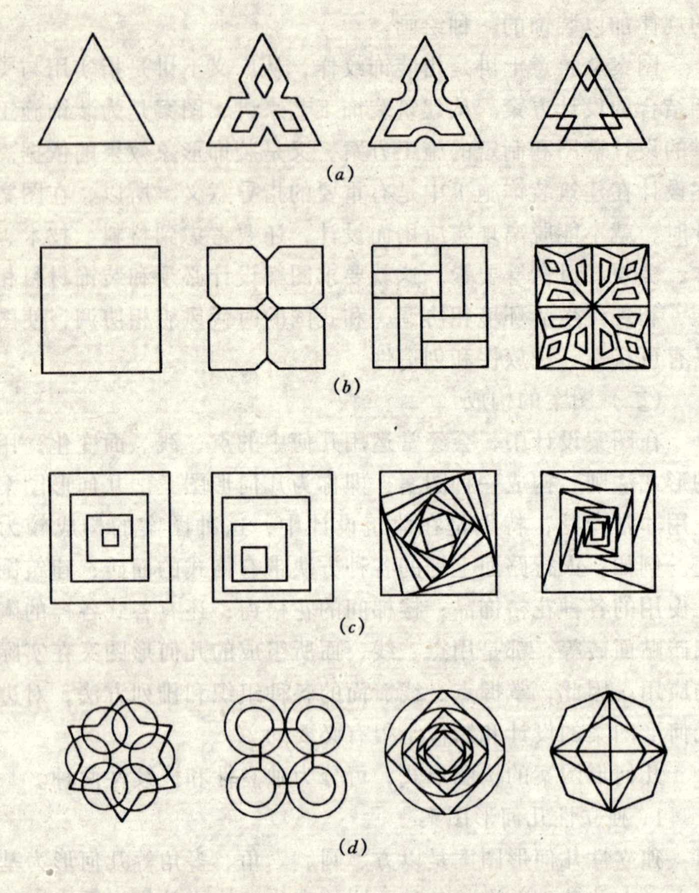

图 1-2　独立几何形图案基本图形的变化

（a）以三角形为基本图形的变化；（b）以正方形为基本图形的变化；
（c）以基本图形的累积形的变化；（d）以基本图形的相互结合的变化

2. 连续性几何形图案的构图，可以用一个独立的基本图形为单位进行上下、左右或多个方向排列发展；也可以将点与点重复排列，线与线重复排列，线与线交叉排列组成各种不同的线格，构成许多有条理和韵律感的几何形图案。

（1）点的变化与构图。点有圆点、方点、三角点、不规则点等。点的大与小、多与少、明与暗，以及规则与否等形状，加之色彩方面的变化，可以构成各种形式的几何形图案。将其排列起来，由于排列的方式不同，就可产生不同的效果。可以构成水平、垂直、倾斜、弯曲、平行、涡旋等线状，也可构成疏密、反复、高低、渐变的效果，形成多变、和谐、整齐的几何形图案。如图 1-3 所示。

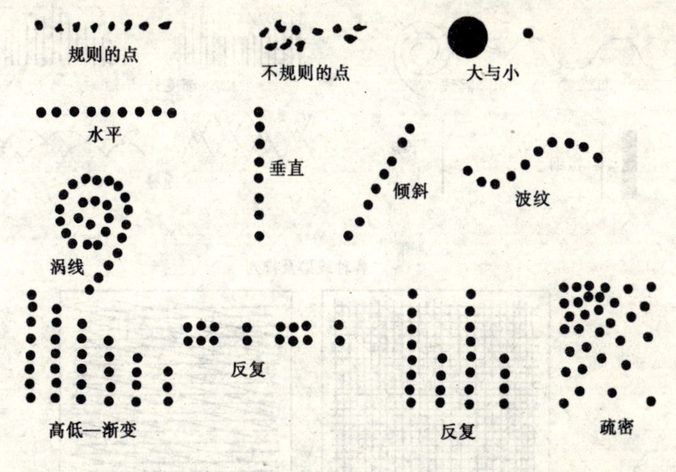

图 1-3　点的排列变化

(2) 线的变化与构图。线有直线、折线和曲线，三种线都可以用长短、粗细、疏密、语言的形式变化，组成各种不同的条状几何形图案；也可以将不同方向的线交叉变化，构成许多不同形式的线格，这些线格主要包括：水平线与垂直线交叉，水平线与斜线交叉，曲线与直线交叉，斜线与斜线交叉，这些交叉变化构成了图案；也可以以一定的坡度、凹曲凸曲涡旋等线形，运用大小、重叠、相交等变化，形成各种几何形图案。如图 1-4 所示。

(3) 面的变化与构图。面是通过轮廓线来表现的。点扩大了可变成线，各种线形的互相交织可组合成各种几何形。四条相等的线横竖组合的轮廓是正方形；四条相等的斜边线组合成菱形，两条相等的横线和两条相等的竖线可组合成长方形。其他如梯形、三角形、多边形、多角形、圆形等。都是以线做轮廓而形成

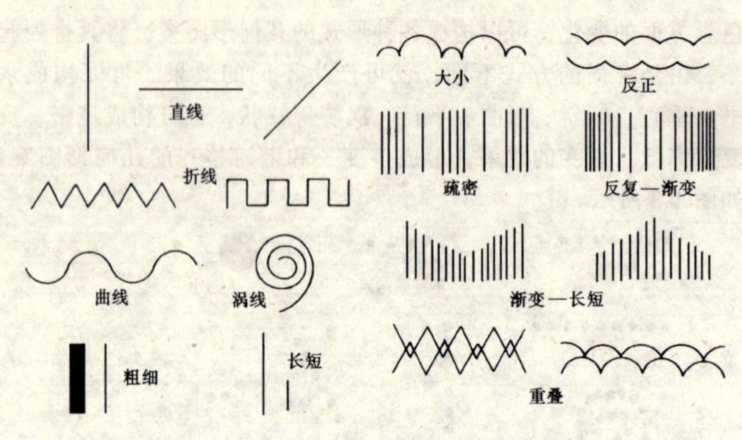

各种线形及排列

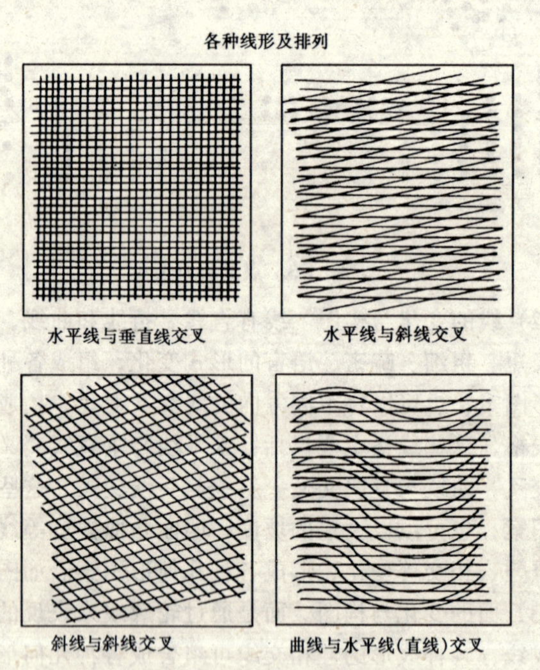

图 1-4　线形及线的排列变化

的形。

（4）结合式变化与构图。几何形图案的设计可将点、线、面结合起来。如点与线的结合、点与面的结合、线与面的结合，在构图上加变化，都属结合式的几何形图案。

点、线、面与自然物的结合，如与花卉植物、昆虫动物、山水建筑等相结合，也属结合式的图案。如图 1-5 所示。

图 1-5　几何形与自然物相结合的图案

二、几种简单几何形图的画法

1. 二等分直线 AB

(1) 以 B 为圆心，大于$\frac{1}{2}AB$的长度为半径作弧。如图 1-6 所示。

(2) 以 A 为圆心，同样，以大于$\frac{1}{2}AB$的长度为半径作弧。两弧交于 C、D。

(3) 连 CD，交 AB 于 E，E 为 AB 中点，线段 CD 为 AB 的垂直平分线。

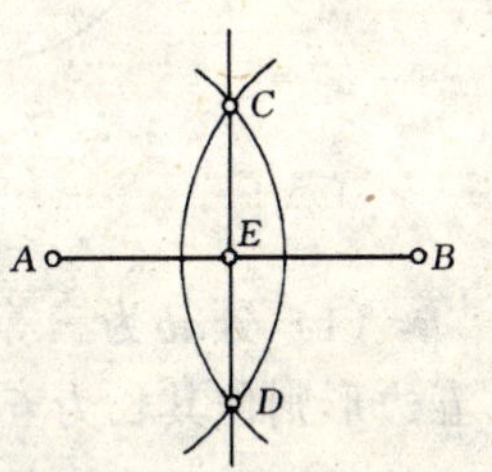

图 1-6　二等分线段

2. 任意等分直线 AB（设要求六等分）

(1) 自 A 点引一任意直线 AC，用比例尺量取为 6 等段。如图 1-7 所示。

(2) 连 CB。

(3) 自各分点 1、2、3…作线平行于 CB，与 AB 线相交于 1’、2’、3’ ……即为诸等分点。

3. 二等分角度

已知$\angle AOB$，$\angle AOB$二等分。如图 1-8 所示。

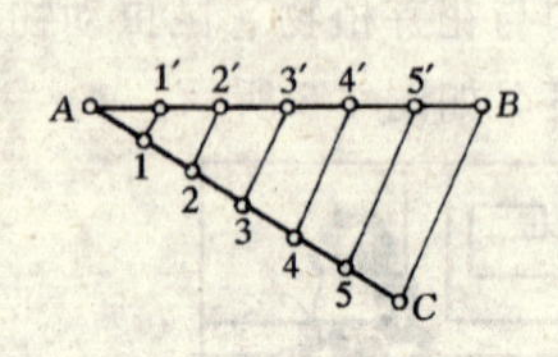

图 1-7 任意等分线段

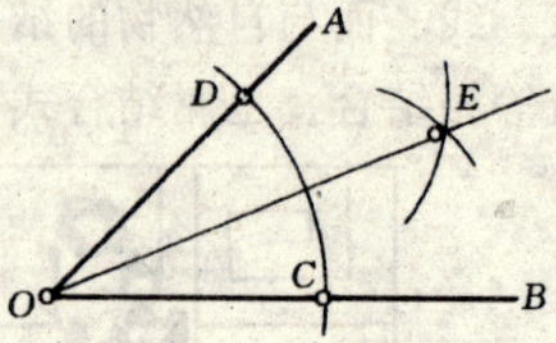

图 1-8 等分角度

（1）以 O 为圆心，任意长为半径作弧，交OB与C，交OA与D；

（2）各以 C、D 为圆心，以相同半径 R 作弧，两弧交于 E；

（3）连OE，即所求之分角线。

4. 正多边形的画法

已知正多边形的边长为ab，求作正多边形（设求作正七边形）。如图 1-9 所示。

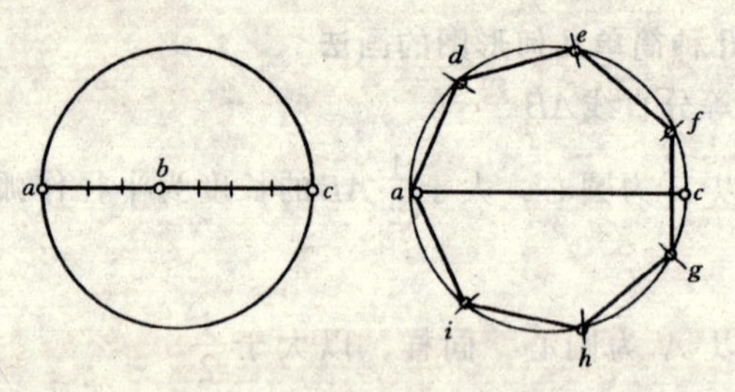

图 1-9 正多边形画法

（1）分ab为三等份并将ab延长至C，使ac长为 t 份（如作正五边形则使其长为五份，余类推）；

（2）以ac为直径作圆；

（3）以ab为边长截分圆周为七等份，连各分点，即为所求之正七边形。

5. 常见圆弧连接的作图法

（1）圆弧与已知两直线连接。如图 1-10 所示。

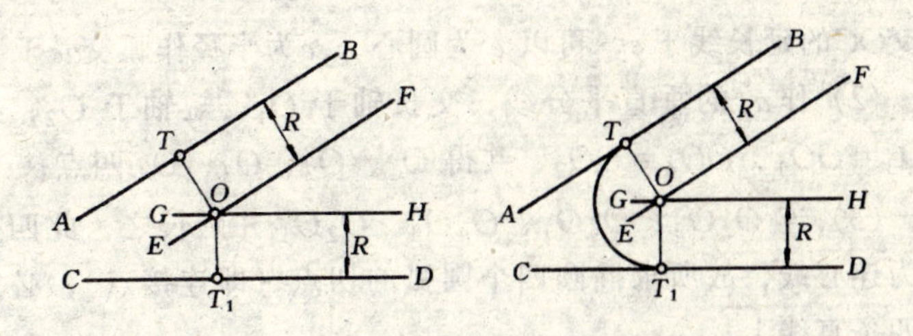

图 1-10　圆弧连接两已知直线

1）作两直线EF、GH分别平行于已知两直线AB、CD，且令距离各等于 R，EF与GH交于O点；

2）自 O 点引两直线垂直于AB及CD，得交点 T 及 T_1，即为圆弧与直线的过渡点；

3）以 O 为圆心，R 为半径，从 T 点至 T_1 点作连接弧。

（2）圆弧连接于成直角的两直线AB、AC。如图 1-11 所示。

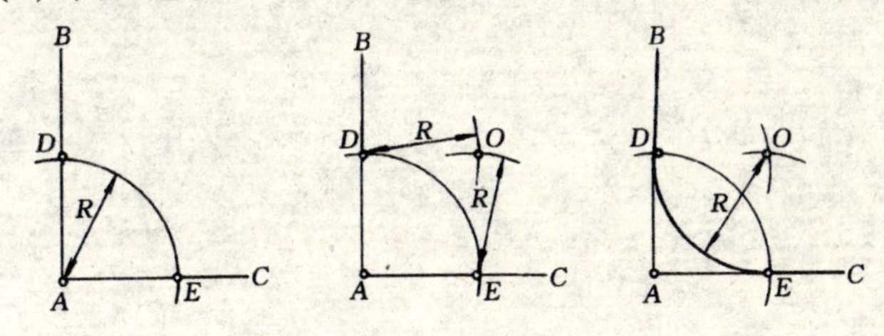

图 1-11　圆弧连接两直线

1）以 A 为圆心，R 为半径作弧分别与AB、AC交于D、E两点；

2）分别以 D、E 为圆心，R 为半径各作弧，两弧交于 O；

3）以 O 为圆心，R 为半径自 D 至 E 作圆弧。

6．用四心圆法作椭圆

已知椭圆的长轴 ab，短轴 cd，求作椭圆。如图 1-12 所示。

（1）以 O 为圆心，oa 为半径作

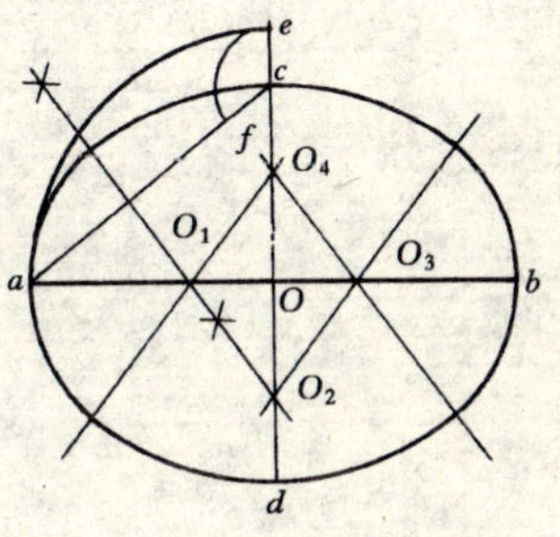

图 1-12　四心圆法作椭圆

弧交OC的延长线于e，再以c为圆心，ce为半径作弧交ac于f；

(2) 作af的垂直平分线，交长轴于O_1，短轴于O_2，截取$OO_3 = OO_1$、$OO_4 = OO_2$、共得O_1、O_2、O_3、O_4四点；

(3) 连O_2O_3、O_4O_1、O_4O_3、O_2O_1并延长之，此四条直线为连心线，故所求椭圆四个圆弧的切点（即连接点），必定在此四条直线上；

(4) 分别以O_2和O_4为圆心，$O_2C = O_4d$为半径作弧至连心线，再以O_1和O_3为圆心，$O_1a = O_3b$为半径作弧，与前面作的两个弧连接，即为所求之椭圆。

第二章 建筑识图

第一节 制图基础知识

一、制图前的准备工作

1. 选择制图房间

制图是一项精细的工作，特别是打底稿时使用硬铅笔画细线，必须有一定亮度才能看清楚。因此制图房间必须有足够的亮度，但又不能让阳光直射到图纸上产生眩光。南向的房间必须设有窗帘。光线应从制图者左上方射入，室内除有顶灯外，绘图桌上应有台灯。绘图桌右侧最好放一略低于桌面、有抽屉的小柜，用来放绘图工具。

2. 准备制图工具

除图板、丁字尺、三角板、比例尺、圆规和绘图笔外，还要准备一块抹布，用来浸水擦拭制图工具，时刻保持清洁；准备一块桌布，用来盖图板。

3. 选择绘图纸

硫酸纸应选择易着墨的，质次的硫酸纸表面光滑，墨线描上去后会收缩，形成断线和毛边。我们绘图时如果手上有油粘到硫酸纸上也会有这种结果，因此绘图前必须用肥皂洗手。选道林纸要选吸水率小的，否则墨线描上去也会形成毛边。

二、画草图

1. 根据所画内容选取合适的图幅。图框线、标题栏、会签栏要符合国家规范。

2. 根据所画内容选取合适的比例。

3. 根据所画内容确定画几幅图，在图面上怎样布局，然后再按比例用比例尺量一下每幅图的水平尺寸和垂直尺寸，看能否放得下，注意一定留出注尺寸和画引出符号的位置。

4. 用丁字尺画出水平基线，再用三角板画出垂直基线。如果绘制平面图，一般先绘好左边及下边的轴线作为基线。

5. 根据水平和垂直基线画出轴线网，根据轴线网画具体内容。

6. 在几幅图中一般先画出平面图，由平面图向上作垂线画出立面图，再由立面图作水平线画出侧面图或剖面图。再画详图。

7. 草图完成后先自审再请有关人员和上级审核。

三、画墨线图

审核完毕后，开始画墨线，一定要注意粗、中、细线型分明，图面整洁。如果发生“拖墨”或描错，可在图纸下面垫块三角板，用刮脸刀片反复刮，刮完后用橡皮擦，再重新画墨线。

第二节 装饰施工图

装饰施工图是设计人员按照投影原理，用线条、数字、文字、符号及图例在图纸上画出的图样。通过装饰造型、构造，表达设计构思和艺术观点。

一、装饰施工图的特点

虽然装饰施工图与建筑施工图在绘图原理和图例、符号上有很多一致，但由于专业分工不同，还有一些差异。主要有以下几方面：

1. 装饰工程涉及面广，它与建筑、结构、水、暖、电、家具、室内陈设、绿化都有关；也和钢铁、铝、铜、塑料、木材、石材等各种建筑材料等有关。因此，装饰施工图中常出现建筑制图、家具制图、园林制图和机械制图画法并存的现象。

2. 装饰施工图内容多，图纸上文字辅助说明较多。

3. 建筑施工图的图例已满足不了装饰施工图的需要，图纸中有一些目前流行的行业图例。

二、装饰工程图的归纳与编排

装饰工程图由效果图、装饰施工图和室内设备施工图组成。从某种意义上讲，效果图也应该是施工图。在施工中，它是形象、材质、色彩、光影与氛围处理的重要依据。

装饰施工图也分基本图和详图两部分。基本图包括装饰平面图、装饰立面图、装饰剖面图；详图包括装饰构配件详图和装饰节点详图。

三、装饰平面图

装饰平面图是装饰施工图的首要图纸，其他图样均以平面图为依据而设计绘制的。装饰平面图包括楼、地面装饰平面图和顶棚装饰平面图。

（一）装饰平面图图示方法

1. 楼、地面装饰平面图图示方法

楼、地面装饰平面图与建筑平面图的投影原理基本相同，但前者主要表现地面装饰材料，家具和设备等布局，以及相应的尺寸和施工说明，如图 2-1，为使图纸简明，一般都采用简化建筑结构，突出装饰布局的画图方法，对结构用粗实线或涂黑表示。

2. 顶棚平面图图示方法

采用镜像投影法绘制。该投影轴纵横定位轴线的排列与水平投影图完全相同，只是所画的图形是顶棚，如图 2-2。

（二）装饰平面图的识读步骤和要点

1. 楼、地面平面图的识读

以图 2-1 为例。

（1）看标题，明确为何种平面图

从标题栏得知此图为宾馆二套间镜向投影平面图。

（2）看轴线，明确房间位置

从图中可见二套间位置在横轴⑧～⑩，纵轴 Ⓚ～Ⓛ。

（3）看主体结构

从图中可见有 6 个柱子，柱网横向 3700mm，纵向 7200mm，

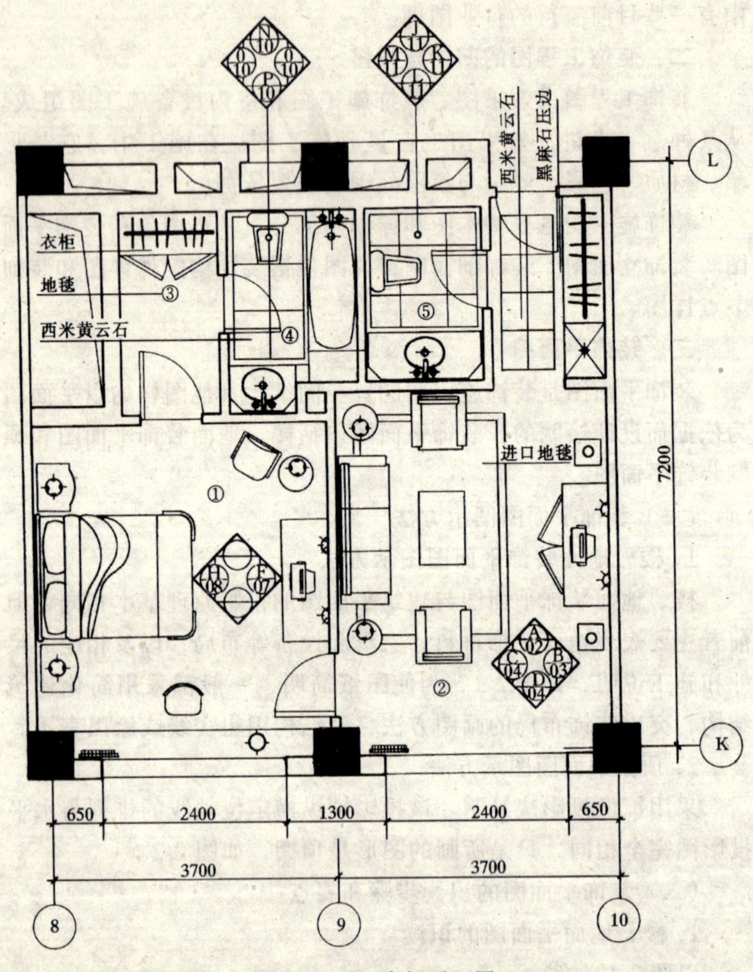

图 2-1　二套间平面图

可肯定为框架结构，柱间墙为非承重墙，但墙未有材料符号和文字说明，墙体材料需查阅其他图纸。

（4）看各房间的功能、面积

图中共有 5 个房间，①号房间为卧室，②号房间为会客室，③为衣柜间，④、⑤号房间为卫生间。整个二套间面积约 53m^2。本图尺寸不全，要精确算面积要找建筑施工图。

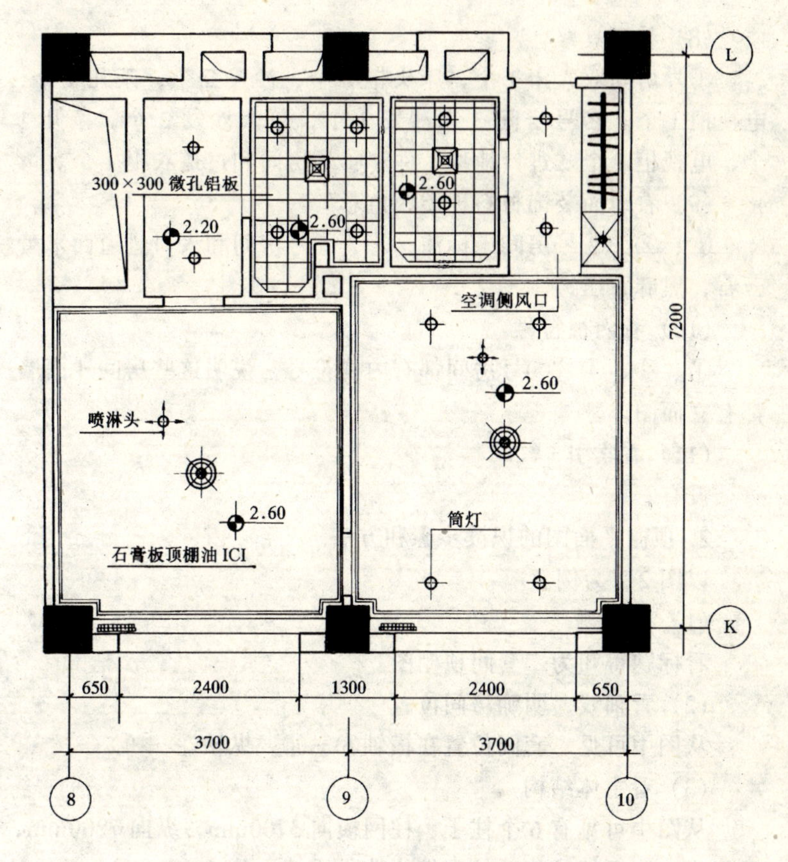

图 2-2　二套间顶棚图（镜像）

(5) 看门窗位置、尺寸

入口门 1 个、房间门 4 个、所有门材料、尺寸不详，要查找建筑施工图。

(6) 看卫生、空调设备

⑤号房间有洗脸盆 1 个，坐便器 1 个；④号房间有浴盆 1 个，洗脸盆 1 个，坐便器 1 个。北墙有管道线，没见空调设施。

(7) 看电器设备

①号房间有电视机 1 台，台灯 4 个，插座 2 个。②号房间有电视机 1 台，台灯 2 个，插座 2 个。

(8) 看家具

①号房间双人床1个，床头柜2个，沙发2个，茶几1个，电视柜1个。②号房间3人沙发1个，单人沙发2个，茶几1个，电视柜1个。进口地毯1件。④号房间和过道衣柜1个。

(9) 看地面装饰材料种类、色彩

①、②、③号房间未标注，④、⑤号房间和入口过道西米黄云石，黑麻石压边。

(10) 看内视符号

①、②、④、⑤号房间都有内视符号，说明这些房间4面墙都有立面图。

(11) 看索引

没有。

2. 顶棚平面图的识读步骤和方法

以图2-2为例。

(1) 看标题

看标题得知为二套间顶棚图。

(2) 看轴线，明确房间位置

从图中可见二套间位置在横轴⑧～⑩，纵轴Ⓚ～Ⓛ。

(3) 看主体结构

从图中可见有6个柱子，柱网横向3700mm，纵向7200mm，可以肯定为框架结构，柱间墙为非承重墙。

(4) 看顶棚的造型，平面形状和尺寸

5个房间均为平顶，没有迭级造型。

(5) 看顶棚装饰材料、规格和标高

①、②号房间为石膏板吊顶油ICI涂料，相对标高2.6m；④、⑤号房间为300×300微孔铝板吊顶，相对标高2.6m；③号房间和过道顶棚未注，但从相对标高2.2m来看可能仍为石膏板吊顶。

(6) 看灯具的种类、规格和位置

①、②号房间吊顶中心位置各设花吊灯1个；②、③、④、⑤和过道吊顶设有筒灯，规格未标注。

(7) 看送风口的位置，消防自动报警系统，音响系统

①号房间有消防喷淋头 1 个，④、⑤号房间方形散流器各 1 个，过道空调侧风口 1 个。

(8) 看索引符号本图无索引。

四、装饰立面图

装饰立面图是建筑物外墙面及内墙面的正立投影图，用以表现建筑内、外墙各种装饰图样的相互位置和尺寸。

(一) 装饰立面图的图示方法

1. 外墙表现方法同建筑立面图；

2. 单纯在室内空间见到的内墙面的图示：以粗实线画出这一空间的周边断面轮廓线（楼板、地面、相邻墙交线），墙面装饰、门窗、家具、陈设及有关施工的内容，如图 2-3 为图 2-1 (F/07) 方向立面图，图 2-4 为 (H/08) 方向立面图；上述所示立面图只表现一面墙的图样，有些工程常需要同时看到所围绕的各个墙面的整体图样。根据展开图原理，在室内某一墙角处竖向剖开，对室内空间所环绕的墙面依次展开在一个立面上，所画出的图样，称为室内立面展开图（图 2-5)。

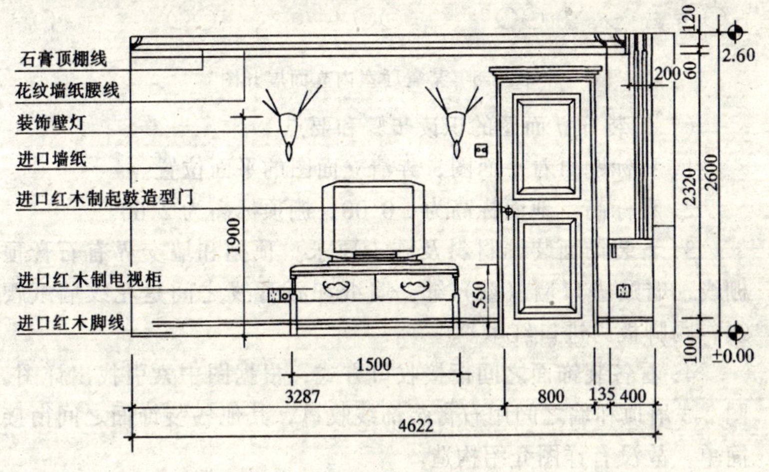

图 2-3 装饰立面图之一

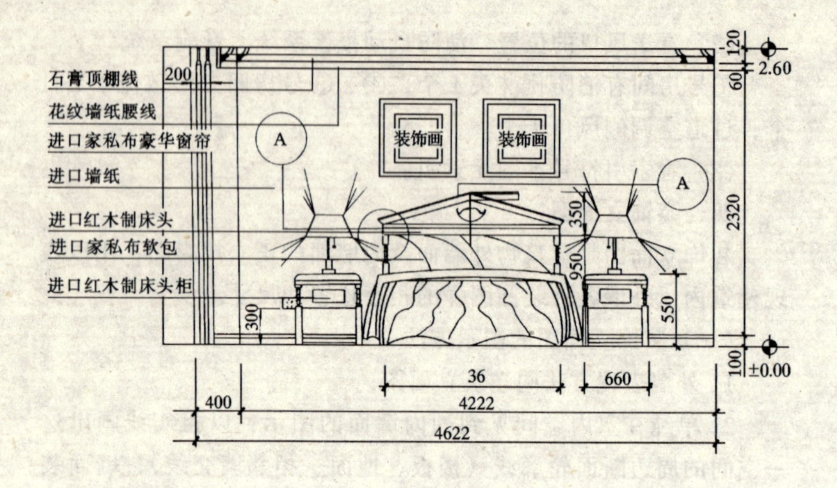

图 2-4　装饰立面图之二

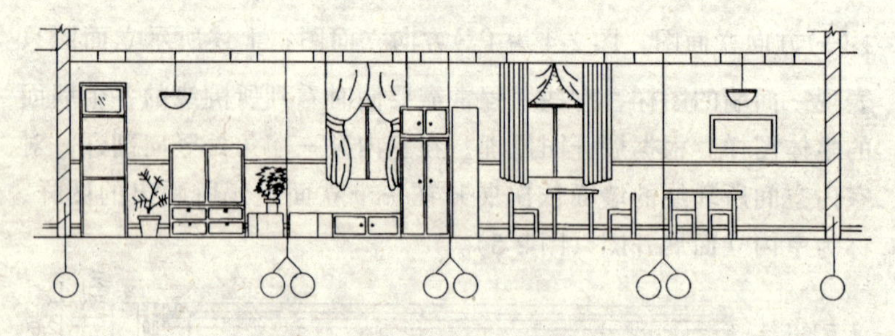

图 2-5　某餐厅室内立面展开图

（二）装饰立面图的识读步骤和要点

1. 看标题再看平面图，弄清立面图的平面位置。

2. 看标高。地面标高为±0.00，棚顶标高为2.60。

3. 看装饰面装饰材料及施工要求。顶棚和墙交界有石膏顶棚线，墙贴进口墙（壁）纸，墙纸和石膏线之间是花纹墙纸腰线，踢脚板为进口红木。

4. 看各装饰面之间衔接收口方式，根据图中索引找出详图。图 2-3 吊顶和墙之间用石膏装饰线收口，其他各装饰面之间衔接简单，故没有详图介绍构造。

5. 看门、窗、装饰隔断等设施的高度和安装尺寸。门为进口红木制起鼓造形门，只画窗帘的双滑道和窗帘盒断面，没画窗，要知道窗的图样、材料要见另一张图。

6. 看墙面上设施的安装位置，电源开关、插座的安装位置和安装方式，以便施工中留位。装饰壁灯2盏，高1900mm，电插座3个，电视插座1个。

7. 看家具、摆设。电视机1台，高550mm进口红木制电视柜1个。

8. 看装饰结构之间以及装饰结构与建筑结构之间的连接方式。

9. 看装饰结构之间以及装饰结构与建筑结构之间的连接固定方式，以便提前准备预埋件。本图因未画吊顶，因此吊顶与楼板之间连接不详；为固定木门应在墙上预留木砖或铁件。

五、装饰剖面图

建筑装饰剖面图是用假想平面将室外某装饰部位或室内某装饰空间垂直剖开而得的正投影图。其表现方法与建筑剖面图一致。它主要表明上述部位或空间的内部构造情况，或者说装饰结构与建筑结构、结构材料与饰面材料之间的关系。

如果剖开一房间东、西墙面，看北墙（图2-6），则装饰剖面图和室内装饰立面图有很多一致处，其内容与识读步骤和要点相同。但也有区别：

1. 装饰剖面图剖切位置用剖切符号表示，室内装饰立面图用内视符号注明视点位置、方向及立面编号，因此剖面图的名称为“×-×剖面图”而装饰立面图的名称为⊗立面图。

2. 装饰剖面图必须将剖切到的建筑结构画清楚，如图2-6必须将剖到的东、西墙和楼板表示清楚；而室内装饰立面图则可只画室内墙面、地面、顶棚的内轮廓线。

3. 装饰剖面图上的标高必须是以首层地面为±0.000；而室内装饰立面图则可以图2-6中房间地面为±0.000。

六、装饰详图

在装饰平面图、装饰立面图、装饰剖面图中，由于受比例的

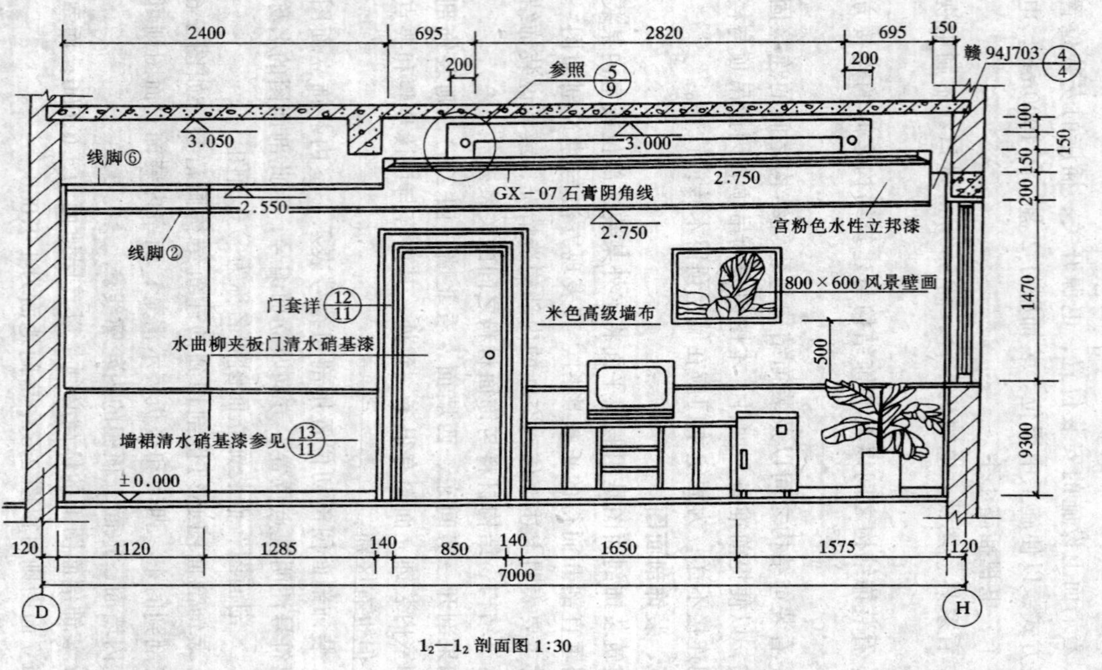

$1_2—1_2$ 剖面图 1:30

图 2-6　室内装饰剖面图

限制，其细部无法表达清楚，因此需要详图做精确表达。

（一）装饰详图的图示方法

装饰详图是将装饰构造、构配件的重要部位，以垂直或水平方向剖开，或把局部立面放大画出的图样。

（二）装饰详图的分类

1. 装饰节点详图

有的来自平、立、剖面图的索引。也有单独将装饰构造复杂部位画图介绍。

2. 装饰构配件详图

装饰所属的构配件项目很多。它包括各种室内配套设置体，如酒吧台、服务台和各种家具等；还包括一些装饰构件如装饰门、门窗套、隔断、花格、楼梯栏板等。

（三）装饰详图识读步骤和要点

1. 结合装饰平面图、装饰立面图、装饰剖面图，了解详图来自何部位。

2. 对于复杂的详图，可将其分成几块。如图 2-7 为一总服务台的剖面详图，可将其分成墙面、吊顶、服务台 3 块。

3. 找出各块的主体，如服务台的主体是一钢筋混凝土基体，花岗石板、三夹板是它的饰面。

4. 看主体和饰面之间如何连接，如通过 *B* 节点详图可知花岗石板是通过砂浆与混凝土基体连接；五夹板通过木龙骨与基体连接；钛金不锈片通过折边扣入三夹板缝，并用胶粘牢。

5. 看饰面和饰物面层处理，如通过 *B* 节点详图五夹板表面涂雪地灰硝基漆。

七、识读图纸的方法

识读图纸的方法是：“四看、四对照、二化、一抓、一坚持”即“由外向里看、由大到小看、由粗到细看，由建筑、结构、装饰、设备专业看，平立剖面、几个专业、基本图与详图、图样与说明对照看，化整为零、化繁为简、抓纲带目、坚持程序”。

“由外向里看、由大到小看、由粗到细看、由建筑结构到设

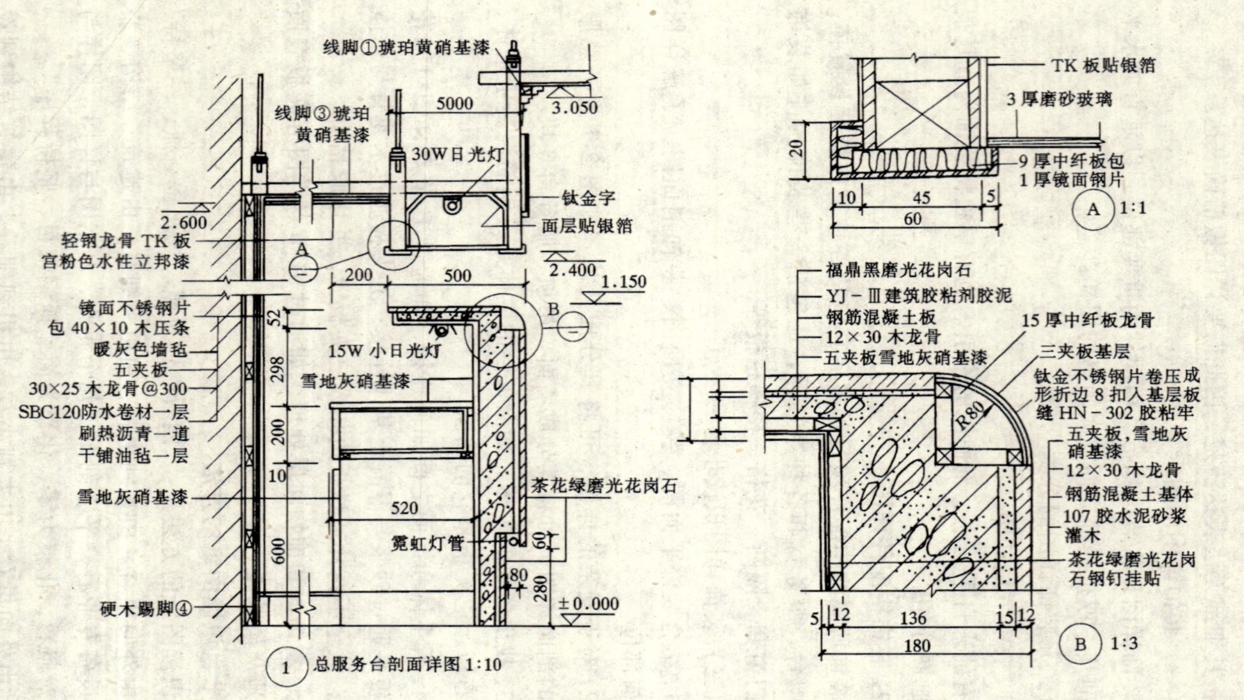

图 2-7 总服务台剖面详图

备专业看”，就是先查看图纸目录和设计说明，通过图纸目录看各专业施工图纸有多少张，图纸是否齐全；看设计说明，对工程在设计和施工要求方面有一概括了解；第二，按整套图纸目录顺序粗读一遍，对整个工程在头脑中形成概念。如工程地点、规模，周围环境，结构类型，装饰装修特点和关键部位等；第三按专业次序深入细致地识读基本图；第四读基本图。

“平立剖面、几个专业、基本图与详图、图样与说明对照看”就是看立面和剖面图时必须对照平面图才能理解图面内容；一个工程的几个专业之间是存在着联系的，主体结构是房屋的骨架，装饰装修材料、设备专业的管线都要依附在这个骨架上。看过几个专业的图纸就要在头脑中树立起以这个骨架为核心的房屋整体形象，如想到一面墙就能想到它内部的管线和表面的装饰装修，也就是将几张各专业的图纸在头脑中合成一张。这样也会发现几个专业功能上或占位的矛盾；详图是基本图的细化，说明是图样的补充，只有反复对照识读才能加深理解。

“化整为整、化繁为简、抓纲带目、坚持程序”就是当你面对一张线条错踪复杂、文字密密麻麻的图纸时，必须有化繁为简和抓住主要的办法，首先应将图纸分区分块，集中精力一块一块识读；第二就是按项目，集中精力一项一项地识读，坚持这样的程序读任何复杂的图纸都会变得简单，也不会漏项。“抓纲带目”就是识读图纸必须抓住图纸要交待的主要问题，如一张详图要表明两个构件的连接，那么这两个构件就是这张图的主体，连接是主题，一些螺栓连接、焊接等是实现连接的方法，读图时先看这两个构件，再看螺栓、焊缝。

第三节　装饰施工图审核

审核施工图可把图纸中的错误在施工前发现，因此对提高工程质量，加快施工进度，提高经济效益的作用是巨大的。审核施工图对于从事装饰施工的单位来说有两方面含义，一是图纸设计者的自审、互审和送到高一级技术人员（如技师将图纸送交高级技师）审核；二是施工单位对设计单位图纸的审核。

审核图纸的内容有二方面，一方面是对绘图方面的审核，第二方面则是对专业技术的审核。

一、对绘图的审核

1. 标题栏是否有设计者和上级领导的签字。牵涉到几个专业配合的项目会签栏是否有人签字，这是一项非常重要的内容，图纸无人签字和一般文件无人签字一样，是无效图纸，不能成为具有法律效力的技术文件。

2. 图纸幅面规格、图线、字体、比例、符号、图例、尺寸标注、投影法是否符合最新国家标准。中华人民共和国建设部 2001 年 11 月 1 日在建标［2001］220 号“关于发布《房屋建筑制图统一标准》等六项国家标准的通知”中规定自 2002 年 3 月 1 日起实行新标准，相对应的六项老标准同时废止。

3. 形体在平面图和立面图中反映的长度尺寸，在平面图和侧面图中反映的宽度尺寸，在立面图和侧面图中反映的高度尺寸是否一致。

4. 一个形体的外形和内部构造是否表达清楚。

5. 一个视图有的物件是否在其他能涉及到的视图和详图中漏画。

6. 图中说明是否漏项。该说的没说。

7. 图纸是否把该装饰的表面都给予表达，有否漏项。

8. 图纸中尺寸计算是否有误。

9. 施工图中所列各种通用图集是否有效。

二、对专业技术的审核

1. 看图中所用材料是否符合国家标准。

2. 看图纸中采用材料是否是落后产品，有没有新产品可以代替。

3. 看设计图纸能否施工和方便施工。设计和施工的着眼点不同，设计人员不一定有施工经验。因此有时图纸脱离实际，甚至有的设计无法施工或施工很困难，而把设计稍加改动施工就很方便，这在施工现场经常看到，因此审好图是施工单位应尽的义务。

4. 看各工种之间是否有矛盾。

审图时要把发现的问题逐条记下来。如果是施工单位自己画的图，把审核结果整理成文，一式2份向设计人交1份，自留1份，对于难解决的问题应该由技术负责人召集有关人员，研究解决。审核结束，审核人必须在图纸标题栏签名。如果审核设计单位的图纸，则应把审核出来的问题整理成文，向上级领导汇报，必要时由技术负责人主持，施工技术人员、管理人员及主要工种技术骨干参加。由责任审图人把读图中发现的问题和提出的建议逐条解释，与会人员提出看法。会后整理成文，一式几份，分别自留及交设计单位、建设单位及有关人员，供会审时使用。

三、图纸的会审

施工图会审的目的是为了使施工单位、监理单位、建设单位、进一步了解设计意图和设计要点。通过会审可以澄清疑点，消除设计缺陷，统一思想，使设计经济合理、安全可靠、美观适用。

（一）图纸会审的内容

1. 是否无证设计或越级设计，图纸是否经设计单位正式签署并盖出图章。

2. 设计图纸是否齐全和符合目录。

3. 各专业图纸与装饰施工图有无矛盾。

4. 各项设计是否都能实施施工，是否有容易导致质量、安全、费用增加等方面的问题。

5. 图纸中涉及的材料是否是国家规范、国家和地方政府文件规定不能使用的材料，材料来源有无保证，能否代换。

6. 图纸中的缺项和错误。

（二）图纸会审的方法和步骤

图纸会审由建设单位或监理单位主持，请设计单位和施工单位参加。步骤如下：

1. 首先由设计人员进行技术交底，将设计意图、工艺流程、结构形式、标准图的采用、对材料的要求、对施工过程的建议等，向与会者交待。

2. 由监理单位、施工单位按会审内容提出问题，由设计单位或建设单位解答；对难解决的问题，展开讨论、研究处理方法。

3. 将提出的问题、讨论的结果，最后的结论整理成会议纪要，由与会各方的代表会签形成文件。图纸会审文件和要求设计单位补充的图纸、修改的图纸，是施工图重要部分。

第四节　效　果　图

效果图是设计者展示设计构思、效果的图样。建筑装饰效果图是设计者利用线条、形体、色彩、质感、空间等表现手法将设计意图以设计图纸形象化的表现形式，往往是对装饰工程竣工后的预想。它是具有视觉真实感的图纸，也称之为表现图或建筑画。

一、效果图的作用

1. 因为效果图是表现工程竣工后的形象，因此最为建设单位和审批者关注。是他们采用和审批工程方案的重要参考资料；

2. 效果图对工程招投标的成败有很大的作用；

3. 效果图是表达作者创作意图，引起参观者共鸣的工具，是技术和艺术的统一，物质和精神的统一。对购买装饰装修材料和采用施工工艺有很大的导向性，因此在这种意义上来说，效果图也是施工图。

二、效果图的图式语言

效果图综合了许多表现形式和表现要素。要读懂读好效果图，就得从效果图各要素入手，结合施工实践去观察体会。

效果图中图式语言有：形象、材质、色彩、光影、氛围等几种要素。形象是画面的前提；材质、色彩无时不在影响人们的情绪；光影突出了建筑的形体、质感。这些因素综合起来，产生了一个设计空间的氛围，有的高雅、有的古朴。各种图式语言之间是相互关联的一个整体。

三、效果图的分类

1. 水粉效果图

用水粉颜料绘画，画面色彩强烈醒目、颜色能厚能薄、覆盖力强、表现效果既可轻快又可厚重，效果图真实感强，绘制速度快，技法容易掌握。

2. 水彩效果图

用水彩颜料绘画，和水粉画的区别是颜色透明，因此水彩画具有轻快透明、湿润的特点。

3. 喷笔效果图

用喷笔作画，质感细腻，色彩变化柔合均匀，艺术效果精美。

4. 电脑效果图

作电脑效果图要有一台优质电脑和几个作图软件。电脑效果图以其成图快捷准确、气氛真实、画面整洁漂亮、易于修改等优点很快被人们接受。

第三章　涂裱材料有关理论知识

第一节　新型建筑装饰涂料的推广与使用

一、新型涂料发展方向

新型建筑装饰材料（包括装饰涂料）产业是国家发展新型建筑材料行业“十五”规划中四大新兴产业之一。生产和使用新材料有利于节能减少资源消耗，保护生态环境，并且还可以启动、刺激消费，促进建筑业和住宅产业的现代化。

（一）新材料的发展方向

新型建筑装饰装修材料应向多功能、系列化、配套化、多样化、优质化、高档化、高附加值、无污染的健康型材料方向发展，向耐久、抗沾污、防火、阻燃型材料方向发展，向节能、节水、代木、代钢型材料方向发展。

建筑涂料的发展重点是质感丰富、保色性好、耐候、耐污染的中高档外墙涂料，环保型的内墙乳胶漆，发展粉末涂料及辐射固化涂料，逐步形成专业化、规模化生产。

趋势是重视基础材料和配方的研究，向无公害、功能型方向发展。水乳性涂料仍将是建筑涂料的主流，无机高分子涂料将得到大发展，弹性涂料受到欢迎。具有防火（报警）、杀虫、防潮、防霉、防污、防震、防结露、吸收射线、高光亮度、取暖、防止混凝土渗水、防海水侵蚀等功能型涂料将广泛地生产使用。粉末涂料随着喷涂技术的发展将迅速发展。纳米材料等高技术也将广泛应用于涂料工业。

随着装饰装修水平的日益提高，人们环保意识的不断增强和国家环保政策的影响，低档、有毒的聚乙烯醇类涂料将被淘汰，对无毒、装饰性好的中高档内墙涂料的需求会进一步增长，乳胶漆所占的比例将迅速提高，逐渐成为内外墙涂料的主导产品。随着市场对高性能外墙涂料需求的日益增长，溶剂型外墙涂料需求也将有所增加。

（二）提高质量意识，建立健全质量保证体系

注重产品质量，发展优质产品，依靠质量创名牌、创信誉、创效益、求发展，不能用短期行为或不正当行为，靠假冒伪劣产品谋取经济利益。为杜绝假冒伪劣产品扰乱市场，国家有关部门要建立有效的质量监督机制，建立和健全产品质量保证体系，实施工程质量保证期制度，认真贯彻产品质量法和反不正当竞争法，对产品从生产到流通乃至施工应用等各个环节层层把好质量关，将产品质量和施工质量提高到一个新的水平。

二、多功能涂料

目前建筑涂料的品种不少于千余种，它们除了具有保护和装饰功能外，有些建筑涂料还有特殊的作用，如防腐、防霉、防火、防水、绝缘等。这些涂料称为特种涂料。

（一）防腐涂料

防腐涂料的特点是当建筑物承受外界的侵蚀时，能起保护作用。外界的侵蚀有化学介质的腐蚀，如酸、碱、盐、微生物、油污及各种有机物质；也有来自自然界的侵蚀，如臭氧、蒸汽、风、霜、雨、雪、灰尘等。因此防腐涂料应具备的特性是：对防腐性介质不发生化学反应；有较好的抗渗性，能防止腐蚀性介质渗入涂膜，具有优良的耐候性；与基层应有较好的胶粘力；不容易开裂或脱落；此外还应有一定的装饰性能。

常用的防腐涂料的主要品种如下：

1. 生漆

生漆又名大漆、国漆，是我国的特产。它是从漆树汁除去部分水并滤去杂质后得到，将大漆加温后就是熟漆。

生漆的成分是漆酚、漆酶、树胶质和水。其中漆酚含量为

40%～70%，一般说来，大漆中漆酚含量越高越好；漆酶含量约10%，它是一种氧化酶，能使漆在空气中氧化干燥成膜。

生漆涂膜的特点：坚硬，富有光泽，附着力、耐久性、耐磨、耐油、耐热、耐化学介质及绝缘性好。但性脆，颜色深，施工困难，会使操作者皮肤过敏。因而一般不直接使用，而是采用改性的生漆精制品，其常用的有推光漆(退光漆)、广漆、揩漆等。

生漆有广泛的用途，除了用于红木家具、乐器、工艺美术用品等外，经改性后的品种还广泛用于石油贮罐及输送管道、矿井和地下工程，它是化工、建筑方面的理想防腐涂料。

2. 沥青漆

沥青漆是一种传统的防水、防腐涂料，价廉，施工方便，但耐候性差。常用的沥青防腐漆的品种有：

(1) L01-6 沥青清漆：具有良好的防水、防腐性能，但耐候性差，适用于金属和木材表面防腐。

(2) L01-17 煤焦沥青清漆：又名墨水罗宋。它具有干燥快，耐水、耐腐蚀性强，但耐候性差等特点，适用于阴湿环境的钢铁、木材表面防腐。

3. 环氧树脂漆

环氧树脂具有优良的防腐性能，可分为三类，第一类为普通环氧树脂漆；第二类为加丙烯酸酯改性环氧树脂漆；第三类为加煤焦油改性环氧焦油漆料，经改性后的环氧树脂漆，韧性增加，防腐性能更佳，还具有防潮、耐油等特点。为增强防腐功能，以上三类涂料在施涂涂层中，均应添加玻璃纤维布作加强层。

4. 乙烯树脂类防腐蚀漆

乙烯树脂漆是以分子结构中含双键的乙烯及其衍生物经聚合或共聚而成的乙烯树脂为主要成膜物质，加辅助材料而成。主要品种为过氯乙烯漆和氯乙烯醋酸乙烯共聚树脂漆。

(1) 过氯乙烯树脂漆：其分子结构中含有氯的成分，因此具有较好防腐、防霉、阻燃作用。

涂膜的特点：与酸碱、酒精及臭氧不发生化学反应，耐水、抗菌，但附着力差。它虽属溶剂性涂料，施涂后表干快，内部完全干透慢。施工时应防止涂膜整张被揭起，等涂层彻底干燥变硬后则很难剥离。

常用的过氯乙烯树脂漆的品种有：过氯乙烯清漆、各色过氯乙烯磁漆、各色过氯乙烯防腐漆等。

(2) 氯乙烯醋酸乙烯共聚树脂漆，具有优良的耐腐蚀、耐酸、耐碱性，但不耐热与光，广泛应用于水泥及钢铁表面的防腐处理。

(3) 氯磺化聚乙烯树脂漆：简称氯磺化防腐涂料，其耐酸、耐碱及防水性能优于其他防腐蚀漆，较广泛应用于防腐蚀要求高的工程中。目前该漆分二类：一类是溶剂型的，其防腐性能好；第二类是水乳型的，是一新品种，主要是以水作助剂加入分散剂后经搅拌、分散形成水乳型涂料，它污染少，操作性能好，以刷漆为主，也可喷，但不能涂（不易拉开）。

该类涂料主要用于水泥系列和金属基面上，可以在涂层中施加玻璃纤维布，以形成更耐久的防腐层。本涂料可以调配成各种颜色，也可用作防水涂料。

（二）防水涂料

防水涂料用于与水接触部位，能弥补被施涂物体存在的裂缝、疏松等缺陷。从而改善防水性能。防水涂料固化后能形成一层没有接缝的、连续的涂膜，这种涂膜具有防雨水、地下水和厕所卫生间渗漏的作用。

涂膜型防水涂料按其材料品种分为乳液型、溶剂型和反应型三大类。

1. 乳液型防水材料

乳液型防水涂料的主要品种有丙烯酸乳液型防水涂料，水乳型再生橡胶沥青防水涂料、氯-偏共聚乳液防水涂料和氯丁橡胶防水涂料等。

2. 溶剂型防水涂料

溶剂型防水涂料以高分子合成树脂为主要成膜物质，加入有机溶液、颜料、填充料及助剂制成。其品种有氯丁橡胶防水涂料、氯磺化聚乙烯防水涂料。

3. 反应型防水涂料

反应型防水涂料是双组分涂料中的主要成膜物质与固化剂进行反应后才能成膜。涂膜具有耐水、延伸、耐久等性能，是目前较理想的防水涂料。其品种有聚氨酯系防水涂料、环氧树脂系防水涂料。

(1) JM811 防水装饰地面涂料：由甲、乙组分和填充料组成。甲组分以聚醚型聚氨酯为主要成膜物质。乙组分以固化剂为主要成份，并包括乙酸乙酯溶剂。萘酸锌催干剂（兼有防水、防腐作用等。JM811 防水装饰地面涂料是一种中档聚氯酯双组分涂料，具有各种颜色，主要用于实验室、厕所及卫生间等要求防水兼有装饰功能的地面。

1）涂膜富有弹性，粘结强度高，抗渗，耐水性能好。

2）没有接缝，不易渗漏。

3）涂膜色彩多样，平整光洁，装饰效果好。

4）具有耐酸、碱等化学品、耐老化及耐磨耗等优良性能。

5）抗拉强度高，延伸率大。

6）造价低，施工工序少，操作方便。

(2) H80 环氧整体地面涂料：以环氧树脂和改性胺为主要材料的双组分涂料，甲组分是主要成膜物（环氧树脂）着色颜料、溶剂及填料等；乙组分为固化剂和助剂。

使用时可按规定的比例掺加填料，如掺入粗料可配制成 H80 环氧砂浆；掺入粉状填料能配成中涂层涂料及面涂层涂料；掺入专用稀料不掺填料可制成 H80 环氧地面底漆和罩光清漆。

H80 环氧整体地面涂料包括底涂料、中涂层涂料、面涂层涂料和罩光清漆等涂料。H80 环氧整体地面涂料的特性：

1）涂膜粘结力强，收缩小，不起尘，抗冲击性强，耐磨性好，耐酸碱和耐各种油类腐蚀性能优异。

2）涂层整体性好，富有弹性及韧性，无接缝，不渗水，防水防潮性优良，色泽多样，装饰效果好。

3）常温可固化，施工方便。

H80 环氧整体地面涂料常用于公用建筑高级装饰地面；厕所卫生间装饰性防水防潮地面；试验室和厂房车间等有净化、耐磨耐腐蚀要求的地面。

（三）防火涂料

防水涂料又称阻燃涂料，除了具有一定的装饰性能外，主要的作用是当物体表面遇火时，能防止初期火灾和减缓火灾蔓延扩大。从而为人们提供了灭火时间，对确保人民的生命财产安全有着积极意义。

防火涂料根据所采用的主要胶结材料可分为有机和无机两类；根据涂料遇火受热后涂层体积产生变化情况可分为膨胀和非膨胀型防火涂料；又根据涂层的厚度可分为厚质和薄质二种。依照国家防火规范，薄质型（又称 B 类）涂膜厚度为 3～7mm，耐火极限为 0.5～1.5h，厚质型（又称 H 类）涂膜厚度为 8～50mm，耐火极限为 0.5～3.0h。

防火涂料所用的颜料多是具有很高反射散热或传导散热效能，如钛白、锑白、云母、石棉以及一些金属颜料等。

为了提高防火效能，在防火涂料中常加入适量的辅助材料，一般有：

第一、根据二氧化碳、氨、氯气等不能燃烧的特性，在防火涂料中加入一些受热能产生这些气体的辅助材料。当它们在遇火受热时就能放出气体隔绝空气，以达到熄火的目的。这类辅助材料有氯化石蜡、五氯联苯、磷酸铵、磷酸三甲酚等。

第二、根据一些低熔点的无机化合物遇火融化成玻璃层能使物体表面与火焰隔绝的原理，在防火涂料中加入一些硼酸钠、硅酸钠、玻璃粉等辅助材料，使之遇火可封闭物体表面。

第三、加入一些遇热生成厚泡沫层的辅助材料，以隔绝火源，防止继续燃烧。这种类型的防火涂料称为发泡型防火涂料，它的防火效能较加入其他辅助材料为好，常见的发泡剂有硼酸锌、磷酸三氢胺、淀粉等。

1. 有机防火涂料

常用品种有各色酚醛类防火漆、过氯乙烯类防火漆和丙烯酸类防火涂料，分述如下：

（1）各色酚醛类防火漆：各色酚醛防火漆型号为 F60-1。由于涂膜中含有防火剂与耐温颜料，在燃烧时涂膜内的防火剂受热后会产生烟气，有延迟着火，阻止火势蔓延的作用。涂膜光泽柔和。适用于餐厅走廊等公共场所和纪念性建筑的金属和木质表面，使用量 $120g/m^2$。

（2）过氯乙烯类防火漆：过氯乙烯防火漆分为型号 G60-1 过氯乙烯防火磁漆、G60-2 过氯乙烯防火底漆、G60-3 过氧乙烯防火清漆三种，可配套使用。

过氯乙烯防火漆是采用过氯乙烯树脂和氯化橡胶作基料，加醇酸树脂作为改性剂，添加防火组分、颜填料、增塑剂等，经碾磨而成。涂膜遇火膨胀生成均匀致密的蜂窝状隔热层，有良好的隔热防火效果，它的防火、抗潮、耐油、耐候性等性能均较优良，但与金属等基层的粘结力较差，采用丙烯酸树脂改性的过氧乙烯防火漆其粘结力有明显改善。能调配成多种颜色，具有良好的装饰性。

（3）丙烯酸类防火涂料：该防火涂料以丙烯酸树脂（丙烯酸酯或乳液）作为胶结基料，加入防火组分、颜填料、增塑剂等经搅拌分散而制成，它具有与金属等基层较强的粘结力，其他各项性能均属优良。

2. 无机防火漆

无机防火漆是用水玻璃耐火颜料等制成的糊状物，型号为 E60-1。具有涂膜坚硬、干燥性好、施涂方便，可防止延燃及抵抗瞬间火焰的特性。适用于建筑物内的木质面、木屋架、木隔板等。因不耐水，故不能用于室外。

3. 有机无机复合防火涂料

以无机胶结物质为主配制的防火涂料涂膜附着力较差，易开裂。采用有机胶结料复合改性，可以改善涂膜韧性，并保持无机涂料的烟密度低（烟密度为在燃烧过程中，物体所释放出来的有害气体的量），防火性能理想等特点，是一种具有开发前途的新防火涂料。

（四）绝缘涂料

绝缘涂料主要是以合成树脂或天然树脂等为成膜物质，它由成膜物质和某些辅助材料组成。辅助材料有溶剂、填料或颜料等。是施涂电机、电线以及电工器材等产品的专用涂料。

各种绝缘涂料的性能决定于成膜物质，近年来以环氧树脂、有机硅树脂、聚氨酯和聚酯树脂等制造的各种绝缘涂料已逐步替代了传统的干性油、虫胶和沥青等品种的绝缘涂料，用这些合成树脂制成的绝缘涂料性能优良，能适应现代化工业发展的需要。

绝缘涂料的涂膜一般应具备以下性能：

第一、良好的绝缘性；

第二、良好的耐热性；

第三、良好的机械性能，也就是附着力和柔韧性好，硬度高、耐摩擦；

第四、良好的耐化学性，并能耐油和耐热。

第五、良好的耐水性，由于水不能渗入绝缘涂料内，因而不会降低绝缘性能。

绝缘涂料的品种较多，按用途来分有六种，其中以漆包线绝缘涂料和浸渍绝缘涂料使用最为广泛。

1. 浸渍绝缘涂料主要用于浸渍电机、电器的线圈和绝缘等部件，以填充其间隙和微孔。

2. 漆包线绝缘涂料主要用于施涂导线。

3. 覆盖绝缘涂料有磁漆和清漆两种。覆盖绝缘涂料用于涂覆经浸渍处理的线圈和绝缘零部件，在其表面形成连续而均匀的涂膜。

4. 粘合绝缘涂料用于粘合云母粉、云母片等绝缘涂料。这种绝缘涂料的突出性能是干燥快，使被胶粘物有良好的胶粘力。

5. 硅钢片绝缘涂料用于施涂硅钢片，其作用是降低铁芯的涡流损耗，增强防锈和防腐蚀能力。这种涂料施涂后需经高温短时烘烤。

6. 防静电涂料。随着塑料、薄膜或由合成纤维织成的衣服地毯等的应用，绝缘体受摩擦后产生静电，在表面积累而使人触电或特别易吸灰尘，难以除去，当静电压大于4000V时，可产生火花，造成危害。一些微电子、精密仪器、医药等行业的生产车间要求洁净，使地坪不吸附空气中的游离尘埃，为此均需采用抗静电涂料来解决，使静电不积累。防静电涂料主要是在胶结基料树脂乳液中加入防静电剂等添加剂混合配制而成。有机防静电剂主要特点是：(1) 化合物本身是很好的导体；(2) 又是吸湿材料，将大气中的湿气吸附在涂层表面，使涂层表面形成一层含水的导电层。

（五）防霉涂料

防霉涂料适用于长期处于潮湿环境的建筑物内外墙面，工厂的恒温车间、糖果厂、罐头食品厂、酒厂以及地下室等易霉变的墙面、顶棚、地面等的装饰。

防霉涂料在制造过程中加入一定量的霉菌抑制剂，这些抑制剂必须与涂料中的成膜物质、颜料、填充料和助剂不发生化学变化。涂料成膜后，能较长时间保持表面不长霉，涂料中的颜色不褪色。

常用的防霉剂有：五氯酚钠、醋酸苯汞、多菌类、百菌清等。

常用的防霉涂料有丙烯酸乳液外用防霉涂料、亚麻子油型外用防霉涂料、醇酸外用防霉涂料、聚醋酸乙烯防霉涂料、氯-偏共聚乳液防霉涂料等。其中以氯-偏共聚乳液防霉涂料应用较普遍。

1. 氯-偏共聚乳液防霉涂料

氯-偏共聚乳液是以高分子共聚乳液（氯乙烯-偏氯乙烯共聚物）为主要成膜物质，加入颜料、填料、防霉剂等，经加工配制而成。它防霉、无味、不燃、耐水、耐酸碱、施工方便并具有良好的装饰效果。其涂膜致密，有较好的防霉性和耐擦洗性。对黄曲霉、墨曲霉、七曲霉、毛壳霉、木霉等霉菌的防霉效果甚为显著。

2. 丙烯酸乳液防霉涂料

以丙烯酸乳液为主要成膜物质，加入颜填料、防霉剂、助剂等配制而成。

3. 乙烯醋酸乙烯类乳液（EVA）防霉涂料

它是以乙烯醋酸酯作为主要成膜物质，加入防霉剂、颜填料等组成，成膜性能好、价格低、是常用防霉涂料。

（六）防菌涂料

是在普通涂料中加 AM500 高度抗菌元素制成的新型环保涂料，产品本身可抑制细菌，去除异味，抑制有害微生物的滋生。

第二节　纳米技术在涂料工业生产中的应用

纳米是长度单位，单位符号 nm，是 1m 的 $1/10^9$。科学研究发现，当物质的结构单元小到纳米等级时，物质的性质可以产生重大改变，甚至会产生新的性能和效应。纳米技术是当今科技研究的热点，科研人员已利用纳米高科技手段改进现有建筑材料。所谓纳米材料，是指颗粒在 1～100 纳米之间，并具有特殊的物理化学性能的材料。纳米材料具有很多神奇的性能，如界面效应，小尺寸效应、宏观量子效应、光催化效应等。

我国已经开发出国内先进的纳米改性抗菌漆、纳米改性耐候漆、纳米改性多功能漆。

1. 净化空气抑菌杀菌的抗菌漆

纳米改性抗菌漆通过纳米技术的改进，赋予传统乳胶漆新功能。一是耐擦洗，手感细腻，色彩柔和，与墙面结合牢固，耐擦洗大于 10000 次；二是抑菌杀菌，利用纳米材料中新型稀土激活技术使涂料形成抗菌涂膜，它可对大肠杆菌，金黄色葡萄球菌的细胞膜进行破坏，能杀灭细菌并抑制细菌繁殖，杀菌率达99%；三是净化空气，该涂料利用纳米技术独特的光催化技术，对空气中有毒气体进行分解、消除，对甲醛、氨气、氮化物等有害气体有吸收作用；四是绿色环保，该涂料无毒无味、不含铅、不含汞，是真正的水性涂料，执行国家标准；五是耐污自洁，具有很好的抗粉尘能力，易清洗。

2. 防霉、防藻、耐冲刷的耐候漆

纳米改性耐候漆是利用纳米技术改性的外墙涂料，是绿色环保涂料。它的主要功能，一是具有较低的表面张力、优异的疏水性能和耐雨水冲刷性；二附着力强，颗粒细小，能深入墙体，使涂料与墙面“交叉式”结合，不起皮、不剥落、不粉化；三是防霉、防藻、耐碱及高遮盖率；四是具有优异的防紫外线辐射性能，从而色泽艳丽稳定；五是具有较好的耐污性能。由于纳米材料的加入，使漆膜硬度提高，从而具有抗脏物粘附能力，且易被冲刷掉。

3. 疏水性、耐水性强的多功能漆

纳米改性多功能漆利用纳米技术使其具有优异的疏水性能和耐水性能。建筑物墙体内的水蒸气可顺畅地向外蒸发，同时又能阻止雨水向墙体渗透，从而使墙体保持干燥状态。该产品施工不受气候影响，既可在气候干燥、风沙大的地区施工，也能在寒冷地区施工；由于能在涂刷后20min内形成漆膜，因此也能在多雨及潮湿环境下施工。

纳米改性涂料凭借着高科技含量、绿色环保等卓越的品质及合理的价格应用于首都体育馆的改造等多项重点工程，北京市建筑材料质量检验监督站对这些工程的监测后发现，其效果远远好于传统涂料。

应用纳米技术于涂料工业生产正处在研究开发阶段，目前还不能作出可靠的评价。

第三节　减少和降低室内环境污染的技术措施

一、减少室内环境污染的新技术、新措施

（一）开发绿色涂料

所谓“绿色涂料”是指节能、低污染的涂料。目前主要有下列几种：

1. 高固含量溶剂型涂料

这种涂料是从普通溶剂型涂料发展来的。其主要特点是利用原有工艺的前提下，降低有机溶剂用量，从而提高固体组分。通常溶剂型涂料固含量为30%～50%，而高固溶剂型（HSSC）要求固含量达到65%～85%，目前国外高固体份涂料的研究开发重点是低温固化和常温固化型。

2. 水性涂料

水无毒和不燃、低成本、环保，目前水性涂料的使用量已占涂料总量的一半左右，主要有水溶性涂料、水溶胶涂料、水乳胶涂料和粉末水性涂料4种。目前进口和国产的水性木器漆、金属漆都已上市，这种漆不含有机溶剂、苯、甲醛、有害重金属，属新一代全环保型木器漆、金属漆。

3. 粉末涂料

粉末涂料理论上是总挥发性有机化合物（TVOC）为零的涂料。是涂料发展的方向之一，粉末100%成膜。

涂膜具有优良的机械性能和耐腐蚀性能。但目前应用上受到一些限制，正在研究解决，如制造工艺复杂，粉末涂料烘烤温度较一般涂料高得多，难以得到薄涂层，不规则表面的均匀涂抹性差。

4. 辐射固化涂料

辐射固化涂料是以不饱和树脂和不饱和单体为基料引入引发剂，以阳光、紫外线和电子束固化的一类涂料，由于无溶剂，因

此污染少、省资源、常温固化而成为建筑涂料的发展方向之一。目前已开始使用的有不饱和聚酯、聚酯丙烯酸、环氧丙烯酸酯、聚氨酯丙烯酸酯、聚醚丙烯酸酯等。北京红狮涂料国际有限公司生产的“UV丙烯酸光固化木器漆”漆膜光亮、坚硬、耐水、耐油、耐酸、耐碱，有极好的附着力。不含有机溶剂，把原漆和光敏剂配好后，用淋涂、辊涂或喷涂方法涂到木器上，用紫外线灯照射30s即可固化。

（二）提高涂料的使用年限

氟碳涂料在主要成膜物质中引入氟元素，由于C—F键的离解能比C—H键大得多，在受热和紫外线照射时，由于C—F键难以断裂，因此显示出其优越的耐久性、耐候性、耐化学品侵蚀性，氟元素的原子半径极小、电负性较高使其分子内部结构致密，因此有非凡的不粘附性、斥水、斥油等特殊的表面特性；C—F键主链上引入羟基基团而产生独特的极性，使其具有优异的附着力、抗老化等功能。

独特的分子结构使氟碳涂料的寿命是一般涂料的几倍，由于酸雨侵蚀严重。重庆嘉陵江大桥的钢梁必须每年除锈和刷漆一次，耗资几十万元。自从1993年改涂氟碳涂料，直到2000年11月专家去回访，漆膜仍完好无损。氟碳涂料用到建筑物外墙的寿命是18年以上。是一般外墙涂料的3倍。涂料的寿命长，无疑将减少涂刷次数。也就减少了向室内空气中排放污染物的量。

（三）改进喷涂机具

要想使环境成为绿色，光有绿色涂料不行，必须要有绿色施工工艺和机具相配合。然而传统的刷涂和辊涂效率低，且厚度不匀，造成浪费，由于速度慢，使工人长时间处于污染环境中，靠压缩空气喷涂的喷浆机涂料的收益率（喷到被喷体上涂料和喷出涂料之比）太低，有时甚至只有30%。两种新型喷涂设备的出现改变了这种状态。已在发达国家普遍采用。

1. 高压无气喷涂设备

无气喷涂设备不是压缩空气，而是靠机械运转产生高压将涂料喷出。涂料雾化均匀、颗粒小，运动速度快，射到被喷涂物体表面颗粒之间的缝隙中，因此反弹回来的涂料少，涂料附着力也高。首先，高压无气喷涂设备喷出的涂料落到面上是一条几厘米宽的线，而不是像普通喷涂机是一个圆，喷涂时就像一把扇形大刷子在移动，因此涂料收益率可达60%～80%，收益率的提高不仅节约了涂料，也降低了涂料对空气的污染。其次由于高压无气喷涂设备压力高，可减少涂料溶剂数量，因此释放到空气中的污染物也少。另外，高压无气喷涂的效率很高，可达每分钟6～25m^2，如要有1间15m^2的房屋，就是用最小型号的高压无气喷涂设备也用不了10min就喷涂完。这样就减少了油漆工在污染环境的停留时间。

2.HVLP（高流量，低压力）电动精密喷涂设备

HVLP技术即高流量、低压力的一种崭新的喷涂技术，涂料收益率可达75%～90%，它巧妙的设计将涡轮风压机与空气摩擦产生的热量导入喷枪，使送入喷枪的空气温度比室温高15～20℃，且湿度大幅度下降，加速了涂料的雾化与干燥时间。HVLP喷涂技术适用于装饰工程对表面效果要求高的精密喷涂。

由于高压无气喷涂技术与HVLP技术涂料收益率高，飞散到空气中的涂料少，溶剂量小，不用空气压缩机，降低了噪声污染，因此符合最发达国家最严格的环境保护要求。

这两种设备已在我国使用几年，主要是德国和美国公司的产品。

二、降低室内甲醛污染的技术措施

甲醛是一种无色易溶于水的刺激性气体，可经呼吸系统被人体吸收。当室内空气中的甲醛含量＞0.1mg/m^3时会刺激眼睛流泪；＞0.6mg/m^3时会感到咽喉不适和疼痛，恶心、呕吐、咳嗽、胸闷、气喘；＞65mg/m^3时会引起肺炎、肺水肿甚至死亡。现代医学研究表明，长期接触低剂量甲醛可以引起慢性呼吸系统疾病、皮炎、头痛、失眠；引起女性月经紊乱、不孕、胎儿畸

形；引起新生儿体质下降、染色体异常，甚至患鼻咽癌；此外据流行病学调查，长期接触甲醛的人，免疫力低下，易得鼻腔、口腔、咽喉、皮肤和消化道的癌症。

（一）室内甲醛的来源

1. 主要来源于用做室内装饰和制作家具的人造木板。目前国内生产的人造木板（胶合板、大芯板、纤维板、刨花板）多采用脲醛树脂胶粘剂，这类胶粘剂强度较低，加入过量的甲醛可提高强度、防虫、防腐。甲醛从板内释放出来，要3～15年才能全部释放完。

2. 贴瓷砖时往水泥砂浆中掺聚乙烯醇缩甲醛108胶。这种胶是由聚乙烯醇和甲醛反应的产物，胶中常有大量未参加反应的甲醛，会透过瓷砖之间的缝隙向外释放。

3. 用聚乙烯醇缩甲醛（108胶）粘贴壁纸、壁布。

4. 室内采用聚乙烯醇水玻璃内墙涂料、聚乙烯醇缩甲醛内墙涂料和以硝化纤维素为主的树脂，以二甲苯为主溶剂的水包油型多彩内墙涂料。有些乳胶漆和硝基清漆也含有甲醛。

5. 壁布、帷幕等纺织品经粘合、定形、阻燃处理后，可能释放出甲醛。

6. 脲醛聚酯泡沫塑料价格低廉，有些房间用来做墙壁布的内衬和用做房间内保温、吸声材料，结果会持续不断地释放出甲醛气体。

7. 地毯、地毯衬垫、壁纸、聚氯乙烯卷材地板，也会挥发出有机化合物及甲醛。

通过对我国部分住宅、办公楼、图书馆、工厂车间等地点的室内和室外空气中甲醛浓度的测量，发现室内比室外高出2～11倍。

（二）降低室内甲醛污染建议采取的措施

1. 选用甲醛释放量低的木板，并限制木板在室内的用量。

2. 使用不含甲醛或甲醛含量小的水性胶粘剂掺入砂浆贴瓷砖和贴壁纸、壁布。

3. 选用甲醛含量低的水性处理剂。水性处理剂有水性阻燃剂、防水剂、防腐剂、防虫剂等。水性阻燃剂有溴系有机化合物织物阻燃整理剂、聚磷酸铵阻燃剂和氨基树脂木材防火浸渍剂等；其中氨基树脂木材防水浸渍剂含有大量甲醛和氨水，不适合室内用。防水剂、防腐剂、防虫剂也出现甲醛过量的情况，因此国家标准 GB50325—2001 规定，民用建筑工程室内用水性阻燃剂、防水剂、防腐剂等水性处理剂，应测定总挥发性有机化合物（TVOC）和游离甲醛的含量，基限量为：TVOC/（g/L）≤200；游离甲醛/（g/kg）≤0.5。

4. 不应采用国家已明令淘汰的产品：聚乙烯醇水玻璃内墙涂料、聚乙烯醇缩甲醛内墙涂料和以硝化纤维素为主的树脂，以二甲苯为主溶剂的水包油型多彩内墙涂料。

选用不含甲醛或甲醛含量低的乳胶漆和硝基清漆。2001 年 5 月北京市消费者协会分别对 13 种硝基清漆和 16 种乳胶漆的有害物质释放量进行了比较试验，结果显示，13 个品牌的硝基清漆在涂刷 15 天后依然挥发甲醛气体，但量都很小；对 16 种乳胶漆涂刷后测试显示，1h 之内普遍含有醛，有机挥发物均有不同程度存在，第 3 天测试时全部未检出。不同品牌含有有害物质的量不同。必须向厂家或经销商索取检测报告。

5. 选用不含甲醛或甲醛含量低的泡沫塑料、防水卷材、地毯、壁纸、壁布。

6. 使用甲醛消除剂（捕捉剂）。甲醛消除剂采用 3 种方式解决室内甲醛超标问题。

（1）甲醛消除剂与室内或家具内空气中的游离甲醛反应，生成一种惰性气体，这种气体无毒且能迅速从室内排除。

（2）甲醛消除剂喷涂在板材（包括已油漆的板材）后，迅速形成一种坚固的表膜，阻挡、捕捉板材中的游离甲醛。

（3）甲醛消除剂喷涂在未油漆的板材表面后，迅速透到板材内部，与游离甲醛反应。

7. 使用含有多元光触媒技术的空调机。多元光触媒能强烈吸收阳光中紫外线，将光能转为化学能。在常温下分解空气中的甲醛、氨等有毒气体和房间香烟等异味。高档的海尔空调机和LG空调机有此功能。

8.除装修带来的甲醛外，对家具带来的甲醛也不能忽视，有时甚至比装修带来的还多，因为家具也大多是人造木板制成，就是实木板也是由一条条实木条拼成，大片的实木板要翘曲变形，购买家具时必须注意甲醛释放量，光看商场样品不行，因为样品已放很长的时间了，应问商家新出厂时甲醛味是否大，并在购买合同中注明。

三、降低室内苯类物质污染技术措施

目前室内装修装饰中多用甲苯、二甲苯代替纯苯为各种胶、油漆、涂料和防水材料的溶剂或稀释剂。人在短时间吸入高浓度的甲苯、二甲苯时，可出现头晕、头痛、恶心、胸闷、乏力、意识模糊，严重者可致昏迷以致呼吸循环衰竭而死亡。苯化合物已被世界卫生组织确定为强烈致癌物质。

甲苯和二甲苯是易燃易爆物品，挥发后遇明火会爆炸。建筑装修施工时必须注意苯中毒的防护，工程竣工后也应注意通风，使苯尽快挥发。住户应2个月后入住。

装饰装修房屋一定要采用苯含量低的涂料。国家标准《民用建筑工程室内环境污染控制规范》（GB 50325—2001）规定：民用建筑工程室内用溶剂型涂料，应按其规定的最大稀释比例混合后，测定总挥发性有机化合物（TVOC）和苯的含量，其限量应符合表3-1的规定。

室内用溶剂型涂料中总挥发性有机化合物（TVOC）和苯限量

表 3-1

涂料名称	TVOC（g/L）	苯（g/kg）
醇酸漆	≤550	≤5
硝基清漆	≤750	≤5
聚氨酯漆	≤700	≤5
酚醛清漆	≤500	≤5

续表

涂料名称	TVOC（g/L）	苯（g/kg）
酚醛磁漆	≤380	≤5
酚醛防锈漆	≤270	≤5
其他溶剂型涂漆	≤600	≤5

国家标准 GB 50325 规定：民用建筑工程室内用溶剂型胶粘剂，应测定其总挥发性有机化合物（TVOC）和苯的含量，其限量应符合表 3-2 的规定。

室内用溶剂型胶粘剂中总挥发性有机化合物（TVOC）和苯限量

表 3-2

测定项目	限量
TVOC（g/L）	≤750
苯/（g/kg）	≤5

将“三苯清降剂”喷在木制品油漆表面上或喷在室内空气中，可以去除苯，也可去除氨气，消降率达到95%。

四、降低室内氨气污染技术措施

氨是无色而具有强烈刺激性臭味的气体，比空气轻。长期接触氨气，部分人可出现皮肤色素沉积或手指溃疡等症状；氨气被吸入肺后容易通过肺泡进入血液，与血红蛋白结合，破坏运氧功能。短期内吸入大量氨气后可出现流泪、咽痛、声音嘶哑、咳嗽、痰带血丝、胸闷、呼吸困难，可伴有头晕、头痛、恶心、呕吐、乏力等，严重者可发生肺水肿、成人呼吸窘迫综合症，同时可能发生呼吸道刺激症状。

室内氨浓度（mg/m^3）不同时人体反应：

0.3 有异味和不适

0.6 眼结膜受刺激，眼睛感到难受

1.5 呼吸道黏膜受刺激，咳嗽；眼睛流泪

高浓度、头晕、头痛、恶心、胸闷、气喘、肝脏受损

氨气主要来源于冬季施工时掺加的含尿素的防冻剂，这种防冻剂防冻效果较好，但在使用后，氨会从混凝土或砂浆中释放到空气中，温度越高量越大。

室内氨气的第二个来源是室内装饰材料中的添加剂和增白剂，但是这种污染释放快，不会在空气中长期大量积存。

室内氨气第三个来源是纤维织物和木材中的阻燃剂。

减少室内氨气污染的关键是控制源头。国家标准《民用建筑工程室内环境污染控制规范》（GB 50325—2001）规定："民用建筑工程中所使用的阻燃剂、混凝土外加剂氨的释放量大应大于0.10%，测定方法应符合现行国家标准《混凝土外加剂中释放氨的限量》的规定（强制性条文）。"

如果房间内还有氨味，可经常通风，另外使用含有光触媒技术的空调机可去氨味。

五、降低室内粉尘污染技术措施

粉尘是悬浮在空间的颗粒物，这些颗粒物往往是细菌和污染物的载体，在粉尘超标的环境中生活，人易患呼吸系统和由空气传播的其他疾病。

室内粉尘主要来自燃煤、燃柴的炉灶和粗糙的地面、墙面。室外的粉尘也会通过门窗缝进来。室内吊顶板、墙板如含有石棉也会不断产生石棉粉尘。

减少粉尘污染要设法减少炉灶的扬尘，墙面应减少灰尘存留的腰线，地面应光洁，如果是水泥砂浆地面起砂，应尽快处理，地砖留缝最好采用专用嵌缝材料回填，不可留缝过深。勾缝要光滑，不要有断缝；门窗要密闭，必要时加胶条；要保持空气湿润，相对湿度不能小于50%。采用不含石棉的板材。

装修中材料的切割、木材的腻子表面打磨都产生大量扬尘，施工人员除想方设法减少扬尘外，在交工前的清扫中应注意把腰线上部、门套上部的积尘清除干净，不要留给住户，成为以后的灰源。

六、降低室内的石棉污染技术措施

石棉是硅酸盐类纤维状矿物，在建筑上常用来做石棉瓦铺盖屋顶，也有用石棉和其他材料混合做成板材装修室内房屋，如做吊顶板、墙板。但石棉极易破碎成细微的纤维和粉尘，悬浮在空气中，可达数月之久，成为石棉污染。长期吸入一定量的石棉纤维易引起石棉肺、胃肠癌及胸膜间皮瘤等疾病。1995 年英国人 R·多尔从 113 名经常接触石棉纤维的人员和不接触石棉纤维的人对照发现，前者患肺癌死亡率比后者高 14 倍。另据报道，美国每年因患石棉病丧生的人数为 1 万人。

我国对车间空气中石棉粉尘的最大容许浓度为 $2mg/m^3$，对居室的要求目前尚无标准，但其浓度要求必然更低。由于石棉致癌的潜伏期很长（肺癌 15～20 年，皮瘤 20～40 年），早期不易被发现，一旦发现已是晚期。因此预防非常重要。首先在室内装饰中不应采用含有石棉的制品，目前可做吊顶和墙板材料的很多。采购时必须向厂家和经销商要检测报告，证明不含石棉。油漆工在打磨含有石棉的板材时必须做好个人防护，穿紧袖口的工作服，戴口罩，避免石棉粉尘落到到皮肤上和吸入肺中。要将门窗打开通风，站到上风向。要满刮腻子和喷刷涂料将板材封闭。

七、氡气的来源和危害及降低氡气的污染措施

氡是一种无色、无味的放射性气体，几乎存在于所有建筑物之中。它是由自然界的铀、钍、镭三种放射性物质衰变形成的。

室内氡气主要来源：①地基下含氡母体的土壤和岩石；②含氡母体的建筑材料和制品，如黏土、砖瓦、煤渣、水泥、石子、沥青、花岗石、瓷砖、陶瓷卫生洁具等；③自来水、燃气、燃煤。

氡气被人体吸收后产生内照射，比外照射危害更大。氡气被人体吸入后，可进一步衰变释放出 α 射线并产生固态的铅、铋和钋等辐射离子体。这些离子体是重金属微粒，是呼吸系统大支气管上皮细胞辐射剂量的主要来源，大部分肺癌就是在这一区域发生。不仅如此，氡进一步衰变时释放出过量的 α 射线，还会破坏各种酶的正常代谢功能，并使蛋白质酵素碳水化合物等的结构产生改组性破坏。过量的 α 射线通过人体的机体破坏或改变脱氧核糖核酸（DNA）的分子结构，抑制它的复制功能，导致“不正常”细胞的迅速分裂，进而发生白血病和呼吸道等病变。世界卫生组织共列出19种肺癌诱因，第一位是吸烟，第二位就是氡气污染。科学家测算，如果生活在室内氡浓度为200Bq/m^3的环境中，相当于每人每天吸烟15根。美国每年因此死亡人数为5000～20000人，我国为50000人。此外氡气还可能引起不孕不育、胎儿畸形、基因畸形遗传等后果，美国、瑞典、法国在出售和出租房屋时必须出示室内氡气检测合格证，这已经被法律列入强制性措施。

国家标准《民用建筑工程室内环境污染控制规范》（GB 50325—2001）规定：“新建、扩建的民用建筑工程设计前，必须进行建筑场地土壤中氡浓度的测定，并提供相应的检测报告”(强制性条文)、“民用建筑工程地点土壤中氡浓度，高于周围非地质构造断裂区域3倍以上、5倍以下时，工程设计中除采取建筑内地面抗开裂措施外，还必须按现行国家标准《地下工程防水技术规范》中的一级防水要求，对地基进行处理（强制性条文)”。

对现有住房，当你对地下室或无地下室的一层房间，怀疑地基土或岩石是含氡母体，住在其他层墙壁是炉渣砖砌筑或用天然石板装饰，则可找具备氡气检测能力和资质的专业研究机构检测。检测时应提前12h关闭门窗，现场工作大约5h。GB 50325—2001规范规定室内氡浓度（Bq/m^3）限量为：

Ⅰ类民用建筑　≤200

Ⅱ类民用建筑　≤400

在标准范围内对人体健康不会带来医学意义上的损伤，如果超标则可采用“瑞尔康防氡乳胶漆”涂刷墙壁。该产品由北京菲雅得技术有限公司推出，中国核工业中南工学院高新技术开发公司研制生产。是建设部推荐产品。经测试可将80%的氡气阻挡在墙内。

防氡乳胶漆有内墙用、外墙用两种，具有附着力强、易于涂刷、极耐擦洗、快干、抗老化等特点。产品已在北京、深圳、珠海等地一些政府建筑、宾馆大厦、住宅小区中广泛应用。房间经常通风可暂时降低室内氡气的浓度，但对于一些封闭性较强的写字楼、宾馆、空调房间，可采用抗氡乳胶漆降低氡气浓度。

八、禁止采用沥青类制品做室内装修

因为沥青类制品会持续释放出污染严重的有害气体，轻则使人头晕、恶心、呕吐，重则致人死亡。

国家标准《民用建筑工程室内环境污染控制规范》(GB 50325—2001)规定："民用建筑工程室内装修中所使用的木地板及其他木质材料，严禁采用沥青类防腐、防潮处理剂"。并把这一条列为强制性条文，必须严格执行。1998 年北京市城乡建设委员会发布北京建材［1998］480 号文件，将污染环境、影响人体健康、技术落后的焦油聚氨酯防水涂料、焦油型冷底子油(JG-1 型防水冷底子油涂料)、焦油聚氯乙烯油膏（PVC 塑料油膏、聚氯乙烯胶泥、塑料煤焦油油膏）强制淘汰，自 1999 年 3 月 1 日起，上述产品在所有新建工程、维修工程、装饰工程中禁止使用。1999 年 12 月北京市城乡建设委员会在京建材［1999］518 号文件中又将污染环境，影响人体健康的再生胶改性沥青防水卷材列为强制淘汰产品。

沥青类产品的毒性显而易见，因此即使没被淘汰的改性沥清产品也只能外用，不得用于室内，更不得用于居室，如果设计单位或业主误用，油漆工或防水工应加以说明。

九、塑料地板粘贴不能采用溶剂型胶粘剂

国家标准《民用建筑工程室内环境污染控制规范》(GB 50325—2001)规定："Ⅰ类民用建筑工程室内装修粘贴塑料地板时，不应采用溶剂型胶粘剂"、"Ⅱ类民用建筑工程中地下室及不与室外直接自然通风的房间粘贴塑料地板时，不宜采用溶剂型胶粘剂。"这是因为溶剂型胶粘剂粘贴塑料地板时，胶粘剂中的有机溶剂被封在塑料地板和楼地面之间，有害气体迟迟散发不尽。

可选用水性胶粘剂替代。

十、绿色装修与涂裱工

油漆工长期跟涂料、壁纸、壁布、聚氯乙烯卷材、人造木板、混凝土墙等接触，经常处于苯、甲苯、二甲苯、TDI（游离甲苯二异氰酸酯）、甲醛、氯乙烯单体、氨气、氡气、粉尘以及重金属铅、镉、铬、汞污染环境中，这些毒物被身体吸收，对皮肤、呼吸系统、泌尿系统、消化系统、血液循环系统以及中枢神经系统都产生不同程度的损害，甚至出现了油漆方面的职业病，如漆疮、慢性油漆工综合症、慢性溶剂中毒综合症。美国专家进行的流行病学调查显示，在接触油漆的工人中，早老性痴呆性发病率显著上升。因此绿色装修最大和最早的受益者是油漆工。油漆工应格外重视绿色装修。

1. 努力学习环境保护知识，树立环境保护意识。
2. 自觉遵守环境法律法规。
3. 使用绿色（环保）材料。

国家标准《民用建筑工程室内环境污染控制规范》(GB 50325—2001)规定："民用建筑工程室内装修中的采用的水性涂料、水性胶粘剂、水性处理剂必须有总挥发性有机化合物（TVOC）和游离甲醛含量检测报告；溶剂型涂料、溶剂型胶粘剂必须有总挥发性有机化合物（TVOC)、苯、游离甲苯二异氰酸酯（TDI）（聚氨酯类）含量检测报告，并应符合设计要求和本规范的规定"（强制性条文)："建筑材料和装修材料的检测项目不全或对检测结果有疑问时，必须将材料送往有资格的检测机构进行检验，检验合格后方可使用"（强制性条文)。

采购时应向生产厂家或经销商索取检测报告，并注意检测单位的资质、检测产品名称、型号、检测日期。最好购买有"中国环境标志"的产品。

GB 50325—2001 规范规定："施工单位应按设计要求及本规定时，对所有建筑材料和装修材料进行进场检验"，"当建筑材料和装修材料进场检验，发现不符合设计要求及本规范的有关规定时，严禁使用”（强制性条文）。

GB 50325—2001 规范规定，民用建筑工程及室内装修工程验收时，应检查下列资料：

1）工程地质勘察报告，工程地点土壤中氡浓度检测报告，工程地点土壤天然放射性核素镭-226、钍-232、钾-40 含量检测报告；

2）涉及室内环境污染控制的施工图设计文件及工程设计变更文件；

3）建筑材料和装修的污染物含量检测报告、材料进场检验记录、复验报告；

4）与室内环境污染控制有关的隐蔽工程验收记录、施工记录；

5）样板间室内环境污染浓度检测记录（不做样板间的除外）。

同时还规定：“民用建筑工程验收时，必须进行室内环境污染物浓度检测，检测结果应符合表 3-3 的规定。”（强制性条文）

从以上规范条文可以看出，国家对居住房间的空气质量有严格要求，为达到规范的要求，首先必须把住材料关，如果不合格造成返工，代价是巨大的。特别注意对于能长期放出有害物质的材料控制，施工中也要按规范要求做好记录。

室内环境污染物浓度限值 **表 3-3**

污染物	Ⅰ类民用建筑工程	Ⅱ类民用建筑工程
氡/（Bq/m^3）	≤200	≤400
游离甲醛/（mg/m^3）	≤0.08	≤0.12
苯/（mg/m^3）	≤0.09	≤0.09
氨/（mg/m^3）	≤0.2	≤0.5
TVOC/（mg/m^3）	≤0.5	≤0.6

注：表中污染物浓度限量，除氡外均以同步测定的室外空气相应值为空白值。

4．绿色施工。GB 50325—2001 规范规定：“民用建筑工程室内装修所采用的稀释剂和溶剂，严禁使用苯、工业苯、石油苯、重质苯及混苯”（强制性条文）；“民用建筑工程室内装修施工时，不应使用苯、甲苯、二甲苯和汽油进行除油和清洗旧油漆作业”，“涂料、胶粘剂、水性处理剂、稀释剂和溶剂等使用后，应及时封闭存放，废料应及时清出室内”；“严禁在民用建筑工程室内用有机溶剂清洗施工用具”（强制性条文）；“采暖地区的民用建筑工程，室内装修施工不宜在采暖期内进行。”

以上规范条文主要是防止作业房间污染物的浓度过高，这是保持人体健康的需要，也是防火的需要，我们必须认真执行。不在室内用有机溶剂清洗施工用具，将涂料使用后封闭，室内废料清除也是油漆工为保护室内环境应做的工作。可将用过的油漆刷放入塑料口袋中，将袋口扎紧放入水中。这样可防止漆刷上溶剂挥发、刷子变干和污染空气。手提小桶内的涂料、胶粘剂、水性处理剂、稀释剂和溶剂使用后应倒回大桶或瓶中，将盖子拧紧。如无法放回大桶时，涂料表面应放塑料布或纸，防止干燥成膜，这种方法只适合 2 天之内的存放。临时存放可燃液体的房间必须在北向房间，注意经常通风，严禁能在室内出现明火和电火花的操作。违反这一条发生过很多事故，血的教训值得我们吸取。废砂纸、废油布、废油漆桶必须装入废品袋中及时运出施工现场，严禁从楼上倒垃圾或向垃圾道、下水道倒垃圾。烧废油漆桶会产生严重污染，甚至会使现场人员中毒晕倒，应严格禁止。

目前的溶剂型涂料含有大量挥发性有机化合物，施工时以室内污染很大，挥发浓度最高的时间是 1h 内，数小时后就可挥发 90%以上，1 周后就很少挥发了。可以根据这个规律，避开居民休息时间进行涂刷施工，减少对居民的污染；涂刷施工时油漆工必须加强自身防护，经常开窗通风换气，穿长袖工作服，戴帽子，站在上风向，如果在无法通风的地下室，或冬雨季施工时要戴口罩，甚至戴防毒面具或增加通风的设备。同时应保证施工现场有 2 人以上。如发现头晕，应停止作业，去空气新鲜的地方。打磨时如有粉尘一定要戴口罩。

5. 要精心施工，氡气是通过墙面或地面的缝隙进入室内空气中的，因此刮腻子、涂涂料、铺塑料卷材地板都有助于防氡气污染。油漆工在操作中应认真负责，尽量减少裂缝的发生。

6. 节约原材料。涂料、胶粘剂、纤维织物、塑料地板的生产要耗费自然界的资源和能源，有的产品生产过程中也要产生污染，因此节约材料本身就是节约资源、能源和降低污染。首先选用的涂料、纤维织物、塑料地板必须符合环保要求，避免验收时不合格返工，这是最大的节约。另外节约每一滴涂料，节约每一寸布料和地板料，特别是布料和地板料下料时要做几种方案，减少下脚料。漆刷也要保存好，增加使用次数。喷浆机按规程操作，减少故障，并经常维修保养。

7. 做好售后服务。对住户提出的涂层开裂、起皮等问题，要查明原因及时修补。修补时应协助用户清走家具等物品，对清不走的要加以覆盖，尽量减少粉尘和涂料污染。要集中人力以最短时间修好，不能一拖很长时间，这是住户最反感的。

如住户反映室内有溶剂味时，可指导住户通风；如反映有甲醛味可向产生甲醛气味的人造木板、壁纸、纤维织品、地毯等喷“甲醛消除剂”。

第四节 涂料颜色的系列知识

建筑装饰涂料以他的色彩丰富为专长，而其色彩的需要是以人的感觉需要进行调配而得来的，这有一定的调取规律，不是任意乱配、乱涂造成对人身的不适。颜色调配过去靠经验的技术工人用手工操作，现在除手工以外，还有电脑调配，更能满足人们的需要，并保证颜色的一致。

一、色彩对人体的感觉影响

不同的色彩或不同色彩并置时，由于人们的联想或视觉器官的作用，会给予人们以不同的感觉影响。

（一）温度感——冷色与暖色

不同色相的色彩可使人产生温暖和寒冷的感觉，例如：红色、橙色以及红、橙为主的混合色（棕色、茶褐色），使人们联想到太阳、火焰、热血，从而感到温暖，称为暖色。蓝色、绿色、蓝紫色以及蓝色为主的混合色（青灰、蓝灰、紫），使人联想到蓝天、大海、草原、森林，有凉爽的感觉，称为冷色。既不属于暖色，也不属于冷色的黑色、灰色称为中性色。

色彩的温度与色彩的明度有关。明度越高，越具凉爽感；明度越低，越具温暖感。色彩的温度感还与色彩的纯度有关。在暖色范围内，纯度越高，温暖感越强；冷色范围内纯度越高，凉爽感越强。

恰当地运用色彩的温度感配色，可收到好的效果，如在寒冷地区，无窗厂房、不朝阳的房间或冷加工车间可采用暖色系涂料。而在炎热地区，热加工车间、朝阳房间或冷饮店可采用冷色系涂料。

（二）距离感——凸出色与后退色

色彩的距离感，以色相和明度的影响最大。一般高明度的暖色系色彩感觉凸出、扩大，称为凸出色或近感色；低明度的冷色系感觉后退、缩小，称为后退色或远感色。如白色、黄色明度最高，凸出感也强，青色和紫色明度最低，后退感最明显。

因此，狭窄的房间、低矮的顶棚、较小的间距宜用后退色，空旷的房间、过高的顶棚宜用凸出色。

（三）重量感——重感色与轻感色

以明度的影响大。一般是暗色感觉重，明色感觉轻，彩度强的暖色感觉重，彩度弱的冷色感觉轻。

在设备的基座、装修台座采用暗色，给人以安定、稳重的感觉；天车、顶棚上的灯具、风扇等采用轻感色有轻灵的感觉。通常室内的色彩处理多是自上而下，由轻到重的，如顶棚、墙面、墙裙、地板、踢脚线依次采用从轻感色到重感色来涂饰。

（四）体量感——膨胀色与收缩色

色彩的体量感与色相和明度有关。暖色和明度高的色彩涂饰的物体，看起来显得大，这些颜色属于膨胀色；而冷色和暗色涂饰的物体显得体积小，这些颜色称收缩色。日常生活中，肥胖者穿深色服装，显得苗条；而瘦小的人穿浅色服装显得丰满，就是利用了色彩的体量感。

（五）色彩对心理和生理的作用

由人们的生活经验、利害关系以及由色彩引起的联想，使人们对不同色彩，有不同的生理反应和心理反应。如：

红色：给人以热情、热烈、美丽、吉祥的感觉，也可使人想到危险。

黄色：给人以高贵、华丽、光明、喜悦的感觉，也可使人觉得阻塞。

橙色：给人以明朗、甜美、温情、活跃、成熟的感觉，也可引起兴奋和烦躁。

绿色：给人以青春、希望、文静、和平的感觉，也使人有寂寞感。

蓝色：给人以深远、安宁、沉静的感觉，也易激起阴郁、冷漠情绪。

紫色：给人以庄重、神秘、高贵、豪华的感觉，也使人有痛苦、不安之感。

白色：给人以纯洁、明亮、纯朴、坦率的感觉，也同时有单调、空虚之感。

黑色：给人以坚实、庄严、肃穆、含蓄的感觉，也同时令人联想到黑暗、罪恶、死寂。

灰色：给人以安静、柔和、质朴、抒情的感觉，也令人想到平庸、空虚、乏味。

色彩的生理作用，表现在它对人的脉博、心率、血压等的影响，如老年人的卧室应慎用强暖色的高纯度色彩。

二、涂料颜色的调配

在施工现场为了满足设计和施工操作需要，往往要对涂料的颜色、稠度、着色剂等进行调配。这是一项细致与技术性较强的工作，它直接影响到涂层的外观和材料的节约。

成品涂料的色调虽然多种多样，但在装饰施工中仍不能满足设计和使用的要求，还需要在施工现场对涂料的颜色进行调配。由于颜色的种类繁多，所以必须事先了解各种颜色的性能、特点、才能调配得当。

调配颜色时主要依靠实践经验，并与颜色色板进行对照，识别出色板的颜色是由哪几种单色组成，各单色的比例大致是多少，然后用同品种的涂料进行调配。一般先试配小样板，经设计和建设单位认为满意后，就可计算出各种涂料用料的总量，使用时按比例大批配制备用。

(一) 调配涂料颜色的要点

1. 不同种类、不同型号、不同涂料厂的产品，在未了解其成分、性能之前要互相调色，原则上只有在同一品种和型号范围内，才能调配，以免相互反应，影响质量。若使用不当，严重的还会造成报废。

2. 配色时以用量大，着色力小的颜色为主，称主色。再以着色力强、用量小的颜色为次色、副色。调配时要慢慢地、断续地依次将次色、副色加入主色中，并不断地搅拌，并随时观察颜色变化，边调边看，直到满意为止。千万不能颠倒顺序将主色放入次色、副色中去。

3. 配色是一项比较复杂而细致的工作，在施工现场目前主要还是凭经验来配色。为了使配出的颜色获得满意的效果，就要利用颜色色头这一名词。所谓色头是油漆配色施工中调配微色量的行业术语。如配正绿，一般采用带绿头的黄与带黄头的蓝；这意味着不能采用单纯的黄色和蓝色，必须采用带微量绿色的黄色颜料和带微量黄色的蓝色颜料。因此“色头”是指微量的色泽。那么微量的数量究竟是多少？还是凭经验灵活掌握。又如配紫红时应采用带红头的蓝与带蓝头的红；就是表示不能采用单纯的蓝色和红色必须采用带微量红色的蓝与带微量蓝色的红色颜料。

4. 加不同分量的白色可将原色或复色冲淡，得到深浅程度不同的颜色，如淡蓝、浅蓝、天蓝、中蓝、深蓝等。

5. 加入不同分量的黑色，可得到亮度[1]不同的各色色彩，如灰色、棕色、褐色、草绿等。

6. 配色时必须考虑到各种涂料在湿时其颜色较浅，干后会转深，因此在配色过程中，湿涂料的颜色要比样板上的涂料颜色略淡一些。此外尚需事先了解某种原色在复色涂料中的漂浮程度。

7. 调色时，还应注意添加一些辅助材料，如催化剂、固化剂、清漆、稀释剂等。

（二）调配涂料颜色的配合比（表 3-4）

常用涂料颜色配合比（供参考） **表 3-4**

需调配的颜色名称	配合比（%）		
	主色	次色	副色
粉红色	白色 95	红色 5	
赭黄色	中黄 60	铁红 40	
棕色	铁红 50	中黄 25、紫红 12.5	黑色 12.5
咖啡色	铁红 74	铁黄 20	黑色 6
奶油色	白色 95	黄色 5	
苹果绿色	白色 94.6	绿色 3.6	黄色 1.8
天蓝色	白色 91	蓝色 9	
浅天蓝色	白色 95	蓝色 5	
深蓝色	蓝色 85	白色 13	黑色 2
墨绿色	黄色 37	黑色 37、绿色 26	
草绿色	黄色 65	中黄 20	蓝色 15
湖绿色	白色 75	蓝色 10、柠檬黄 10	中黄 5
淡黄色	白色 60	黄色 40	
桔黄色	黄色 92	红色 7.5	淡蓝 0.5
紫红色	红色 95	蓝色 5	
肉色	白色 80	桔黄 17	中蓝 3
银灰色	白色 92.5	黑色 5.5	淡蓝 2
白色	白色 99.5		群青 0.5
象牙色	白色 99.5		淡黄 0.5

（三）调配色浆颜色的配合比（表 3-5）

---

[1] 注：亮度是测量颜色明亮和暗淡程度的，共分 11 度。白色是 10 度，黑色是零度。

色浆颜料用量配合比（供参考）　　表 3-5

序　号	颜色名称	颜料名称	配合比（占白色原料％）
1	米黄色	朱红、土黄	0.3～0.9 3～6
2	草绿色	砂绿、土黄	5～8 12～15
3	蛋青色	砂绿、土黄、群青	8 5～7 0.5～1
4	浅蓝灰色	普蓝、墨汁	8～12 少许
5	浅藕荷色	朱红、群青	4 2

三、涂料稠度的调配

因贮藏或气候原因，造成涂料稠度过大时，应在涂料中掺入适量的稀释剂，使其稠度降至符合施工要求。稀释剂的份量不宜超过涂料重量的 20％，超过就会降低涂膜性能。稀释剂必须与涂料配套使用，不能滥用，以免造成质量事故。如虫胶漆须用乙醇，而硝基漆则要用香蕉水。

四、木制品清色漆涂饰的上色

木制品涂料成活后的外观色调，是着色过程中一系列工序的综合结果，不是用一种材料经过一道工序就能完成的。清色涂料通常包括上色（施涂底色）、拼色和修色（施涂面色）等几个过程。而混色涂料是由连续施涂 2～3 遍面漆完成的。因此高级装饰涂料的上色、拼色和修色是针对清色涂料而言的。

（一）上色

在木材表面上用着色剂直接着色，通常是与填管孔合并进行，在填孔同时做成底色，因此，上色（施涂底色）俗称填孔，也叫润粉或润老粉。上色的主要目的是为了改变木材面的天然颜色。在保持木材自然纹理的基础上，使其接近设计或样板的颜色。上色一般采用水粉和油粉，有时也直接有染料水溶液（即水色)。

水粉是由滑石粉、老粉、水和颜料等组成。其优点是调配简单、施工方便、干燥迅速、着色均匀、价格便宜。缺点是揩涂木制品时，木材表面被润湿，易使木材膨胀，木纹不鲜明，透明度差；收缩大、易开裂；与涂膜及木材的附着力差。

油粉是由滑石粉、老粉、熟桐油或油基清漆、松香水和颜料等组成。其优点是不会因弄湿木材表面而使其膨胀，收缩开裂少；干燥后坚固，着色效果好，木纹清晰，透明度高，附着力强。但是干燥慢，价格高，操作不如水粉方便。

1. 施涂水粉：施涂水粉也称润水粉。水粉在调配时应注意其稠度，用于粗纹孔材，可调得稠厚些，填孔效果好，用于细纹孔则要调得稀薄些。施涂时先要搅拌一下使水粉颜色均匀一致。然后用细刨花或细竹花蘸粉浆敷于需着色的物面。揩涂时动作要快，并要变化揩的方向，先横纤维或呈圆圈状用力反复揩涂，设法使粉浆均匀地填满填实木纹管孔。凡需着色部位不应遗漏，应揩到揩匀，揩纹要细。如遇木制品表面有深浅分色处，要先揩涂浅色部分，后揩涂深色部分。再用干净的竹花或棉纱头进行横擦竖揩，直至表面粉浆擦净。揩涂时还要注意木材的吸色状况以及材质本身的情况。为使颜色均匀，整个表面不能用同样的力量揩擦，材质疏松与木材本身颜色较深处要揩擦得重些，反之宜揩擦轻些。此外在粉浆全部干透之前，应将阴角或线角处的积粉，用剔脚刀或剔脚筷剔清，使整个物面洁净、木纹清晰、颜色一致。

水粉干透后，一般要施作一遍虫胶清漆（虫胶比酒精为 1:4 ~6）封罩保护。

2. 施涂油粉：施涂油粉也称润油粉。油粉的揩涂方法与水粉基本一样，但揩涂后可以过一段时间再揩擦，使填入管孔中的油粉，稍干硬些，而不易擦出，否则有可能带出，造成色泽不匀。

（二）拼色和修色

木制品经过上色后，基本上已形成一定的色调，粉浆中的颜料，多用氧化铁系颜料，对于色泽的浓度与清晰度显得还不够，有时由于芯、边材的色差，或者木制品本身是由几种木材制作，其颜色不一样，上色后色泽还存在着深浅之分。为了获得均匀一致的色泽和增强色的鲜明度，可采用水色、油色和酒色进行拼色和修色。拼色和修色就是用水色、油色和酒色对已上色的木件进一步调色，达到设计和最理想效果，拼色和修色应该同时进行，两者不可分割。所以，在较大面积范围内，如木材表面颜色深浅不一，可以用油漆刷或排笔蘸着色剂拼色；对面积较小的如腻子补疤等与木材表面颜色深浅不一，或虽已拼色但其表面仍有局部细小颜色差异，则可以用毛笔蘸着色剂修色，使其整个物面颜色达到均匀一致。

在木质面清色漆施涂的拼色和修色时，需调配着色剂，常用的材料有水色、油色、酒色三种。

1. 水色的调配：水色是将染料的水溶液，施涂于润粉的表面，因颜料或染料能溶于水，故称水色。它常用于木材面清色漆涂饰时作为木材基面底层着色剂，能使涂层色泽鲜明艳丽，木材纹理分明突出，中高级木装饰涂饰工艺大都采用它。

水色用的染料多为酸性染料，如酸性橙、酸性红、酸性黑以及黄纳粉、黑纳粉等同类型染料。不同的酸性染料可以互相掺配，不影响其染色质量，但不能与碱性染料混合使用。碱性染料在日光作用下容易褪色，故不用于水色的着色。

水色的配制因其用料不同有两种方法：一种是以氧化铁颜料（氧化铁黄，氧化铁红等）作原料，将颜料用开水泡开，使之全部溶解，然后加入适量的墨汁，搅拌成所需要的颜色，再加入皮胶水或血料水过滤，即可使用。配合比大致是：水 60%～70%，皮胶水 10%～20%，氧化铁颜料 10%～20%。由于氧化铁颜料施涂后物面上会留有粉层，加入皮胶、血料水的目的是为了增加附着力。另一种是以染料作原料，染料能全部溶解于水，水温越高，越能溶解，所以要用开水浸泡后再在炉子上炖一下，一般使用的是酸性染料，如黄纳粉、黑纳粉，有时为了调整颜色，还可加少许墨汁。水色配合比见表 3-6。

冲泡后的热水色溶液不能立即使用，因木材受热要影响吸色力，造成色泽不匀，应待冷却后用细布或纱布过滤后再使用。为了增加附着力，可加入 10%～15%水溶性胶剂配制。水色的配制，其颜色应略浅于样板，配时只能配浅。不能配深，因施涂过水色的表面还要施涂虫胶清漆作封闭材料。虫胶清漆色泽深沉多呈酱红色，若水色配成与样板相似颜色，再施涂深沉的虫胶清漆，其色泽势必要深于样板。

调配水色的配合比（供参考） **表 3-6**

重量配合比 \ 色相 \ 原料	柚木色	深柚木色	栗壳色	深红木色	古钢色
黄纳粉	4	3	13	—	5
黑纳粉	—	—	—	15	—
墨汁	2	5	24	18	15
开水	94	92	63	67	80

施涂时要经常搅拌，防止色料一时不溶而沉淀，以致产生色差。施涂水色的工具多用油漆刷或排笔，蘸取水色溶液满涂一遍，并横斜反复涂匀，最后为了防止刷痕和不匀现象，应利用老棉花顺木纹方向轻理拔直，使色泽均匀。

施涂过水色的表面，在干燥过程中，特别注意不能将水或其他液体溅在上面，也不要用手去抚摸或与其他物件碰撞，以免留下痕迹。水色彻底干透后，才施涂虫胶清漆，否则会造成涂层发白、纹理模糊的疵病。施涂时还要注意不可多回刷子，以免将已施涂上的水色刷掉、刷花，造成颜色不均匀。

水色的特点是容易调配，使用方便，干燥迅速，色泽艳丽，透明度高。不足之处是耐晒性差，易褪色。

调配水色需注意的是如木材是同一品种且很干净，染料或颜料可少加，如木材色泽深浅不一，就要多加颜料或染料。

2. 油色的调配：油色是以油类作胶粘剂，介于铅油与清漆之间一种自行调配的着色涂料，可用氧化铁系颜料或各种色漆和200号溶剂汽油或松香水等配制而成。其参考配合比如下：

铅油∶熟桐油∶松香水∶清油∶催干剂＝7∶1.1∶8∶1∶0.7（重量比）。

油色的调配方法与铅油大致相同，但要细致。将全部用量的清油加2/3用量的松香水，调成混合稀释料，再根据颜色组合的主次，将主色铅油称量好，倒入少量稀释料充分拌和均匀，然后再加次色、副色铅油依次逐渐加到无色铅油中调拌均匀直到配成要求的颜色，然后再把全部混合稀释料加入，搅拌后再将熟桐油、催干剂分别加入并搅拌均匀，用100目铜丝箩过滤，除去杂质，最后将剩下的松香水全部掺入铅油内，充分搅拌均匀，即为油色。

施涂油色的操作方法与水色基本相同，可用涂刷法，也可用揩涂法，还可在涂刷后再揩涂。采用涂刷法其木材纹理透明度差，质量较差，但工效高；采用揩涂法，木材纹理清晰，质量较好，但操作较麻烦，工效较低。

油色的色泽不及水色鲜明艳丽，干燥缓慢，约需16～24h干透，但其耐晒性好，不易褪色，施工操作比水色容易，因而适用于中高档木制品的大面积施工。

3. 酒色的调配：酒色同水一样是在木材面清色透明施涂时用于涂层的一种自行调配的着色剂。其作用介于铅油和清油间，即可对于色泽的定型是最后一道关键工序。显露木纹，又可对涂层起着色作用，使木材面的色泽一致，调配时将碱性颜料或醇溶性染料溶解于酒精中，充分搅拌均匀称酒色。如在虫胶清漆中加入碱性颜料或醇溶性染料则称为虫胶酒色。调配酒色用碱性染料是因碱性染料易溶于酒精。酒色的配合比一要按照样板的色泽灵活掌握，虫胶酒色的配合比例一般为碱性颜料或醇溶性染料浸于0.1～0.2∶1（虫胶∶酒精）的溶液中，使其充分溶解后拌匀即可。

施涂酒色需要有较熟练的技术，首先要根据涂层色泽与样板的差距，调配酒色的色调，最好调配得淡一些免得一旦施涂深了，不便再整修。酒色的特点是酒精挥发快，酒色涂层因此干燥快。这样可缩短工期，提高工效。施涂酒色还能起封闭作用，目前在木器家具施涂硝基清漆时普遍应用酒色。

酒色常用于两种情况：一是木制品表面经过上色后，色泽与样板尚有差距，当不施涂水色时，或者在施涂水色后色泽仍未达到要求者，都要采用施涂酒色的方法，来加强涂层的色调，达到样板要求的色泽；二是木制品由于心、边材的色差，或由几种不同木材制作而产生的色差，施涂水色后，色泽还存在着深浅之分，则可用酒色进行拼色和修色，将浅色部分加深至与样板相符的颜色，使整个物面达到样板所要求的统一色调。

施涂酒色需相当熟练的操作技术，由于酒精挥发快，要防止刷花和接痕，施涂时必须动作敏捷而均匀。施涂酒色没有固定遍数，只要求与样板颜色一致，施涂一遍也可以。如颜色过浅，还可以多刷几遍。每刷一遍，待干燥后，用 0 号旧木砂纸轻轻打磨，磨去浮粒，达到触指有光滑感。

拼色和修色对操作技术的要求很高，要有足够的实践经验与认真、耐心和细致的工作态度。拼色、修色做得好，能使整个着色效果达到圆满完善、天衣无缝的地步，反之容易弄巧成拙。首先对整个木制品表面，对照样板进行全面仔细地观察，明确目标，看清需要拼色的部位，面积大小与颜色的不均匀程度。在木制品表面上，凡是色调比样板浅的地方，要拼上较深的颜色；凡比样板深的地方，要拼上较浅的颜色，但都必须严格以样板色泽为准，同时要考虑拼色后施涂底漆与面漆的颜色影响。拼修色深的地方，常用浅色的颜料（如石黄、立德粉等）；拼修色浅的地方可用深色的染料或颜料。调配颜色可在旧砂纸的背面进行，经试验看准确色调再到木制品上拼修。拼修时可以先用小排笔将浅色面积较大的部位进行粗拼，然后用毛笔和油画笔将小部位浅色拼拢进行细拼，这样可以达到颜色深浅基本一致。拼修面积由大而小，色调由浅至深，每次蘸油不宜过多，顺木纹方向，下笔要准、稳，要轻起轻落。拼修时要把产品放在光线明亮的地方，以便看清色调，并经常变换观察方向与角度，以求观察准确。拼修完毕待干后，用 0 号旧木砂纸轻轻打磨光滑，一般还要施涂一遍虫胶清漆作封闭材料。至此清色涂料的着色过程全部结束。

4. 操作注意事项：

（1）木制品的着色还要注意嵌批腻子的颜色。一般采用虫胶清漆、老粉和颜料配制成虫胶腻子进行嵌补。上色前嵌批的腻子应比样板浅一个色度，也就是说要与木制品白坯的颜色相同，上色后找补的腻子应与样板同色度。

（2）拼色、修色预先应考虑，宜浅不宜深，涂层应尽量薄，修色后的表面不得有条痕。嵌补钉眼和洞眼的腻子疤痕，都要用毛笔修出与周围木材纹理相吻合的木纹和棕眼，颜色要拼修得完全一致，做到天衣无缝。

（3）木制品由于心、边材的色差，或由几种木材制作而产生色差，在上色前可进行白坯拼色。一般采用虫胶酒色进行拼色，虫胶酒色以大多数木色为标准，同时还要注意宜浅不宜深。

（4）当木材有明显的树脂时，应在白坯时先施涂一遍虫胶清漆（满刷或点刷）将脂线封闭住，然后再上色。

五、品种性能及适用范围

（一）颜料的通性

颜料的通性为：所有颜料是不溶于水和油的有色物质，但它可以均匀地分散在介质中。好的颜料应具有颜色鲜明、分散度高、吸油量低、着色力强、遮盖力好、对光稳定等主要物理性能。对色漆及其涂膜影响较大的性能主要是颜料的分散性、吸油量、遮盖力、着色力、耐光性、防锈性以及粉化、漂浮、密度、颜色、折光指数、耐热、耐水、耐溶剂、耐酸碱等性能。其中分散性对吸油量、遮盖力、着色力等有影响。当颜料受到可见光波的作用时，其颜色都会发生不同程度的变化，特别是紫外线对颜色影响最大，所以颜料耐光性的好坏，是关系到色漆质量和装饰效果的重要因素。一般地讲，无机颜料比有机颜料的耐光性好。粉化是涂膜经一定时间阳光照射的结果。漂浮有花浮和泛浮两种，当涂料中所含混合颜料的颗粒大小或密度差别较大时，便容易发生泛浮。泛浮的涂膜表面色泽是均匀一致的。而花浮则在涂膜表面形成某种颜料组成的网纹或条纹，因而使涂膜的颜色不能均匀一致。

颜料颗粒的大小、形状和内部结构，对分散性、吸油量、遮盖力、着色力等性能有影响。一般着色颜料颗粒粗的为 1～0.1μm，细的为 0.2～0.01μm，体质颜料颗粒粗的为 30～2μm，细的为 5～1μm。颜料的颗粒并不都是球形的，只有炭黑是球形的，石墨、云母粉和铝粉呈鳞片状，铬黄呈针状。同一化学成分的化合物会有不同的颗粒形态，因而就会呈现不同的颜色及不同的性能。

（二）颜料分类的表示方法

颜料的分类分无机和有机颜料两大类。无机颜料按现有的颜色与特性分为 12 类。有机颜料按现有的颜色与特性分为 9 类。都以两个相应的汉语拼音字母表示。颜料的颜色与特性标志见表 3-7 和表 3-8。表中的特性标志有金属颜料和发光颜料及体质颜料。在没有合适颜色的涂料时，可用颜料调兑出所需要颜色的涂料。

无机颜料的颜色与特性标志 **表 3-7**

颜色	红	橙	黄	绿	蓝	紫	棕	黑	白	金属	发光	体质
标志	Ho	Ch	Hu	Lu	La	Zi	Zo	He	Ba	Js	Fg	Tz

有机颜料的颜色与特性标志 **表 3-8**

颜色	红	橙	黄	绿	蓝	紫	棕	黑	发光
标志	Ho	Ch	Hu	Lu	La	Zi	Zo	He	Fg

无机颜料按其化合物类别分为若干品种系列，并在颜色与特征标志之后，用第一组两位阿拉伯数字 01～49 表示，见表 3-9。不同分子式品种或相同分子式的不同生产工艺、晶型、色相等的

品种，用第二组两位阿拉伯数字 01～49 表示。两组数字之间用短划线“—”隔开。

无机颜料化合物类别与代号　　表 3-9

代号	化合物类别	代号	化合物类别
01	氧化物	08	磷酸盐
02	铬酸盐	09	铁氰酸盐
03	硫酸盐	10	氢氧化物
04	碳酸盐	11	硫化物
05	硅酸盐	12	元素
06	硼酸盐	13	金属粉
07	钼酸盐	40	其他

有机颜料按其结构分为若干属类，并在颜色与特性标志之后，用及其他有关单位协商。标样有国家标准标样和专业（部）标准标样。

标样应保存在温度不超过 30℃、不低于 5℃、相对湿度不高于 70%、通风良好、无日光直接照射的贮存室内，一般以暗室为宜。

（三）颜料的分类及品种

颜料的品种很多。按化学成分可分为有机颜料和无机颜料两大类；按来源可分为天然颜料和人造颜料两类；按作用可分为着色颜料、体质颜料和防锈颜料三类。

1. 着色颜料

着色颜料能均匀地分散在水、油及溶剂等介质中，呈现出一定的颜色。常用的着色颜料有：

（1）白色颜料

在有色涂料生产中，白色颜料的用量是最大的。它既可制造白色涂料又可用来制造浅色和复色漆。

1）钛白的化学成分是二氧化钛（T_iO_2），呈白色粉末，是目前白色颜料中最好的一种。它颜色最白，遮盖力和着色力也最强（它的遮盖力比锌钡白一般要强 5 倍），其耐光、耐热、耐酸、耐碱性能也很突出，是目前涂料工业中最重要、用量最大的白色颜料。涂料用钛白有两种类型：一种是金红石型，它的耐气候性好，用于室外；另一种是锐钛型，白度较好，多用于室内。

2）锌钡白也叫立德粉，是硫化锌（ZnS）与硫酸钡（$BaSO_4$）的混合物，一般含硫化锌粉（质量分数）28%～30%。遮盖力比锌白强，次于钛白，耐碱，不耐酸，耐光性及耐候性也较差。用它制成的涂料涂膜表面易发黄、发暗，故不宜制成室外用漆。因价廉，多用于室内，也可用来调配腻子、底漆等。

3）锌白的化学成分是氧化锌（ZnO），是一种碱性颜料，能和涂料中所含微量游离酸作用生成锌皂，起到使涂膜柔韧和阻止金属锈蚀的作用。锌白是白色颜料中着色力较好和不易粉化的颜料，有很好的遮盖力，它常和锌钡白混合起来制造涂料。

（2）黑色颜料

1）炭黑是由烃类经过热解而得到的黑色粉末，主要成分是碳，故名炭黑。具有很强的遮盖力、着色力和化学稳定性，酸和碱对它都不起作用，在光和高温作用下也不发生任何变化。能吸收各式光谱，所以黑度高，在油中分散度极好。缺点是吸潮性大，制漆时难以分散，第一组阿拉伯数字 51～99 表示，见表 3-10。相同结构属类的产品按其不同的化学结构式、组成、色相等分为不同产品品种，并在第一组每位阿拉伯数字之后，用第二组两位阿拉伯数字 01～99 表示。两组阿拉伯数字间用短划“—”隔开。

有机颜料的结构属类名称与代号 **表 3-10**

代号	名称	代号	名称
51	亚硝基颜料	59	二恶嗪颜料
52	单偶氮颜料	60	还原颜料
53	多偶氮颜料	61	酞青颜料
54	偶氮色淀颜料	62	异吲哚啉酮颜料
55	偶氮缩合颜料	63	三芳甲烷颜料
56	碱性染料色淀颜料	64	苯并咪唑酮颜料
57	酸性染料色淀颜料	90	其他
58	喹吖啶酮颜料		

颜料命名基本上是沿用国内现行的习惯名称，同时也采用部分国际通用名称。有机颜料的名称结尾大都用字母符号表示色相、特性及结构等。在色相与特性字母符号之间用阿拉伯数字表示其程度，其符号的含义见表3-11。

有机颜料名称结尾符号的含义　　表3-11

符号	含　义	符号	含　义
R	红相	H	耐热
G	黄相；绿相	L	日耐牢度
B	蓝相	S	稳定型
X	着色强度良好	N	发展产品

我国制定了颜料标准样品（简称标样），是一种用以鉴定同类颜料产品某些特性的实物标准。是随颜料标准的制订而选定的。在选定标样时，必须由颜料产品标准技术委员会、制订该产品标准的工作组吸油量大，在漆中有吸附性，容易吸收催干剂和低分子聚合物，使漆的干燥速度减慢或稠度增高。

2）氧化铁黑俗称铁黑，呈黑色粉末，其分子式为 $FeO \cdot Fe_2O_3$，带有磁性。其遮盖力、着色力仅次于炭黑。它在涂料中能增强漆膜的机械强度，并具有防锈能力。缺点是在大气作用下会逐渐与氧结合而变成铁红。

（3）黄色颜料

1）氧化铁黄又称地板黄、铁黄、茄门黄，分子式为 $Fe_2O_3 \cdot H_2O$ 或 $Fe_2O_3 \cdot nH_2O$，是黄色粉末。色光变化从浅黄到棕黄。铁黄遮盖力、着色力都很强，具有很高的耐光性、耐碱性、耐候性，但耐酸性较差，不耐高温，当温度达到150℃以上时，即脱水变色，转变成铁红颜料，故也可用做生产铁红的原料。铁黄可用于配制各种复色漆，施工中也可用做主要的基础着色和黄色颜料。

2）耐光黄G（汉沙黄G）也称耐晒黄，分子式为 $C_{17}H_{16}O_4N_4$，是有机颜料。它具有纯净的黄色，色泽鲜艳，遮盖力很强，着色力比铬黄高4～5倍，耐光性好、耐热、耐酸、耐碱、无毒。不溶于水，微溶于乙醇、丙酮和苯。在涂料中流动性好，不受硫化氢作用的影响。

3）镉黄即硫化镉（CdS），其颜色非常鲜艳，颜色可由柠檬黄色至橙色，耐光、耐热、耐碱，但不耐酸，遇潮易粉化，着色力和遮盖力次于铬黄，主要用于耐高温涂料。

4）铅铬黄又称铬黄，主要成分是铬酸铅或铬酸铅与硫酸铅的混合物的结晶体，这种混合晶体分子式常用 $PbCrO_4 \cdot xPbSO_4$ 来表示。按颜色的深浅分为5种，即：柠檬黄（$PbCrO_4 \cdot PbSO_4$）；浅铬黄（$5PbCrO_4 \cdot PbSO_4$）；中铬黄（正铬黄 $PbCrO_4$）；深铬黄（$PbCrO_4 \cdot PbO + PbCrO_4$）；桔铬黄［碱性铬酸铅，$PbCrO_4 \cdot Pb(OH)_2$］。铬黄为黄色粉末，颜色鲜艳，遮盖力和着色力较强，在大气中不粉化，但受阳光作用颜色会变暗。

5）锶黄即铬酸锶（$SrCrO_4$），是艳丽的柠檬色，具有很好的耐光性和耐热性。质地松软，容易研磨，不会渗色。但着色力和遮盖力均较差，价贵。

6）联苯胺黄为中黄色粉末，是有机颜料。其着色力强，透明度好，耐热达180℃，不溶于水，微溶于乙醇。

7）永固黄颜色鲜艳，粉粒轻软、细腻，着色力强，耐光，耐热。

（4）红色颜料

1）氧化铁红又称铁红、红土、西红，分子式为 Fe_2O_3，呈深红色粉末状，是一种防锈颜料。遮盖力和着色力都很强，具有优越的耐光、耐热、耐碱和耐候等性能。主要用来制造防锈涂料和作施工中底材的着色颜料。

2）甲苯胺红又名颜料猩红，亦称吐鲁定红，是一种鲜艳的猩红色粉末，属有机颜料。它具有高度的耐光性、耐水性和耐油性，有良好的遮盖力和耐酸耐碱性，是一种优良的红色颜料。

3）朱红又称红朱，呈大红色粉末状，色泽鲜艳，遮盖力强，耐光，耐热。

4）镉红的成分是硫化镉和硒化镉，通常硫化物（质量分数）占55%，分子式3CdS·2CdSe，色泽鲜红，着色力、遮盖力强，耐光、耐热、耐硫性好，但红色越深，着色力越差，而耐光性愈强。但价格昂贵，仅供耐高温或特殊用途的涂料用。

5）立索尔红即蓝光色淀性红，是一种色淀性偶氮颜料，属有机颜料。耐光性中等，吸油量较高，渗色性较小，适用于硝基漆及油基漆。

（5）蓝色颜料

1）铁蓝又称为普鲁士蓝、华蓝。其化学成分是 $Fe_4[Fe(CN)_6]$ 和 $K_4Fe(CN)_6$ 或 $K_3Fe(CN)_6$ 和水的复杂混合物。优点是着色力很好，遮盖力稍差，能耐光、耐大气、耐酸。缺点是不耐碱，不能与碱性颜料合用，制成的涂料不能涂在有碱性的底材上。

2）群青又称为洋蓝，是一种颜色鲜艳的半透明颜料，具有很好的耐光、耐热和耐碱性，但不耐酸，着色力和遮盖力较差。在涂料工业中主要用做白色漆的托色，即在白色漆内加入微量的群青，使白色漆的外观更加洁白。

3）酞菁蓝是酞青系有机颜料，其分子式为 $C_{32}H_{16}N_8Cu$，是一种色泽鲜艳、着色力强（比铁蓝高2～3倍，比群青高20倍），耐光耐磨蚀，遮盖力强，不退色，不溶于烃、醚、醇等溶剂的蓝色颜料。

（6）绿色颜料

1）锌绿是由锌黄与铁蓝由沉淀法得到的，颜色鲜艳，耐阳光性强，不耐酸碱，着色力遮盖力差。

2）铬绿是由铅铬黄和铁蓝混合配成的一种绿色颜料。铬绿具有良好的遮盖力，耐候性、耐光性、耐热性也很好，但不耐酸碱。

3）翡翠绿又名巴黎绿、砂绿、花青绿，为亚毗酸铜与醋酸铜的复盐，是最鲜丽的绿色颜料。与潮湿空气及还原物质共存时会产生砷化氢毒素，因此一般涂料禁用，而用做杀虫涂料。

（7）金属粉颜料

1）铝粉俗称“银粉”，是具有独特的银色光泽的金属颜料，是由铝熔化后喷成细雾再经球磨机研磨而成，或用铝箔经球磨机研成细小的鳞片状体。铝粉质轻，容易在空气中飞扬，遇火易爆炸。为了安全，常在铝粉中加入30%以上的200号溶剂汽油调成浆状。为了避免摩擦起火，又常加入硬脂酸或石蜡作润滑剂。

铝粉有漂浮型、非漂浮型及金属闪光三种。漂浮型的铝粉是有叶展性的，它在涂料中能形成连续不断的漂浮薄膜，似叶片漂浮在水面，称叶展性。有叶展性的铝粉由于它的片状表面平行于涂膜表面，可使涂膜成为镜面，能反射75%的阳光和60%的紫外线，并能隔绝水。漂浮铝粉遮盖力强、阻热性好、耐候性强；但易氧化而失光，因此不能接触氧和使用有氧化作用的溶剂。

非漂浮型铝粉由明亮平整的鳞片状铝粉组成，具有很好的装饰性和防锈性。

金属闪光铝粉是经过特殊加工的，铝粉是扁平的片状物，表面平滑，反光强并能反射金属光，像多面镜子一样，以不同反射角排列在漆膜中。当平行光照射上去时，在不同角度反射，产生了闪烁感。

另外，彩色铝粉能使漆面外观具有艳丽的金属闪光感。

2）铜粉俗称“金粉”，呈鳞片状，粉末，由铜锌合金制成，按两种金属的含量不同而呈现金黄色和红金色之间的各种颜色。当铜锌比例为85:15时它呈淡金色，比例为75:25时呈浓金色，比例为70:30时呈绿金色。铜粉密度大，遮盖力较弱，与油酸相结合，使漆在贮存或涂装后出现蓝色或泛黑色，易氧化，应避免使用有氧化作用的溶剂。

（8）云母钛珠光颜料

这是一种通过光线照射其表面产生干涉现象，从而呈现出各种不同色相的柔和光泽的颜料。由于它无毒、耐光、耐热（即使在800℃高温下色泽也不会发生变化），而且抗化学性强，色相范围广，又具有较高的化学不稳定性，能耐酸碱，不氧化，不溶于水和油，因而被广泛用于塑料、高级涂料、印刷油墨、人造大理石、化妆品及汽车等众多行业中。其化学组成为 TiO_2 $(KAl_2AlSi_2O_{12})(OH)_2$，密度为 3.0~3.3g/cm^3。

2. 体质颜料

体质颜料又称填料，绝大部分是白色或无色的。在涂料中起增加涂层厚度，加强涂层体质，提高涂层机械强度，使之耐磨耐久和节省贵重颜料的作用。由于体质颜料的折光指数与油料或合成树脂的相近，因此不具有着色力和遮盖力。能改善涂料性能。例如，有的体质颜料组织细腻，可改善涂料的流平性；许多硅酸盐类体质颜料，在涂料中组成紧密的结构，以增加涂膜的抗老化性。体质颜料大多是天然矿物和工业副产品，因物博价廉而在涂料中被广泛应用。常用的体质颜料有：

(1) 硫酸钡

硫酸钡的天然产品称为重晶石粉，人造的称沉淀硫酸钡，主要成分的分子式为 $BaSO_4$，为中性体质颜料。优点是耐酸、耐碱，密度大，吸油量低，能和任何涂料及颜料共用，能增加涂膜的硬度和耐磨性，人造产品性能优于天然产品。缺点是密度大，易沉底。它是制造腻子、底漆的主要原料。

(2) 碳酸钙

碳酸钙的天然产品系石灰石粉末，也称重碳酸钙，质地粗糙，密度较大。人造的称为沉淀碳酸钙，质地纯、颗粒细，密度较小，所以也称为轻体碳酸钙。碳酸钙的分子式为 $CaCO_3$，呈白色粉末状，又称为石粉、大白粉、胡粉等，俗称老粉。常用来调配腻子。

(3) 硫酸钙

硫酸钙俗称石膏粉，外观呈白色或灰色。是用于调配腻子的主要原料。

(4) 滑石粉

滑石粉又名硅酸镁，分子式为 $3MgO_4SiO_2 \cdot H_2O$，是由天然滑石粉和透闪石矿的天然混合物磨细水漂而成。由片状和纤维状两种形态混合在一起。外观呈白色或淡灰色粉末状，质轻软，有滑腻感。化学稳定性极好，遮盖力低，着色力小，吸油量大。用在涂料中，能防止颜料沉淀结块，防止涂料流挂和龟裂，并能增强涂膜的耐水性、耐磨性，还能减弱涂膜的光泽，因此还可用做消光剂。

（5）云母粉

云母粉是天然矿物，分子式为 $K_2O \cdot 3Al_2O_3 \cdot 6SiO_2 \cdot 2H_2O$，是带有珍珠光彩的细片。其优点是：弹性很大，能使涂膜增强韧性；耐火，耐化学药品，能阻止紫外线和水分穿透；能防止涂膜龟裂，延迟粉化，增强室外用涂料的耐久性和耐候性。使用在铝粉漆中可增加展开性，提高着色颜料的光彩而不影响颜色，在沥青漆中可防止开裂。

（6）石英粉

石英粉是天然的氧化硅，由石英加工粉碎而成。常在底漆、腻子及抛光漆中用做填充料。

3. 防锈颜料

防锈颜料主要用来制造防锈底漆。按其防锈原理分为化学性防锈颜料和物理性防锈颜料两大类。化学性防锈是利用化学稳定性和电化学原理进行防锈的。如锌比铁活泼，所以含锌底漆涂在钢铁表面可以防锈。属于化学性防锈的颜料有红丹、锌铬黄、钡钾铬黄、碱性铅铬黄、铅酸钙、碳氮化铅、锌粉等。物理性防锈是利用颜料的物理性能进行防锈。如氧化铁红能提高涂膜的致密度，降低涂膜的可渗透性，阻止阳光和水分渗入，增强了防锈效果。属于物理性防锈的颜料有氧化铁红、铝粉、石墨、氧化锌等。

（1）红丹

红丹又称铅丹、樟丹、光明丹，主要成分是 Pb_3O_4，为鲜艳的橙红色粉末。有毒、密度大，吸油量低、不溶于水和醇，能溶于热碱溶液。是钢铁表面的优秀防锈颜料。

（2）铅酸钙

铅酸钙的分子式为.Ca_2PbO_4，为黄灰色粉末。含铅量比红丹低，作用类似红丹，但对防锈质量要求高，主要用于镀锌层的防锈和轻金属的底漆。但不宜用于潮湿的表面。

(3) 铅粉

铅粉的主要成分为氧化亚铅，分子式为 Pb_2O，呈灰色，略带黄或绿色，与脂肪酸的化合力很强，故能使涂膜坚韧耐久。在涂膜中能吸收渗入的氧，生成氧化铅而在阴极区起缓蚀作用。

(4) 锌粉

这是一种极细的金属锌的灰色粉末。主要用于制造富锌底漆。锌作为阳极而保护钢铁，本身的氧化物又起到封闭作用，阻止腐蚀介质渗入，遇焊接时的高温会产生有毒的氧化锌气体。

有些颜料既是着色颜料又是防锈颜料，所以在颜料分类上不是绝对的。

第四章　涂裱施工的机械设备

涂裱施工机械设备是涂裱施工的重要技术设备。涂裱的企业虽然属于劳动密集型行业。但随着科学技术水平的不断提高，完全依靠落后的施工条件，已经不能满足现代建筑装饰的需要。因此作为一个“作业分包”企业，不仅只有技能合格的操作工人，还应该具有作业分包范围相应的设备。

第一节　打磨机械设备

一、磨腻子机

磨腻子机以电动或压缩空气作动力。如图 4-1。适用于木器等作业产品外表腻子、涂料的磨光作业。特别适宜于水磨作业。将绒布代替砂布则可进行抛光、打蜡作业。

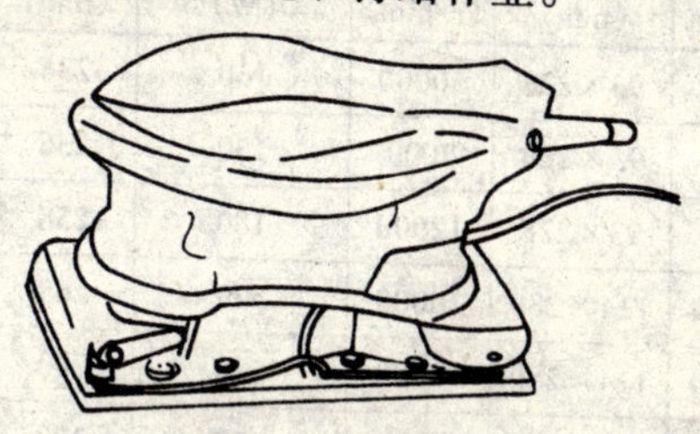

图 4-1　磨腻子机

（一）构造

当压下上盖时气门即开启，压缩空气经气门进入底座内腔，推动腔内钢球沿导轨作高速圆周运动，产生离心力带动底座作平面有规则高速运动。底座下部装有由夹板夹持住的砂布，因而产生磨削效果。

（二）技术性能

磨削电压力 20～50N；使用气压 0.5MPa；空载耗电量 $0.24m^3/min$；机重 0.7kg；气管内径 8mm；体积（长×宽×高）：166mm×110mm×97mm（N07 型）。

二、平板式砂光机

（一）用途及选择

砂光机作为打磨、抛光两用机具，具有体积小、重量轻、使用简单、维修携带方便等特点，是现代装饰工程中必不可少的机具之一。砂光机适用于木质品上漆前砂光，金属表面去锈及精加工，轿车、家具和精制石器的抛光，也广泛应用于室内装饰、墙面磨平等。按砂光机的结构不同，可分为平板式砂光机、带式砂光机、盘式砂光机等几种。目前以平板式砂光机使用最为广泛。

根据加工件的材质及表面尺寸，选择使用相应规格的平板式砂光机。表 4-1 列举了几种常用的平板式砂光机型号及性能参数，以供选择时参考。

常用平板式砂光机型号及性能参数 表 4-1

型号	垫子尺寸（mm）	砂纸尺寸（mm）	转速（r/min）	额定输入功率（W）	长度（mm）	轨道直径（mm）	净重（kg）
9035	93×185	93×228	10000	160	236	1.7	1.35
9035N	93×185	93×228	7000	130	236	2.0	1.45
9036	93×185	93×228	12000	180	238	1.7	1.4
9045N	114×234	114×280	10000	520	268	2.4	2.8
9045B	114×234	114×280	10000	520	240	2.4	2.6
9035KB	93×185	93×228	5500	520	270	5.0	2.7

选用砂纸时应首先根据砂光机的型号选定砂纸尺寸，然后按加工工件表面光洁度的要求选用不同粒度的砂纸。粗磨可选用粒度大的砂纸，细磨应选择粒度小的砂纸。

（二）砂光机的结构与工作原理

1. 砂光机主要由电动机、机壳、传动装置、工作头（底板、夹钳、砂纸）等部分组成。

2.平板式砂光机的工作原理为，电动机带动传动装置做高速圆周运动，利用偏心轮带动底板及夹钳砂纸作平面有规则高速运动，产生磨削效果。

（三）使用

1.操作方法

（1）启动工具，待其达到正常工作状态后，缓慢地将工具置于工作面之上。打磨时不要对砂光机施加过大压力，否则会导致电动机过载，降低砂纸使用寿命，进而影响打磨、抛光效率。

（2）操作过程中，切勿盖住电动机上部的通风孔，否则会导致电动机过热造成损坏。

（3）为获得最佳的加工效果，要以平稳的速度和均匀的力量前后交替地移动砂光机。

（4）在安装了新的粗颗粒砂纸后，砂光机会出现不稳定现象，在打磨或抛光时，将砂光机前面或后面稍稍抬起，即可避免，随着砂纸的损耗就会趋于稳定。

（5）若在砂光机下面放一片较厚棉布，可以在家具或其他精细工件上打磨出高光洁度表面。

（6）固定砂纸，松开簧片，插入一张砂纸，把砂纸与砂纸垫平行对齐拉紧。如果砂纸未固定紧，打磨的面将会不平整且影响到砂纸使用寿命。在嵌入砂纸的一边之前，先将另一边从边缘算起10mm处折一下，从折线处向里10mm再折一下，如图4-2所示。

2.注意事项

（1）操作时应检查电源电压与机具的额定电压是否相符，工具开关是否灵敏有效。

（2）使用前检查工具部件有无损坏，若有，应及时更换。同时检查电线接头、接地是否良好。

（3）工作中严禁脱手放开正在运转的工具，也不可接触工具活动部分或附件。

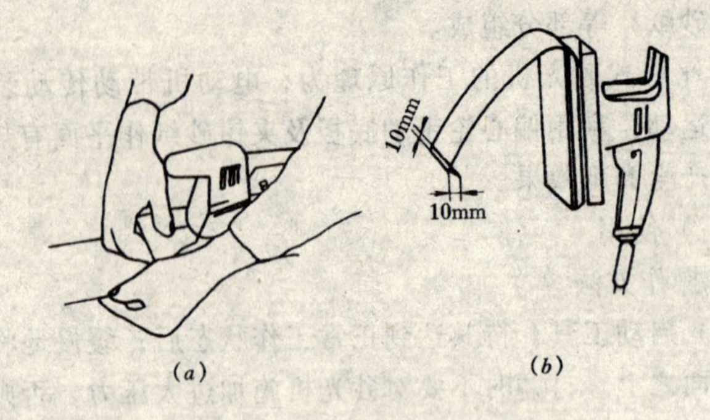

图 4-2 平板式砂光机砂纸固定方法

(a) 对齐拉紧；(b) 折边

(4) 工作时要防止超负荷运转，否则会影响到工作精度，降低工效。

(5) 没有贴上砂纸时严禁转动工具，否则会严重损坏衬垫。

(6) 打磨时切勿用水或研磨液，否则会导致触电事故。同时避免在潮湿环境下作业或淋雨。

(7) 移动机具时，应断电，不可拖着导线移动，还要避免导线接触高温物体、尖锐物体或油脂。

三、带式砂光机

(一) 用途及选择

带式砂光机同平板式砂光机一样也用于对工件的打磨，具有体积小、重量轻、使用简单、维修携带方便、能大大提高工作效率和施工精度等特点。

带式砂光机适用于磨砂和磨光木制品以及金属表面除锈和油渍等污物。

表 4-2 列举了几种常用带式砂光机的规格和技术性能，以供用户选择参考，根据工件的材质及平面尺寸选用适当功率的带式砂光机。

砂带的选择。首先根据带式砂光机的型号确定砂带尺寸，然后根据打磨的材质和加工精度结合砂带的粒度选定砂带的型号。打磨木材、钢材时选 AA 型砂带，打磨石材或塑料时选 CC 型砂带；粗磨时选粒度为40、60的砂带，细磨时选150、180、240的砂带，中度打磨选80、100、120的砂带。

带式砂光机的规格和技术性能 表4-2

型号	砂带尺寸(mm)	砂带速度(m/min)	额定输入功率(W)	长度(mm)	净重(kg)
9900B	76×533	360	850	316	4.6
9901	76×533	380	740	328	3.5
9924B	76×610～76×620	400	850	355	4.6
9924DB	76×610～76×620	400	850	355	4.8
9401	100×610	350	940	374	7.3
9402	100×610	高速350 低速300	1040	374	7.3

（二）结构与工作原理

带式砂光机由电动机、机壳传动装置、工作头（鞋形底板、砂带、驱动轮、从动轮）等主要部分构成。

带式砂光机工作原理与平板式砂光机不同，它不是利用偏心轮带动底板运动，而是利用电动机驱动传动装置，使驱动轮带动砂带旋转来达到打磨的目的。主要区别也就是带式砂光机砂纸朝一个方向转动，而平板式砂光机是砂纸不规则摆动。

（三）使用方法

1.使用前要调好砂带位置，方法是：按下开关键，把砂带置于检测位置，向左或向右调节螺丝，使砂带边缘与驱动轮边缘有2～3mm空隙，然后固定好砂带。其做法如图4-3所示。如果砂带固定得太靠里，在操作时会产生磨损。操作中砂带有位移，可用同样方法调节。

2.使用时用一手握住手柄，另一手调节速度旋钮，启动机器保证机具与工件表面轻轻接触。机具本身自重已足以高效磨光工件，无需施加外力，否则会使电动机过载，损坏电动机，缩短砂带使用寿命，降低研磨效率。

3.应以缓慢、恒定的速度和平衡度来回移动工具。

4.针对不同工作面、不同的加工要求，应选择合适的砂纸。

5. 边角打磨时，使用如图 4-4 所示附件来辅助完成。

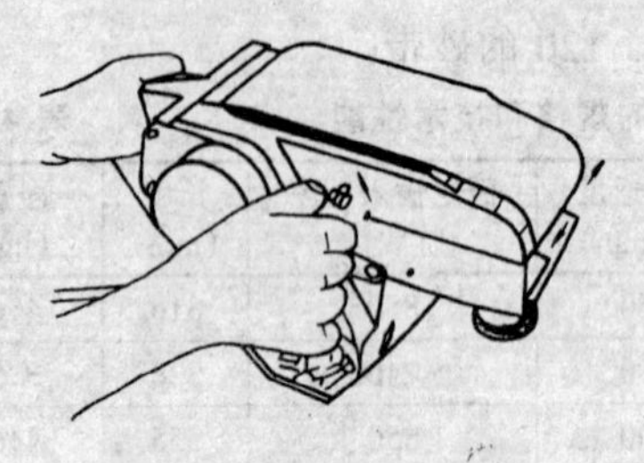

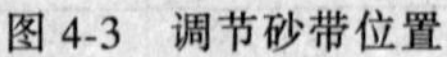

图 4-3　调节砂带位置

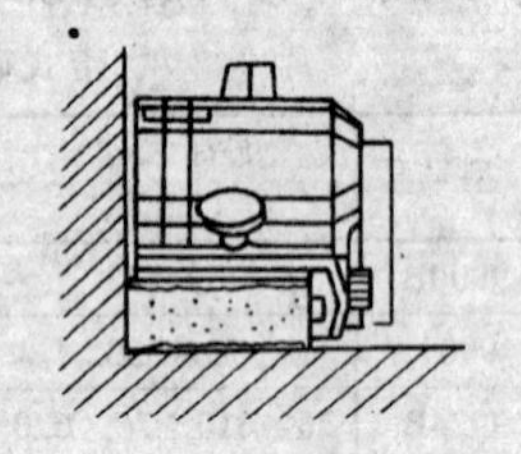

图 4-4　边角打磨附件

带式砂光机的使用注意事项及维护保养，与平板式砂光机基本相同，不再赘述。

四、盘式砂光机

(一) 用途及选择

盘式砂光机适用于木材、石材、钢材及塑料表面的修整、磨光、清理等工作，换上工作头（如羊毛抛光球），还可以完成工件的抛光。

表 4-3 列举了几种常用盘式砂光机的规格及技术性能，供用户参考。

常用盘式砂光机的规格及技术性能　　　　表 4-3

型号	最大能力（直径）(mm)	回转数 (r/min)	额定输入功率（W）	长　度 (mm/min)	主轴螺纹	净重 (kg)
GV5000	磨料圆盘 125	4500	405	180	—	1.2
GV6000	磨料圆盘 150	4500	405	180	—	1.2
9218SB	磨料圆盘 180	4000	570	225	M16×2	2.7
9207B	磨料圆盘 180	4500	1100	455	M16×2	3.9
9207SPB	磨料圆盘 180	低速 2000 高速 3800	700	455	M16×2	3.4
9207SPC	磨料圆盘 180	1500～2800	810	470	M16×2	3.5
9218PB	羊绒抛光球 180	2000	570	235	M16×2	2.9

与盘式砂光机配套使用的工作头，有磨料圆盘、橡胶垫上固定感应砂纸、杯形钢丝刷、羊毛抛光球等几种。选择时，首先应根据加工工件的材质及光洁度的要求选择工作头的类型和直径，

再根据工作头的需要选择合适的盘式砂光机型号。如需选用磨料圆盘，首先确定其直径，然后根据加工所需精度，选择粒度较大或较小的磨料圆盘。

（二）结构和工作原理

盘式砂光机由电动机、机壳、工作头（磨料盘或抛光球等）、手柄等部分组成。由于盘式砂光机的工作头是由电动机直接驱动，因此，盘式砂光机与平板式和带式砂光机相比，其结构相对简单。

（三）使用方法

1. 根据不同加工要求和工件材质，选择适当的工作头。

2. 工作头的安装。以磨料圆盘为例，先拔下电源插头，把塑料垫放在主轴上，接着把磨料圆盘、橡胶垫、紧固螺丝按顺序放在塑料垫上，然后捏住塑料垫的边端，用备用的六角扳手紧固螺丝即可，如图 4-5 所示。卸下砂轮时与安装顺序相反操作即可。

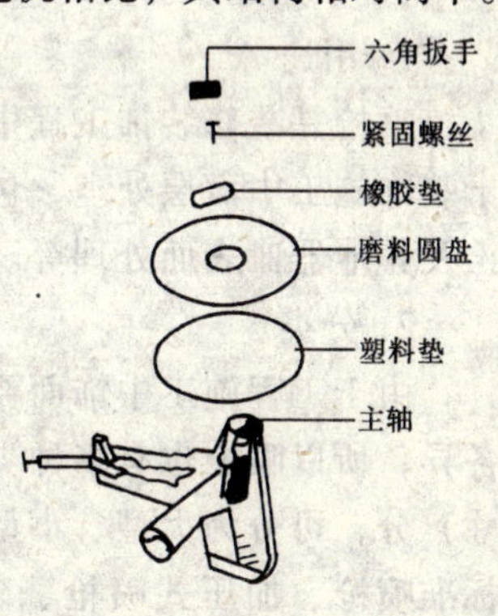

图 4-5　盘式砂光机工作头安装示意图

3. 握紧机具，启动开关，当其达到最高转速后，缓慢将其放在工件上，使磨料圆盘与工件表面保持 10°左右的夹角，如图 4-6 所示。

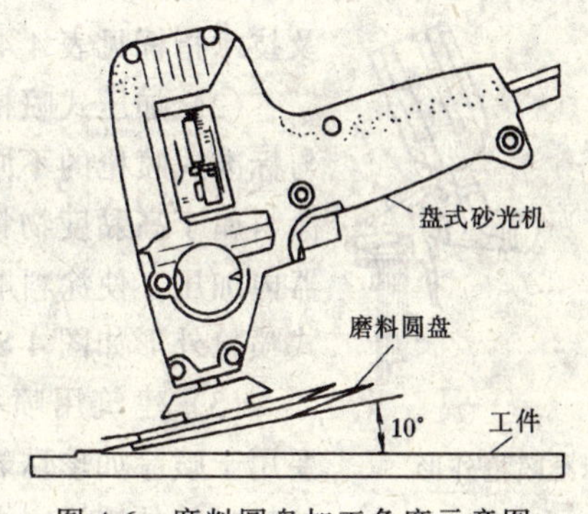

图 4-6　磨料圆盘加工角度示意图

盘式砂光机的操作注意事项及维护保养要求与平板式和带式砂光机基本相同，在此不再赘述。

第二节　喷涂机械设备

一、喷枪

(一) 用途及分类

1. 用途

喷枪是装修装饰工程中面层装饰施工常用机具之一，主要用于装饰施工中面层处理，包括清洁面层、面层喷涂、建筑画的喷绘及其他器皿表面处理等。

2. 分类

由于工程施工中饰面要求不同，涂料种类不同，工程量大小各异，所以喷枪也有多种类型。按照喷枪的工作效率（出料口尺寸）分，可分为大型、小型两种；按喷枪的应用范围分，可分为标准喷枪、加压式喷枪、建筑用喷枪、专用喷枪及清洗用喷枪等。

(1) 标准喷枪。主要用于油漆类或精细类涂料的表面喷涂。因涂料不同，喷涂的要求不同，出料口径不同，可根据实际需要选择。一般对精细料、表面要求光度高的饰面，口径选择应小些，反之应选择较大口径。标准喷枪外形如图 4-7 所示，其型号及技术指标见表 4-4。

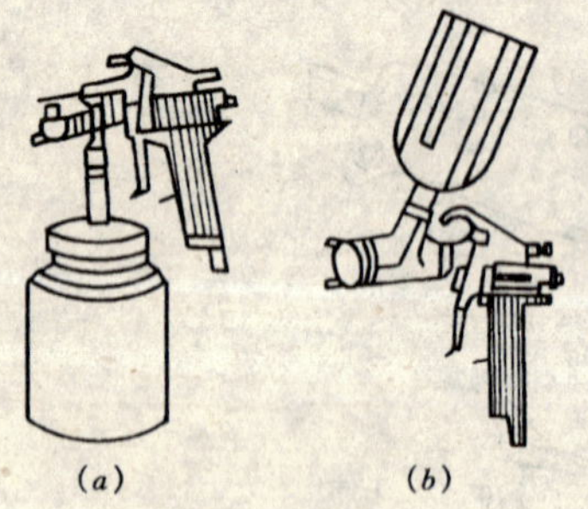
(a)　(b)

图 4-7　标准喷枪外形
(a) 吸上式；(b) 重力式

(2) 加压式喷枪。加压式喷枪与标准式喷枪的不同之处在于，其涂料属于高黏度物料，需在装料容器内加压，使涂料顺利喷出。加压式喷枪外形如图 4-8 所示。

(3) 建筑用喷枪（喷斗）。主要用于喷涂如珍珠岩等较粗或带颗粒物料的外墙涂料。其出料口的口径为20～60mm不等，可根据物料的要求和工程量的大小随时更换。供料为重力式，直通给料，只有气管一个开关调节阀门。其外形如图4-9所示。

标准喷枪技术指标 **表4-4**

型号	涂料供给方式	喷涂距离(mm)	喷嘴口径(mm)	喷涂空气压力(MPa)	空气使用量(L/min)	涂料喷出量(mL/min)	喷涂宽度(mm)	电动机功率(kW)	标准涂料容器(L)	应用范围	重量(g)
K-67S	吸上式	250	1.5	0.35	170	260	200	0.75	1.2	喷漆表面完成处理	610
		250	1.8	0.35	225	310	210	0.75	1.2	中层高级表面处理	
		250	2.0	0.35	240	360	230	1.5	1.2	光漆底层、中层喷涂	
		250	2.5	0.35	310	420	250	1.5	1.2	中层、底层、高黏度喷涂	
K-80S	吸上式	200	1.0	0.30	85	100	110	0.75	1.0	精细物件高级喷涂	
		200	1.3	0.30	90	140	130	0.75	1.0	表面清漆喷涂	
		250	1.5	0.35	155	200	180	0.75	1.0	中型物件高级喷涂	
		250	1.8	0.35	170	220	190	0.75	1.0	表面、中层一般油漆喷涂处理	
KL-63S	吸上式	200	1.0	0.30	85	100	110	0.75	1.0	精细物件表面清漆喷涂	450
		200	1.3	0.30	90	140	130	0.75	1.0	中型物件高级喷涂	
		250	1.5	0.35	170	220	200	0.75	1.0	中层、底层喷涂	
		250	1.8	0.35	175	220	210	0.75	1.0	最底层、中层及一般喷涂处理	
		250	2.0	0.35	175	240	210	0.75	1.0		
K-67A	重力式	250	2.5	0.35	310	460	260	1.5	0.5	高粘度漆喷涂	640

续表

型号	涂料供给方式	喷涂距离(mm)	喷嘴口径(mm)	喷涂空气压力(MPa)	空气使用量(L/min)	涂料喷出量(mL/min)	喷涂宽度(mm)	电动机功率(kW)	标准涂料容器(L)	应用范围	重量(g)
K-80A	重力式	200	1.0	0.30	85	130	110	0.75	0.3	粗细物件高级喷涂	510
		200	1.3	0.30	90	160	150	0.75	0.3	表面层修补喷涂	
		250	1.5	0.35	155	220	200	0.75	0.3	表面层清漆喷涂	
KL-63A	重力式	200	1.0	0.30	85	140	110	0.75	0.5	精细物件表面层喷涂	450
		200	1.3	0.30	90	170	150	0.75	0.5	高级表面处理	
		250	1.5	0.35	170	240	200	0.75	0.5	表面层喷漆处理	
KP-7S	吸上式	200	1.2	0.30	85	120	130	0.75	0.7	精细物件中层一般喷涂	480

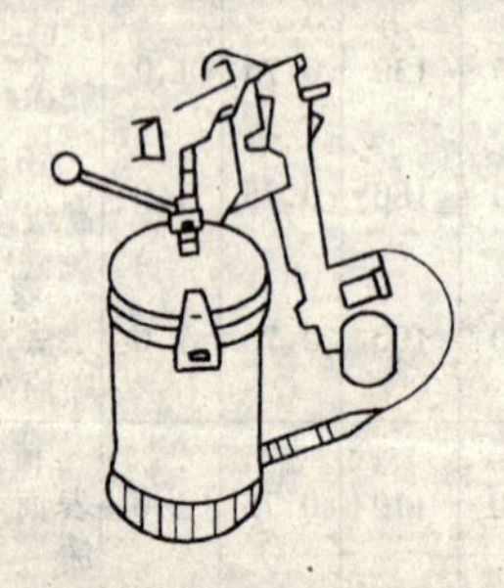

图 4-8 加压式喷枪外形

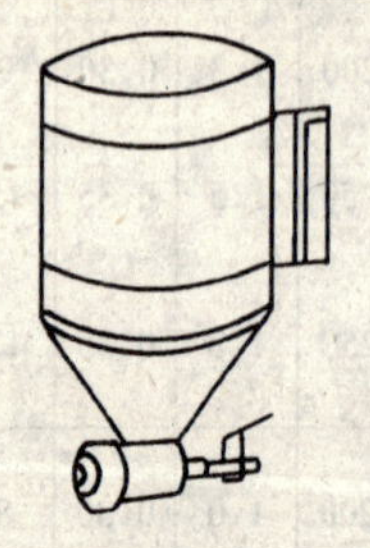

图 4-9 建筑用喷枪外形

(4) 专用喷枪。主要以油漆类喷涂为主。美术工艺型用于装饰设计中效果图的喷绘使用，其外形如图 4-10 所示，型号及技术指标见表 4-5。

(5) 清洁用喷枪。有清洗枪、吹尘枪等喷枪，它们不是处理表面涂层而是清洁表面，采用高压气流或有机溶剂，清洗难以触及部位的污垢。其外形如图 4-11 所示。

专用喷枪技术指标 表 4-5

型号	涂料供给方式	喷涂距离(mm)	喷嘴口径(mm)	喷涂空气压力(MPa)	空气使用量(L/min)	涂料喷出量(mL/min)	喷涂宽度(mm)	电动机功率(kW)	标准涂料容器(L)	应用范围	重量(g)
KL-63AS	重力式	200	1.0	0.30	175	132	140	0.75	0.5	清漆、汽车细部底漆油喷涂	450
		200	1.3	0.30	185	160	190	0.75	0.5	清漆、汽车底漆油喷涂	
		250	1.5	0.35	210	190	220	0.75	0.5	清漆、汽车底漆油全喷涂	
KP-5A	重力式	200	1.2	0.30	85	130	130	0.75	0.3	精细物、表面层、中层喷涂	480
K-10A		200	0.8	0.30	40	50	40	0.4	0.3	玩具、装饰品、搪瓷、高级表面处理	410
K-3A		200	0.5	0.30	35	30	30	0.4	0.15		200
KH-2		100	0.2	0.25	15	节省量	圆形及点状效果	0.2	0.001	美术、工艺用	50
KH-3			0.3						0.007		90
KH-4			0.65						0.05		150
KL-63SS	吸上式	200	1.3	0.30	185	145	170	0.75	1.0	清漆、汽车银底漆油喷涂	450
		250	1.5	0.35	210	175	210	0.75	1.0	清漆、汽车银底漆油全面喷涂	
		250	1.8	0.35	220	180	220	0.75	1.0	全面一致的清漆喷涂	

(二) 结构和工作原理

1. 结构

喷枪种类繁多，结构大同小异，主要包括喷枪主体、喷射器、储料罐、空气调节钮、涂料调节钮、空气入口、涂料入口等几部分。喷枪的料斗一般分为上吸式和重力式两种。喷枪调节钮一般有两个，上钮调整气量大小；下钮调整喷出料的多少，两个

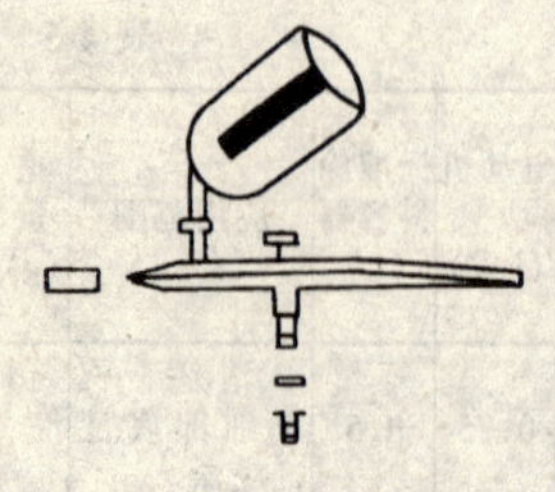
图 4-10　专用喷枪外形
（美术工艺型）

钮相互影响，协同调整，以达到最佳喷涂效果。二钮调节喷枪见图 4-12。目前新型喷枪采用了三个调节钮，把手下边进气管增加一个调整供气量大小和压力大小的调节钮，头部两个调节钮，上钮调节喷出面的大小和涂料的稀稠，下钮调节料量。三钮调节喷枪见图 4-13。

2. 工作原理

当手指扣紧扳手时，压缩空气由进气管经进气阀进入喷射器头部的气室中，控制喷料输出量的顶针也随着扳手后退，气室的压缩空气流经喷嘴，使喷嘴部位形成负压，储料罐内的涂料就被大气压力带进涂料上升管而涌向喷嘴，在喷嘴出口处遇到喷嘴两侧另一气室中喷出的气体，使涂料的粒度变得更细。

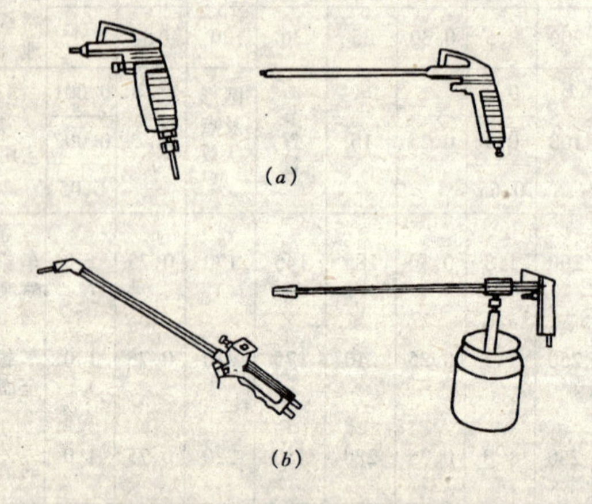
图 4-11　吹尘枪与清洗枪外形
（*a*）吹尘枪；（*b*）清洗枪

（三）使用

因目前市场上喷枪的规格、型号各不相同，此处只选取具有代表性的喷枪加以说明，其他型号喷枪的使用大同小异。

1. 喷枪的空气压力一般为 0.3～0.35MPa，如果压力过大或过小，可调节空气调节旋钮。向右旋转气压减弱，向左旋转气压增强。

2. 喷口距附着面一般为20cm。喷涂距离与涂料黏度有关，涂料加稀释剂与不加稀释剂，喷涂距离有±5cm的差别。

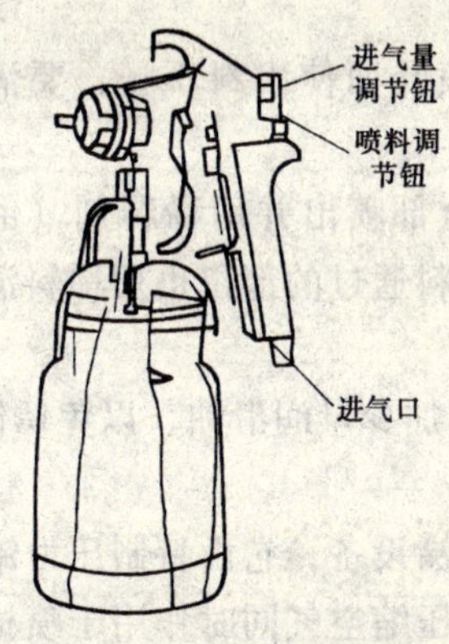

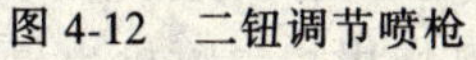
图4-12 二钮调节喷枪

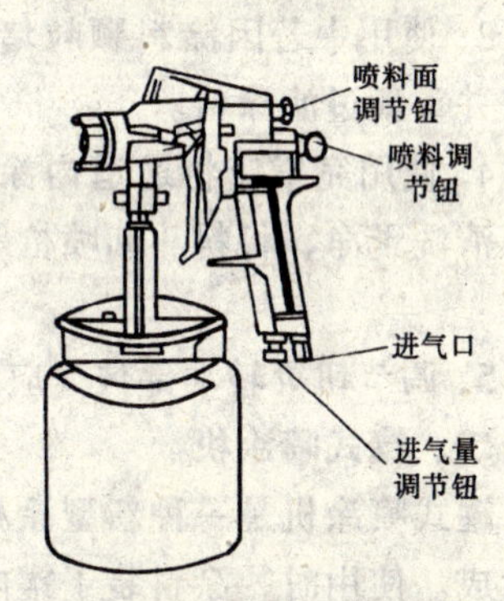

图4-13 三钮调节喷枪

3. 喷涂面大小的调整，有的靠喷射器头部的刻度盘，也有的靠喷料面旋钮，原理是相同的。用刻度盘调节：刻度盘上刻度“0”与喷枪头部的刻度线相交，即把气室喷气孔关闭，这时两侧喷气孔中无空气喷出，仅从气室中间有空气喷出，涂料呈柱形；刻度“5”与刻度线相交，两侧喷气孔有空气喷出，此时喷口喷出的涂料呈椭圆形；刻度“10”与刻度线相交，则可获得更大的喷涂面。

用喷涂面调节钮来调节喷出涂料面的大小，顺时针拧动调节钮喷出面变小，逆时针拧动调节钮喷出面变大。

4. 有些喷枪的喷射器头可调节，控制喷雾水平位置喷射或垂直位置喷射。

5. 除加压式喷枪之外，喷枪可不用储料罐，而在涂料上升管接上一根软管，软管的另一端插在涂料桶下端，把桶放在较高位置上，不用加料可连续使用较长时间，适用于大面积喷涂工作。

（四）维护与保养

1. 使用前检查各部分连接处是否安装完好。

2. 安装前将各部件擦净，不得有污垢，尤其是出料通气口要擦干净。安装后先扳动扳机喷气，冲净内通道和通道口，保证枪内空气通道畅通。

3. 使用中若因涂料颗粒堵住喷孔而使出料不畅，要清洗孔口，并重新过滤涂料。

4. 使用完毕应将通道内涂料全部喷出并用稀释剂（俗称稀料）清洗干净，将料斗和喷枪等涂料通过的部位也用稀料清洗干净。

5. 调节钮等转动部位，应经常加少量润滑油，以免锈蚀。

二、罐式喷涂机

罐式喷涂机是一种新型涂料喷涂设备，它由特制压力罐和喷枪组成。使用时，涂料装于罐内，压缩空气同时作用于喷枪和压力罐。罐内的高压空气起到压缩涂料作用。当喷枪出气阀打开时，涂料在二个方向气流作用下喷出。罐式喷涂机适于大面积建筑装饰施工。生产率高，喷涂质量好。PYG-20 型罐式喷涂机（北京市建筑工程研究所研制）的技术性能力：压力罐容积 20L，最高喷涂压力 0.7MPa，压力罐额定压力 0.5MPa，喷涂规格 ϕ2～9mm，涂料粒径 0.3～3mm，输送距离，水平 10cm，垂直 15m，整机重 35kg。如图 4-14。

三、吸音天花板喷涂机

吸音天花板喷涂机主要包括贮料桶、气动球阀泵、输气管、输料管、喷枪及空气压缩机，如图 4-15。气动球阀泵正常工作所需供气压力为 0.3～1.2MPa，每升湿料需 0.045～0.060m^3 压缩空气，每分钟需 0.43～0.71m^3。空压机应有 25% 以上的供气贮备能力，以适应负荷高峰之需。每台国产 9m^3 柴油空压机可供两套喷涂机具工作。空压机能力大。喷涂系统作业稳定，施工效果好。

立柱式球阀泵具有气路与料路两个系统，有回流装置，当喷

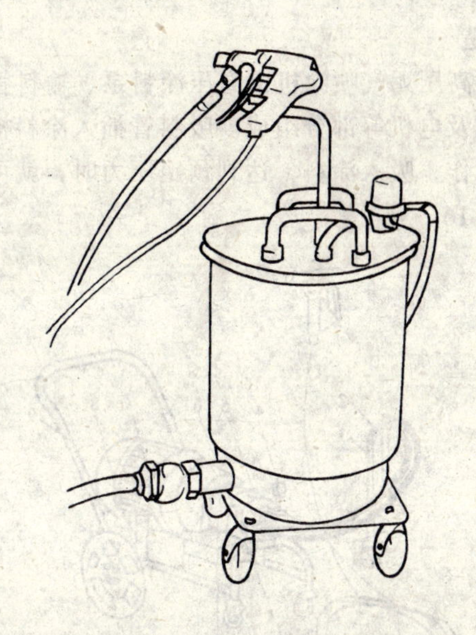

图 4-14 PYG-20 罐式喷涂机

枪暂停作业时，泵仍然运行，材料自动排回桶中，泵头上安装有压力表和气料调节器，可依据施工需要及气源情况进行调节，实现正常作业。

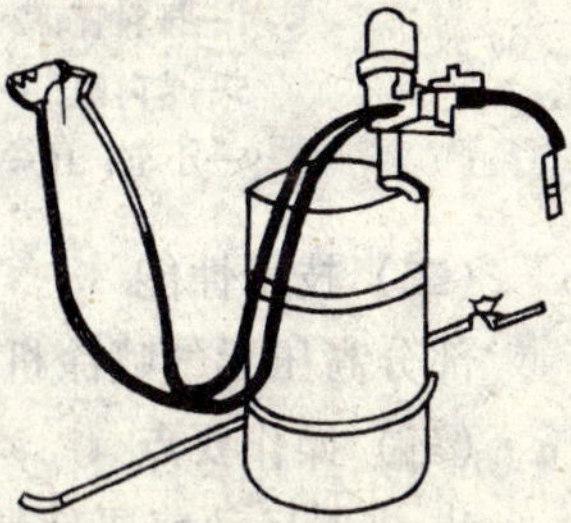

喷枪有两种形式，手枪式和长杆式。前者喷嘴口径 6.4～7.9mm，适应气压 0.2～0.3MPa。后者用于高压力情况下，喷嘴口径亦为 6.4～7.9mm，但空气压力为 0.4～0.6MPa，每分钟湿料流量 5.7～9.6L。

图 4-15 吸音天花板喷涂机

四、高压无气喷涂机

高压无气喷涂机是利用高压泵直接向喷嘴供应高压涂料，特殊喷嘴把涂料雾化，实现高压无气喷涂工艺的新型设备。其动力分为气动、电动等，高压泵有活塞式、柱塞式和隔膜式三种。隔膜式泵使用寿命长，适合于喷涂油性和水性涂料。

（一）构造

PWD8 型高压无气喷涂机由高压涂料泵、输料管、喷枪、压力表、单向阀及电机等部分组成。吸料管插入涂料桶内，开动电机，高压泵工作，吸入涂料，达到预定压力时，就可以开始喷涂作业。如图 4-16。

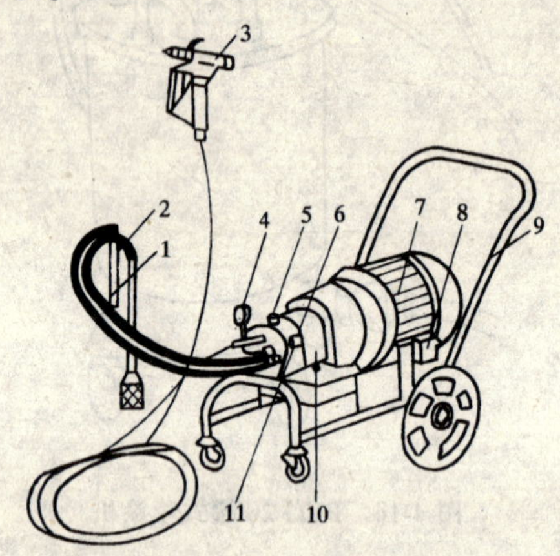

图 4-16　PWD8 型高压无气喷涂机

1—排料管；2—吸料管；3—喷枪；4—压力表；5—单向阀；6—卸压阀；7—电动机；8—开关；9—小车；10—柱塞油泵；11—涂料泵（隔膜泵）

（二）技术性能

部分高压无气喷涂机技术性能见表 4-6。

（三）操作要点

1. 机器启动前要使调压阀、卸压阀处于开启状态。首次使用的，待冷却后，按对角线方向，将涂料泵的每个内六角螺栓拧紧，以防连接松动。

2. 喷涂燃点在 21℃ 以下易燃涂料时，必须接好地线，地线一头接电机零线位置，另一头接铁涂料桶或被喷的金属物体。泵机不得和被喷涂物放在同一房间里，周围严禁有明火。

3. 喷涂时遇喷枪堵塞，应将枪关闭，把喷嘴手柄旋转

180℃，再开枪用压力涂料排除堵塞物。如无效，可停机卸压后拆下喷嘴，用竹丝疏通，然后用硬毛刷彻底清洗干净。

部分高压无气喷涂机技术性能　　表 4-6

型　号	PWD-8	PWD-8L	DGP-1	PWD-1.5	PWD-1.5
最大压力（MPa）	25	25	18.3	25.5	25
最大流量（L/min）	8.3	8.3	1.8	1.5	1.4
最大喷涂黏度（Pa·s）	500	800			
涂料最大粒径（mm）	0.3	0.3			
最大接管长度（m）	90	90			
同时喷涂枪数（把）	2	2	1	1	1
电动机功率（kW）	2.2	2.2	0.4	0.49	0.37
电压（V）	380	380	220	220	220
外形尺寸（mm）	1300×460×760	794×420×980	400×370×240		
整机重量（kg）	75	85	30	25	22

4. 不许用手指试高压射流。喷涂间歇时，要随手关闭喷枪安全装置，防止无意打开伤人。

5. 高压软管的弯曲半径不得小于 25cm，更不得在尖锐的物体上用脚踩高压软管。

6. 作业中停歇时间较长时，要停机卸压，将喷枪的喷嘴部位放入溶剂里，每天作业后，必须彻底清洗喷枪。清洗过程，严禁将溶剂喷回小口径的溶剂桶内，防止静电火花引起着火。

（四）故障及排除方法

高压无气喷涂机常见故障及排除方法见表 4-7。

附：手推式喷浆机

手推式喷浆机体积小，自重轻，搬运方便，不受施工场地的限制。使用时把吸浆头放入浆液内，一人来回推动手把，使活塞运动产生压力。由于吸浆管和稳压室之间有钢球上下运动，顶住或吸开阀门，就能把浆压到稳压室，流进喷浆管道，再通过喷浆头形成雾状，均匀地喷到物面上。如图 4-17。

高压无气喷涂机常见故障及排除方法　　表 4-7

故　障	原　因	排除方法
电动机转，不吸料	1. 吸入阀、排料阀密封不良 2. 液压油不足或过滤器堵塞 3. 卸压阀未关或关不严	1. 清洗阀口，重新密封 2. 补充油液，清洗过滤器 3. 关闭卸压阀或更换新阀
能吸涂料，但压力上不去	1. 调压阀、吸入阀密封不好 2. 单向阀不密封或弹簧失效 3. 涂料少了，吸进空气	1. 清洗或更换 2. 清洗或更换钢球及弹簧 3. 添加涂料，开启卸压阀排净空气
打开喷枪，压力显著下降	1. 喷嘴孔径太大或涂料太稠 2. 单向阀密封不好	1. 更换合适喷嘴，释稀涂料 2. 清洗单向阀或更换钢球
液压油明显减少	1. 隔膜连接处漏油 2. 隔膜坏了	1. 按对角线方向依次拧紧连接螺栓 2. 更换隔膜
喷涂过程经常发生堵嘴现象	1. 涂料太稠或喷嘴孔径太小 2. 喷嘴里有干涂料或异物	1. 适当稀释涂料或更换合适喷嘴 2. 在溶剂里浸泡喷嘴，认直清洗干净

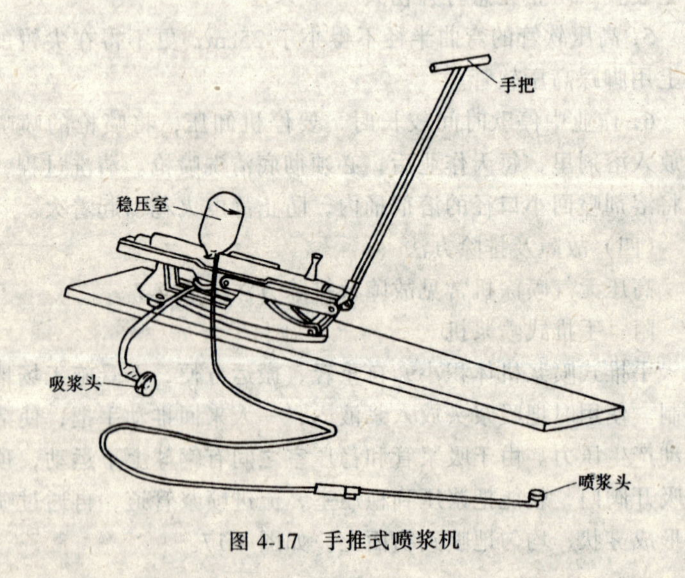

图 4-17　手推式喷浆机

喷浆用的石灰将要用 80 目的铜丝箩过滤两遍才可使用，并须保持清洁。浆桶内不得有杂物掉入，以免堵塞喷浆头。吸浆管放入浆桶时最好离桶底 5～10cm，以免把沉淀的稠灰浆有吸入堵塞管道。最好将吸浆管头包一层铜丝布或两层铁窗纱，以免堵塞管道。

第三节 高架设备

一、门式脚手架

门式脚手架是用钢管焊接而成的刚架，通过剪刀撑、钢脚手板组合成基本架体。标准刚架基本单元相互连接，逐层叠起，形成较高的架设施工工具（图 4-18）底座带有脚轮时，移动较为方便。由于门式脚手架结构牢固，拆装方便，工作面积大，非常适宜于装饰作业。

门式脚手架搭设高度一般限制在 45m 以内，采取措施后可达 80m 高度。架高在 40～50m 时，可二层同时作业；架高在 19～38m 时，可三层同时作业；17m 以下时，可同时四层作业。

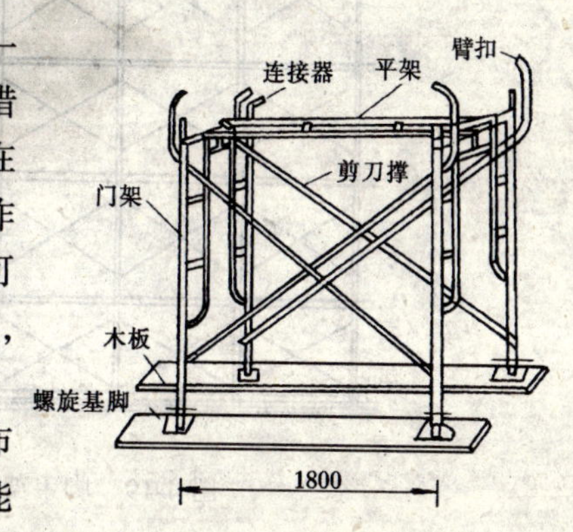

图 4-18 门式脚手架

施工荷载限定为：均布荷载 1880N/m^2，架子上不能走运料手推车。

高层门式脚手架的搭设方法如下：

1. 搭设场地要分层夯实平整，当脚手架总高 $H>40$m 时，搭设场地上表面宜做 3 步 2:8 灰土并夯实或做 200mm 钢筋混凝土带（沿纵向），其上再加设垫板（厚度大于 50mm）。

2. 搭设顺序是：铺放垫木→拉线放底座→自一端开始立门

架，并随即装剪刀撑→装水平梁架（或脚手板）→装梯子→装通长的大模杆（一般用 ϕ48 脚手架钢管）→装设连墙杆→照上述步骤逐层向上安装→装加强整体刚度的长剪刀撑→装设顶部栏杆。梁按基所处部位相应装上。

3. 搭高时要严格控制首层门架的垂直度，一定要使门架竖杆两个方向的垂直偏差均在 2mm 以内，顶部水平偏差控制在 5mm 以内。

4. 安装门架时上下门架竖杆之间要对齐，对中偏差不应大于 3mm，并相应调整门架的垂直度和水平度。

5. 脚手架下部内外侧要加设通长的大横杆（ϕ48 钢管用扣件与门架立杆卡牢），应不少于 3 步（图 4-19），且内外侧均需设置。然后往上每隔三层设置一道，以加强整个脚手架的稳定。

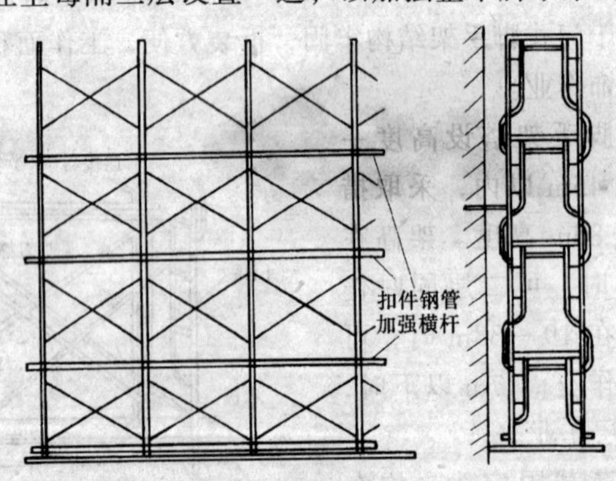

图 4-19　脚手架整体加固

6. 脚手板外侧应设置通长剪刀撑（用 ϕ48 钢管长 6～8m 与门架立柱卡牢），高度与宽度分别为 3～4 个步距与架距，与地面夹角为 45°～60°。相邻两个剪刀撑之间相隔 3～5 个架距。

7. 为避免架子发生横向偏斜，要及时装设连墙杆与建筑结构紧密连接。连墙点的最大间距为：垂直方向不大于 6m，水平方向不大于 8m，一般竖向 3 个步距，水平方向每隔 4 个架距设 1 点。连墙点应与水平加固的大横杆同步设置。

8. 脚手架的转角处，要利用钢管（$\phi48$）和旋转扣件把处于相交方向的门架拉结起来，并在转角处适当增加连墙点的密度。

二、高空作业吊篮

高空作业吊篮一般是由产业出租企业分类安装。作为企业分包单位的技术管理人员必须对该设备的技术性能及使用保养，较全面深入地了解。

电动吊篮是用于建筑物外装饰作业的载人起重设备。按其提升方式分为屋面卷扬式和爬升式二种。屋面卷扬式是在屋面安装卷扬机，下垂钢丝绳拉住吊篮，开动卷扬机实现吊篮上升或下降。爬升式吊篮的卷扬机构则置于吊篮上屋面安装支架，下悬钢丝绳即是吊篮的爬升轨道。这种吊篮有可靠安全装置，升降由吊篮里的施工人员随意控制，使用方便，所以国内外都广泛采用这种吊篮。

（一）构造

爬升式电动吊篮由吊篮、电动爬升机、爬升钢绳、安全钢绳、爬升限位装置和悬挂支持架等组成。图 4-20。吊篮由铝或薄钢板压制制成；二根下垂的钢丝绳分别作为爬升轨道和安全保险绳；吊篮二端安装电动提升机，紧扣安全绳的安全锁，当吊篮超速下降时，安全锁自动触发锁住钢绳，使吊篮不再下滑，确保施工人员安全。

（二）技术性能

爬升式电动吊篮主要技术性能见表 4-8，北京市建筑工程研究所研制的外墙装修吊篮技术性能见表 4-9。

（三）使用要点

1. 使用的电动吊篮必须是出厂合格品，各部机件尤其是安全系统可靠，使用期内，出现故障，必须由专业人员或送厂家检查修理。

2. 操作人员要熟悉吊篮使用说明，正确操作，工作时，严禁超载；施工人员要系好安全带；遇有雷雨天或超五级风时，不得登吊篮作业。

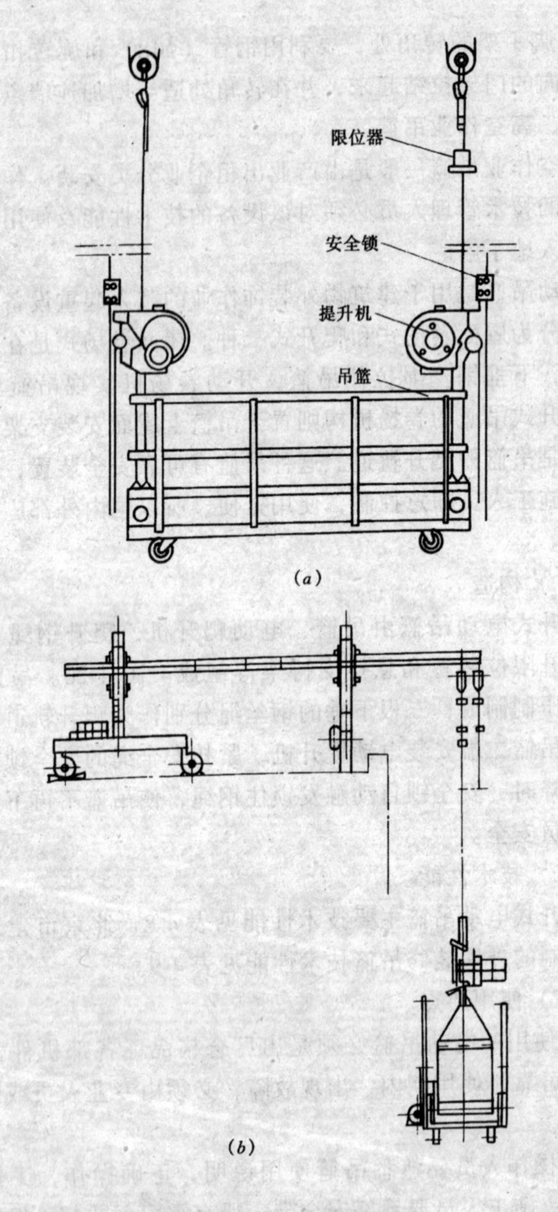

图 4-20 爬升式电动吊篮

爬升式吊篮主要技术性能　　表 4-8

项　目	ZLD500	WD350	LGZ300-3.6A
提升机起重能力(N)		3500	4500
工作平台额定荷载(kN)	5	2.15	3
吊篮升降速度(m/min)	8.8	6	5
吊篮提升高度(m)	100	100	100
安全锁限制速度(m/min)	20	10	5-7
吊篮外形尺寸(长×宽×高)(m)	3×0.7×1.2 6×0.7×1.2	2.4×0.7×1.2	2.4×0.7×1.2 3.6×0.7×1.2
吊篮离墙面距离(m)			~0.6
提升机钢丝绳绕法	a	a	Z
金属钢丝绳规格(mm)	ϕ9.3	ϕ8.7	ϕ8.25
	6×(31)+7×7	6×(19)	7×(19)
电动机型号	ZD_1-21-4 锥形制动异步电机	PD-11 型 盘式电磁制动电机	锥形电磁制动电机
电动机功率(kW)	0.8×2	0.5×2	0.8×2
电源电压(V)	380	380	380
电源频率(Hz)	50	50	50
屋面机构型式	推移式	固定式	推移伸缩式
屋面机构最大悬臂长度(m)	<1.5		
屋面机构配重(kg)	267×2		470

外墙装修吊篮技术性能　　表 4-9

技术参数 \ 型号	ZLD-1000	ZLD-500	ZLS-300	ZLD-100
工作提升力(N)	10000	50000	3000	1000
提升速度(m/min)	8	6	3.5	3.5
安全锁锁绳速度(m/min)	20~23	20~23	11~12	20~23
电源(V)	三相 380	三相 380	(手动)	单相 220
篮体长度(m)	3~12	3~6	2~3	(吊椅)
提升高度	不限	不限	不限	不限

3. 必须使用镀锌钢丝绳，绳上不得有油，如有扭伤、松散、断丝等现象，应及时更换。

4. 屋面机构、提升机、安全锁及电气控制等，须经安全检查员检查认可后，方可使用。

5. 吊篮在空中作业时，应将安全锁锁紧；需要移动时再松开安全锁。安全锁累计工作 1000h，进行检验，重新标定，以保证其安全工作。

6. 在吊篮进行焊接作业时，应对吊篮和钢丝绳进行全面防护，不准使其成为接线回路。

7. 每天作业后，应将吊篮降至离地面 1m 高度处扫清篮内杂物，然后固定于离地面约 3m 处的建筑物上，将落地的电缆和钢丝绳收到吊篮里，撤去梯子，切断电源。

8. 按机械使用规定，定期对机械进行例行保修保养，使其保持良好性能。

三、液压平台

(一) 构造

液压平台是高空装饰作业的理想机具，移动方便，安全可靠。液压平台主要由上平台总成、起升架总成、液压系统、电气系统和支座底盘等部分组成。上平台为操作人员位置，起升架是主体支架，通过液压系统带动支杆，使起升架伸缩升降，带有行走轮的底盘，便于现场移动运输。

(二) 技术性能

各类型液压平台主要技术性能见表 4-10。

(三) 使用要点

1. 操作人员要首先学习液压平台使用说明，熟悉平台技术性能和安全使用常识与规定。

2. 工作场地应平整，其倾斜度纵横方向均不得大于 2°。作业地面及上空不得有障碍物。

3. 起升平台前应先放下支腿，使支撑坚实牢固，调整底盘处于水平位置，不得倾斜。

液压升降台主要技术性能　　表 4-10

型号	额定起重量(kg)	最大起升高度(mm)	平台最低高度(mm)	平台尺寸(长×宽，mm)	电动机		外形尺寸(mm)长×宽×高	质量(kg)
					型号	功率(kW)		
ZTY5	100	5000	1950	650×800	YC90S4	0.55	1250×800×1950	430
ZTY6	100	6000	2000	800×1500	YC90S4	2.2	1330×1150×2000	680
ZTY8	200	8000	2230	700×800	Y100L1-4	2.2	1330×1150×2230	700
ZTY10	200	10000	2300	700×800	Y100L1-4	2.2	1330×1150×2300	750
YS6	200	6000	1900	700×800		0.8	800×1000×1900	500
YS8	200	8000	1980	700×800		1.1	900×1200×1980	60
YS10	200	10000	2200	700×800		1.5	900×1200×2200	660

4. 作业前进行空载升降两次，复查各部动作，确认正常后方可作业。

5. 严禁超载使用。在平台上作业时，水平方向操作力不得大于额定荷载的30%。

6. 作业中出现液压系统异响、升降架抖动、歪斜等情况时，应立即停机检修。

7. 作业后，应将平台降到起始位置，收起支腿，切断电源。

8. 转移作业点时，应放下防护栏杆，并注意不得碰撞操作按钮。

（四）故障排除（表 4-11）。

液压平台常见故障及排除方法　　表 4-11

故　障	原　因	排除方法
漏油	1. 螺栓松动 2. 油管焊口开裂 3. 密封件损坏	1. 紧固好松动的螺栓 2. 更换油管或拆开补焊 3. 更换损坏的密封件
工作台不起升或起升无力	1. 油箱液面过低或滤清器堵塞 2. 溢流阀溢流压力过低或阀芯堵塞 3. 油缸或油泵内漏	1. 补加液压油，清洗滤清器 2. 调整溢流压力；清洗阀芯 3. 拆检修好或更新

续表

故　障	原　因	排除方法
工作过程中液压系统有噪声或机构抖动	1. 液压系统有气体 2. 机构有卡塞处 3. 油管紧固不好	1. 排净液压系统气体 2. 排除卡塞物 3. 重新紧固好油管
支腿不定位	1. 支腿液压缸内漏 2. 液压锁失效	1. 更换液压缸活塞密封 2. 检修或更换液压锁

第五章　涂裱施工工艺与相关技术知识

第一节　交接检验

交接检验指涂裱施工前涂裱方对完成方所施工的基底工程质量的检验。以作出可否继续施工的确认。是一项不可缺少的过程。

一、本工种与其他工种之间的交接检验

为了确保建筑工程施工质量，在日常施工生产中做好油漆工与其他工种之间的交接检验工作非常重要。对高级工来说，更应了解掌握木工、抹灰工等工种质量验收及评定标准。其主要目的：一是掌握上一道工序达到怎样的质量和进度情况下，油漆工才能做下一道工序，以避免因上道工序的质量不符合要求，影响油漆工的施工质量；二是掌握与本工种关系密切工种的质量评定标准，有利于工种之间根据设计要求，在施工中相互协商解决或避免可能会出现的一些质量问题，达到上一工种为下一工种服务、上道工序为下道工序服务的目的。交接检验的标准首先要满足《建筑装饰装修工程质量验收规范》（GB50210—2001）有关内容。以下分别列出其验收标准。

（一）与木工的交接检验

1. 木门窗制作与安装工程的质量验收。

（1）主控项目

1）木门窗的木材品种、材质等级、规格、尺寸、框扇的线型及人造木板的甲醛含量应符合设计要求。设计未规定材质等级时，所用木材的质量应符合本规范附录 A 的规定。

检验方法：观察；检查材料进场验收记录和复验报告。

2）木门窗应采用烘干的木材，含水率应符合《建筑木门、木窗》（JG/T 122）的规定。

检验方法：检查材料进场验收记录。

3）木门窗的防火、防腐、防虫处理应符合设计要求。

检验方法：观察；检查材料进场验收记录。

4）木门窗的结合处和安装配件处不得有木节或已填补的木节。木门窗如有允许限值以内的死节及直径较大的虫眼时，应用同一材质的木塞加胶填补。对于清漆制品，木塞的木纹和色泽应与制品一致。

检验方法：观察。

5）门窗框和厚度大于 50mm 的门窗扇应用双榫连接。榫槽应采用胶料严密嵌合，并应用胶楔加紧。

检验方法：观察；手扳检查。

6）胶合板门、纤维板门和模压门不得脱胶。胶合板不得刨透表层单板，不得有戗槎。制作胶合板门、纤维板门时，边框和横楞应在同一平面上，面层、边框及横楞应加压胶结。横楞和上、下冒头应各钻两个以上的透气孔，透气孔应通畅。

检验方法：观察。

7）木门窗的品种、类型、规格、开启方向、安装位置及连接方式应符合设计要求。

检验方法：观察；尺量检查；检查成品门的产品合格证书。

8）木门窗框的安装必须牢固。预埋木砖的防腐处理、木门窗框固定点的数量、位置及固定方法应符合设计要求。

检验方法：观察；手扳检查；检查隐蔽工程验收记录和施工记录。

9）木门窗扇必须安装牢固，并应开关灵活，关闭严密，无倒翘。

检验方法：观察；开启和关闭检查；手扳检查。

10）木门窗配件的型号、规格、数量应符合设计要求，安装应牢固，位置应正确，功能应满足使用要求。

检验方法：观察；开启和关闭检查；手扳检查。

(2) 一般项目

1）木门窗表面应洁净，不得有刨痕、锤印。

检验方法：观察。

2）木门窗的割角、拼缝应严密平整。门窗框、扇裁口应顺直，刨面应平整。

检验方法：观察。

3）木门窗上的槽、孔应边缘整齐，无毛刺。

检验方法：观察。

4）木门窗与墙体间缝隙的填嵌材料应符合设计要求，填嵌应饱满。寒冷地区外门窗（或门窗框）与砌体间的空隙应填充保温材料。

检验方法：轻敲门窗框检查；检查隐蔽工程验收记录和施工记录。

5）木门窗批水、盖口条、压缝条、密封条的安装应顺直，与门窗结合应牢固、严密。

检验方法：观察；手扳检查。

6）木门窗制作的允许偏差和检验方法应符合表5-1的规定。

木门窗制作的允许偏差和检验方法　　表5-1

项次	项目	构件名称	允许偏差（mm）		检验方法
			普通	高级	
1	翘曲	框	3	2	将框、扇平放在检查平台上，用塞尺检查
		扇	2	2	
2	对角线长度差	框、扇	3	2	用钢尺检查，框量裁口里角，扇量外角
3	表面平整度	扇	2	2	用1m靠尺和塞尺检查
4	高度、宽度	框	0；−2	0；−1	用钢尺检查，框量裁口里角，扇量外角
		扇	+2；0	+1；0	

续表

项次	项　　目	构件名称	允许偏差（mm）		检 验 方 法
			普通	高级	
5	裁口、线条结合处高低差	框、扇	1	0.5	用钢直尺和塞尺检查
6	相邻棂子两端间距	扇	2	1	用钢直尺检查

7）木门窗安装的留缝限值、允许偏差和检验方法应符合表 5-2 的规定。

木门窗安装的留缝限值、允许偏差和检验方法　　表 5-2

项次	项　　目		留缝限值（mm）		允许偏差（mm）		检验方法
			普通	高级	普通	高级	
1	门窗槽口对角线长度差		—	—	3	2	用钢尺检查
2	门窗框的正、侧面垂直度		—	—	2	1	用 1m 垂直检测尺检查
3	框与扇、扇与扇接缝高低差		—	—	2	1	用钢直尺和塞尺检查
4	门窗扇对口缝		1～2.5	1.5～2	—	—	用塞尺检查
5	工业厂房双扇大门对口缝		2～5	—	—	—	
6	门窗扇与上框间留缝		1～2	1～1.5	—	—	
7	门窗扇与侧框间留缝		1～2.5	1～1.5	—	—	
8	窗扇与下框间留缝		2～3	2～2.5	—	—	
9	门扇与下框间留缝		3～5	3～4	—	—	
10	双层门窗内外框间距		—	—	4	3	用钢尺检查
11	无下框时门扇与地面间留缝	外　门	4～7	5～6	—	—	用塞尺检查
		内　门	5～8	6～7	—	—	
		卫生间门	8～12	8～10	—	—	
		厂房大门	10～20	—	—	—	

2. 橱柜制作与安装工程

（1）主控项目

1）橱柜制作与安装所用材料的材质和规格、木材的燃烧性能等级和含水率、花岗石的放射性及人造木板的甲醛含量应符合设计要求及国家现行标准的有关规定。

检验方法：观察；检查产品合格证书、进场验收记录、性能检测报告和复验报告。

2）橱柜安装预埋件或后置埋件的数量、规格、位置应符合设计要求。

检验方法：检查隐蔽工程验收记录和施工记录。

3）橱柜的造型、尺寸、安装位置、制作和固定方法应符合设计要求。橱柜安装必须牢固。

检验方法：观察；尺量检查；手扳检查。

4）橱柜配件的品种、规格应符合设计要求。配件应齐全，安装应牢固。

检验方法：观察；手扳检查；检查进场验收记录。

5）橱柜的抽屉和柜门应开关灵活、回位正确。

检验方法：观察；开启和关闭检查。

（2）一般项目

1）橱柜表面应平整、洁净、色泽一致，不得有裂缝、翘曲及损坏。

检验方法：观察。

2）橱柜裁口应顺直、拼缝应严密。

检验方法：观察。

3）橱柜安装的允许偏差和检验方法应符合表5-3的规定。

橱柜安装的允许偏差和检验方法 **表5-3**

项次	项　目	允许偏差（mm）	检验方法
1	外型尺寸	3	用钢尺检查
2	立面垂直度	2	用1m垂直检测尺检查
3	门与框架的平行度	2	用钢尺检查

3. 窗帘盒、窗台板和散热器罩制作与安装工程

(1) 主控项目

1) 窗帘盒、窗台板和散热器罩制作与安装所使用材料的材质和规格、木材的燃烧性能等级和含水率、花岗石的放射性及人造木板的甲醛含量应符合设计要求及国家现行标准的有关规定。

检验方法：观察；检查产品合格证书、进场验收记录、性能检测报告和复验报告。

2) 窗帘盒、窗台板和散热器罩的造型、规格、尺寸、安装位置和固定方法必须符合设计要求。窗帘盒、窗台板和散热器罩的安装必须牢固。

检验方法：观察；尺量检查；手扳检查。

3) 窗帘盒配件的品种、规格应符合设计要求，安装应牢固。

检验方法：手扳检查；检查进场验收记录。

(2) 一般项目

1) 窗帘盒、窗台板和散热器罩表面应平整、洁净、线条顺直、接缝严密、色泽一致，不得有裂缝、翘曲及损坏。

检验方法：观察。

2) 窗帘盒、窗台板和散热器罩与墙面、窗框的衔接应严密，密封胶缝应顺直、光滑。

检验方法：观察。

3) 窗帘盒、窗台板和散热器罩安装的允许偏差和检验方法应符合表 5-4 的规定。

窗帘盒、窗台板和散热器罩安装的允许偏差和检验方法　　表 5-4

项次	项　　目	允许偏差 (mm)	检 验 方 法
1	水平度	2	用 1m 水平尺和塞尺检查
2	上口、下口直线度	3	拉 5m 线，不足 5m 拉通线，用钢直尺检查
3	两端距窗洞口长度差	2	用钢直尺检查
4	两端出墙厚度差	3	用钢直尺检查

4. 门窗套制作与安装工程

(1) 主控项目

1) 门窗套制作与安装所使用材料的材质、规格、花纹和颜色、木材的燃烧性能等级和含水率、花岗石的放射性及人造木板的甲醛含量应符合设计要求及国家现行标准的有关规定。

检验方法：观察；检查产品合格证书、进场验收记录、性能检测报告和复验报告。

2) 门窗套的造型、尺寸和固定方法应符合设计要求，安装应牢固。

检验方法：观察；尺量检查；手扳检查。

(2) 一般项目

1) 门窗套表面应平整、洁净、线条顺直、接缝严密、色泽一致，不得有裂缝、翘曲及损坏。

检验方法：观察。

2) 门窗套安装的允许偏差和检验方法应符合表 5-5 的规定。

门窗套安装的允许偏差和检验方法 表 5-5

项次	项目	允许偏差 (mm)	检验方法
1	正、侧面垂直度	3	用 1m 垂直检测尺检查
2	门窗套上口水平度	1	用 1m 水平检测尺和塞尺检查
3	门窗套上口直线度	3	拉 5m 线，不足 5m 拉通线，用钢直尺检查

5. 护栏和扶手制作与安装工程

(1) 主控项目

1) 护栏和扶手制作与安装所使用材料的材质、规格、数量和木材、塑料的燃烧性能等级应符合设计要求。

检验方法：观察；检查产品合格证书、进场验收记录和性能检测报告。

2) 护栏和扶手的造型、尺寸及安装位置应符合设计要求。

检验方法：观察；尺量检查；检查进场验收记录。

3）护栏和扶手安装预埋件的数量、规格、位置以及护栏与预埋件的连接节点应符合设计要求。

检验方法：检查隐蔽工程验收记录和施工记录。

4）护栏高度、栏杆间距、安装位置必须符合设计要求。护栏安装必须牢固。

检验方法：观察；尺量检查；手扳检查。

5）护栏玻璃应使用公称厚度不小于12mm的钢化玻璃或钢化夹层玻璃。当护栏一侧距楼地面高度为5m及以上时，应使用钢化夹层玻璃。

检验方法：观察；尺量检查；检查产品合格证书和进场验收记录。

（2）一般项目

1）护栏和扶手转角弧度应符合设计要求，接缝应严密，表面应光滑，色泽应一致，不得有裂缝、翘曲及损坏。

检验方法：观察；手摸检查。

2）护栏和扶手安装的允许偏差和检验方法应符合表5-6的规定。

护栏和扶手安装的允许偏差和检验方法　　表5-6

项次	项　目	允许偏差（mm）	检验方法
1	护栏垂直度	3	用1m垂直检测尺检查
2	栏杆间距	3	用钢尺检查
3	扶手直线度	4	拉通线，用钢直尺检查
4	扶手高度	3	用钢尺检查

6. 木地板允许偏差和检查方法（表5-7）

7. 木门窗用木材的质量要求

（1）制作普通木门窗所用木材的质量应符合表5-8的规定。

木地板允许偏差和检查方法（mm） **表 5-7**

项次	项目	允许偏差实木地板面层			检尺方法
		松木地板	硬木地板	拼花地板	
1	板面缝隙宽度	1.0	0.5	0.2	用钢尺检查
2	表面平整度	3.0	2.0	2.0	用 2m 靠尺和楔形塞尺检查
3	踢脚线上口平齐	3.0	3.0	3.0	拉 5m 通线，不足 5m 拉通线和用钢尺检查
4	板面拼缝平直	3.0	3.0	3.0	
5	相邻板材高差	0.5	0.5	0.5	用钢尺和楔形塞尺检查
6	踢脚线与面层接缝	1.0			楔形塞尺检查

普通木门窗用木材的质量要求 **表 5-8**

木材缺陷		门窗扇的立梃、冒头，中冒头	窗棂、压条、门窗及气窗的线脚、通风窗立梃	门心板	门窗框
活节	不计个数，直径（mm）	<15	<5	<15	<15
	计算个数，直径	≤材宽的 1/3	≤材宽的 1/3	≤30mm	≤材宽的 1/3
	任 1 延米个数	≤3	≤2	≤3	≤5
死节		允许，计入活节总数	不允许	允许，计入活节总数	
髓心		不露出表面的，允许	不允许	不露出表面的，允许	
裂缝		深度及长度≤厚度及材长的 1/5	不允许	允许可见裂缝	深度及长度≤厚度及材长的 1/4
斜纹的斜率（%）		≤7	≤5	不限	≤12
油眼		非正面，允许			
其他		浪形纹理、圆形纹理、偏心及化学变色，允许			

(2) 制作高级木门窗所用木材的质量应符合表5-9的规定。

高级木门窗用木材的质量要求　　表5-9

木材缺陷		木门扇的立梃、冒头，中冒头	窗棂、压条、门窗及气窗的线脚，通风窗立梃	门心板	门窗框
活节	不计个数，直径（mm）	<10	<5	<10	<10
	计算个数，直径	≤材宽的1/4	≤材宽的1/4	≤20mm	≤材宽的1/3
	任1延米个数	≤2	0	≤2	≤3
死节		允许，包括在活节总数中	不允许	允许，包括在活节总数中	不允许
髓心		不露出表面的，允许	不允许	不露出表面的，允许	
裂缝		深度及长度≤厚度及材长的1/6	不允许	允许可见裂缝	深度及长度≤厚度及材长的1/5
斜纹的斜率（%）		≤6	≤4	≤15	≤10
油眼		非正面，允许			
其他		浪形纹理、圆形纹理、偏心及化学变色，允许			

(二) 与隔断材工程的交接检验

1. 板材隔墙工程

(1) 主控项目

1) 隔墙板材的品种、规格、性能、颜色应符合设计要求。有隔声、隔热、阻燃、防潮等特殊要求的工程，板材应有相应性能等级的检测报告。

检验方法：观察；检查产品合格证书、进场验收记录和性能检测报告。

2）安装隔墙板材所需预埋件、连接件的位置、数量及连接方法应符合设计要求。

检验方法：观察；尺量检查；检查隐蔽工程验收记录。

3）隔墙板材安装必须牢固。现制钢丝网水泥隔墙与周边墙体的连接方法应符合设计要求，并应连接牢固。

检验方法：观察；手扳检查。

4）隔墙板材所用接缝材料的品种及接缝方法应符合设计要求。

检验方法：观察；检查产品合格证书和施工记录。

(2) 一般项目

1）隔墙板材安装应垂直、平整、位置正确，板材不应有裂缝或缺损。

检验方法：观察；尺量检查。

2）板材隔墙表面应平整光滑、色泽一致、洁净，接缝应均匀、顺直。

检验方法：观察；手摸检查。

3）隔墙上的孔洞、槽、盒应位置正确、套割方正、边缘整齐。

检验方法：观察。

4）板材隔墙安装的允许偏差和检验方法应符合表5-10的规定。

2. 骨架隔墙工程

(1) 主控项目

1）骨架隔墙所用龙骨、配件、墙面板、填充材料及嵌缝材料的品种、规格、性能和木材的含水率应符合设计要求。有隔声、隔热、阻燃、防潮等特殊要求的工程，材料应有相应性能等级的检测报告。

检验方法：观察；检查产品合格证书、进场验收记录、性能检测报告和复验报告。

板材隔墙安装的允许偏差和检验方法　表 5-10

项次	项　目	允许偏差（mm）				检 验 方 法
		复合轻质墙板		石膏空心板	钢丝网水泥板	
		金属夹芯板	其他复合板			
1	立面垂直度	2	3	3	3	用 2m 垂直检测尺检查
2	表面平整度	2	3	3	3	用 2m 靠尺和塞尺检查
3	阴阳角方正	3	3	3	4	用直角检测尺检查
4	接缝高低差	1	2	2	3	用钢直尺和塞尺检查

2）骨架隔墙工程边框龙骨必须与基体结构连接牢固，并应平整、垂直、位置正确。

检验方法：手扳检查；尺量检查；检查隐蔽工程验收记录。

3）骨架隔墙中龙骨间距和构造连接方法应符合设计要求。骨架内设备管线的安装、门窗洞口等部位加强龙骨应安装牢固、位置正确，填充材料的设置应符合设计要求。

检验方法：检查隐蔽工程验收记录。

4）木龙骨及木墙面板的防火和防腐处理必须符合设计要求。

检验方法：检查隐蔽工程验收记录。

5）骨架隔墙的墙面板应安装牢固，无脱层、翘曲、折裂及缺损。

检验方法：观察；手扳检查。

6）墙面板所用接缝材料的接缝方法应符合设计要求。

检验方法：观察。

（2）一般项目

1）骨架隔墙表面应平整光滑、色泽一致、洁净、无裂缝，接缝应均匀、顺直。

检验方法：观察；手摸检查。

2）骨架隔墙上的孔洞、槽、盒应位置正确、套割吻合、边缘整齐。

检验方法：观察。

3）骨架隔墙内的填充材料应干燥，填充应密实、均匀、无下坠。

检验方法：轻敲检查；检查隐蔽工程验收记录。

4）骨架隔墙安装的允许偏差和检验方法应符合表5-11的规定。

骨架隔墙安装的允许偏差和检验方法　　表5-11

项次	项　目	允许偏差（mm）		检　验　方　法
		纸面石膏板	人造木板、水泥纤维板	
1	立面垂直度	3	4	用2m垂直检测尺检查
2	表面平整度	3	3	用2m靠尺和塞尺检查
3	阴阳角方正	3	3	用直角检测尺检查
4	接缝直线度	—	3	拉5m线，不足5m拉通线，用钢直尺检查
5	压条直线度	—	3	拉5m线，不足5m拉通线，用钢直尺检查
6	接缝高低差	1	1	用钢直尺和塞尺检查

3. 饰面板安装工程

适用于内墙饰面板安装工程和高度不大于24m、抗震设防烈度不大于7度的外墙饰面板安装工程的质量验收。

（1）主控项目

1）饰面板的品种、规格、颜色和性能应符合设计要求，木龙骨、木饰面板和塑料饰面板的燃烧性能等级应符合设计要求。

检验方法：观察；检查产品合格证书、进场验收记录和性能检测报告。

2）饰面板孔、槽的数量、位置和尺寸应符合设计要求。

检验方法：检查进场验收记录和施工记录。

3）饰面板安装工程的预埋件（或后置埋件）、连接件的数量、规格、位置、连接方法和防腐处理必须符合设计要求。后置埋件的现场拉拔强度必须符合设计要求。饰面板安装必须牢固。

检验方法：手扳检查；检查进场验收记录、现场拉拔检测报告、隐蔽工程验收记录和施工记录。

(2) 一般项目

1) 饰面板表面应平整、洁净、色泽一致，无裂痕和缺损。石材表面应无泛碱等污染。

检验方法：观察。

2) 饰面板嵌缝应密实、平直，宽度和深度应符合设计要求，嵌填材料色泽应一致。

检验方法：观察；尺量检查。

3) 采用湿作业法施工的饰面板工程，石材应进行防碱背涂处理。饰面板与基体之间的灌注材料应饱满、密实。

检验方法：用小锤轻击检查；检查施工记录。

4) 饰面板上的孔洞应套割吻合，边缘应整齐。

检验方法：观察。

5) 饰面板安装的允许偏差和检验方法应符合表 5-12 的规定。

饰面板安装的允许偏差和检验方法　　表 5-12

项次	项目	允许偏差 (mm)							检验方法
		石材			瓷板	木材	塑料	金属	
		光面	剁斧石	蘑菇石					
1	立面垂直度	2	3	3	2	1.5	2	2	用 2m 垂直检测尺检查
2	表面平整度	2	3	—	1.5	1	3	3	用 2m 靠尺和塞尺检查
3	阴阳角方正	2	4	4	2	1.5	3	3	用直角检测尺检查
4	接缝直线度	2	4	4	2	1	1	1	拉 5m 线，不足 5m 拉通线，用钢直尺检查

续表

项次	项目	允许偏差（mm）							检验方法
		石材			瓷板	木材	塑料	金属	
		光面	剁斧石	蘑菇石					
5	墙裙、勒脚上口直线度	2	3	3	2	2	2	2	拉5m线，不足5m拉通线，用钢直尺检查
6	接缝高低差	0.5	3	—	0.5	0.5	1	1	用钢直尺和塞尺检查
7	接缝宽度	1	2	2	1	1	1	1	用钢直尺检查

（三）与抹灰工程交接检验

1. 一般抹灰工程

适用于石灰砂浆、水泥砂浆、水泥混合砂浆、聚合物水泥砂浆和麻刀石灰、纸筋石灰、石膏灰等一般抹灰工程的质量验收。一般抹灰工程分为普通抹灰和高级抹灰，当设计无要求时，按普通抹灰验收。

（1）主控项目

1）抹灰前基层表面的尘土、污垢、油渍等应清除干净，并应洒水润湿。

检验方法：检查施工记录。

2）一般抹灰所用材料的品种和性能应符合设计要求。水泥的凝结时间和安定性复验应合格。砂浆的配合比应符合设计要求。

检验方法：检查产品合格证书、进场验收记录、复验报告和施工记录。

3）抹灰工程应分层进行。当抹灰总厚度大于或等于35mm时，应采取加强措施。不同材料基体交接处表面的抹灰，应采取防止开裂的加强措施，当采用加强网时，加强网与各基体的搭接宽度不应小于100mm。

检验方法：检查隐蔽工程验收记录和施工记录。

4）抹灰层与基层之间及各抹灰层之间必须粘结牢固，抹灰层应无脱层、空鼓，面层应无爆灰和裂缝。

检验方法：观察；用小锤轻击检查；检查施工记录。

(2) 一般项目

1）一般抹灰工程的表面质量应符合下列规定：

a 普通抹灰表面应光滑、洁净、接槎平整，分格缝应清晰。

b 高级抹灰表面应光滑、洁净、颜色均匀、无抹纹，分格缝和灰线应清晰美观。

检验方法：观察；手摸检查。

2）护角、孔洞、槽、盒周围的抹灰表面应整齐、光滑；管道后面的抹灰表面应平整。

检验方法：观察。

3）抹灰层的总厚度应符合设计要求；水泥砂浆不得抹在石灰砂浆层上；罩面石膏灰不得抹在水泥砂浆层上。

检验方法：检查施工记录。

4）抹灰分格缝的设置应符合设计要求，宽度和深度应均匀，表面应光滑，棱角应整齐。

检验方法：观察；尺量检查。

5）有排水要求的部位应做滴水线（槽)。滴水线（槽）应整齐顺直，滴水线应内高外低，滴水槽的宽度和深度均不应小于10mm。

检验方法：观察；尺量检查。

6）一般抹灰工程质量的允许偏差和检验方法应符合下表5-13的规定。

一般抹灰的允许偏差和检验方法　　表5-13

项次	项目	允许偏差(mm)		检验方法
		普通抹灰	高级抹灰	
1	立面垂直度	4	3	用2m垂直检测尺检查
2	表面平整度	4	3	用2m靠尺和塞尺检查
3	阴阳角方正	4	3	用直角检测尺检查

续表

项次	项　　目	允许偏差(mm)		检 验 方 法
		普通抹灰	高级抹灰	
4	分格条（缝）直线度	4	3	拉 5m 线，不足 5m 拉通线，用钢直尺检查
5	墙裙、勒脚上口直线度	4	3	拉 5m 线，不足 5m 拉通线，用钢直尺检查

注：1. 普通抹灰，本表第 3 项阴角方正可不检查；
　　2. 顶棚抹灰，本表第 2 项表面平整度可不检查，但应平顺。

2. 装饰抹灰工程（略）

二、涂裱工程交工自我检验

1. 水性涂料涂饰工程

乳液型涂料、无机涂料、水溶性涂料等水性涂料涂饰工程的质量验收。

（1）主控项目

1）水性涂料涂饰工程所用涂料的品种、型号和性能应符合设计要求。

检验方法：检查产品合格证书、性能检测报告和进场验收记录。

2）水性涂料涂饰工程的颜色、图案应符合设计要求。

检验方法：观察。

3）水性涂料涂饰工程应涂饰均匀、粘结牢固，不得漏涂、透底、起皮和掉粉。

检验方法：观察；手摸检查。

4）水性涂料涂饰工程的基层处理应符合本规范第 10.1.5 条的要求。

检验方法：观察；手摸检查；检查施工记录。

（2）一般项目

1）薄涂料的涂饰质量和检验方法应符合表 5-14 的规定。

2）厚涂料的涂饰质量和检验方法应符合表 5-15 的规定。

薄涂料的涂饰质量和检验方法　　　表 5-14

项次	项　目	普通涂饰	高级涂饰	检验方法
1	颜色	均匀一致	均匀一致	观察
2	泛碱、咬色	允许少量轻微	不允许	
3	流坠、疙瘩	允许少量轻微	不允许	
4	砂眼、刷纹	允许少量轻微砂眼，刷纹通顺	无砂眼，无刷纹	
5	装饰线、分色线直线度允许偏差（mm）	2	1	拉 5m 线，不足 5m 拉通线，用钢直尺检查

厚涂料的涂饰质量和检验方法　　　表 5-15

项次	项　目	普通涂饰	高级涂饰	检验方法
1	颜色	均匀一致	均匀一致	观察
2	泛碱、咬色	允许少量轻微	不允许	
3	点状分布	—	疏密均匀	

3）复层涂料的涂饰质量和检验方法应符合表 5-16 的规定。

复层涂料的涂饰质量和检验方法　　　表 5-16

项次	项　目	质量要求	检验方法
1	颜色	均匀一致	观察
2	泛碱、咬色	不允许	
3	喷点疏密程度	均匀，不允许连片	

4）涂层与其他装修材料和设备衔接处应吻合，界面应清晰。检验方法：观察。

2. 溶剂型涂料涂饰工程

适用于丙烯酸酯涂料、聚氨酯丙烯酸涂料、有机硅丙烯酸涂料等溶剂型涂料涂饰工程的质量验收。

（1）主控项目

1）溶剂型涂料涂饰工程所选用涂料的品种、型号和性能应符合设计要求。

检验方法：检查产品合格证书、性能检测报告和进场验收记录。

2）溶剂型涂料涂饰工程的颜色、光泽、图案应符合设计要求。

检验方法：观察。

3）溶剂型涂料涂饰工程应涂饰均匀、粘结牢固，不得漏涂、透底、起皮和反锈。

检验方法：观察；手摸检查。

4）溶剂型涂料涂饰工程的基层处理应符合本规范第5条的要求。

检验方法：观察；手摸检查；检查施工记录。

(2) 一般项目

1）色漆的涂饰质量和检验方法应符合表5-17的规定。

2）清漆的涂饰质量和检验方法应符合表5-18的规定。

3）涂层与其他装修材料和设备衔接处应吻合，界面应清晰。

检验方法：观察。

3. 美术涂饰工程

色漆的涂饰质量和检验方法 **表5-17**

项次	项目	普通涂饰	高级涂饰	检验方法
1	颜色	均匀一致	均匀一致	观察
2	光泽、光滑	光泽基本均匀 光滑无挡手感	光泽均匀一致 光滑	观察、手摸检查
3	刷纹	刷纹通顺	无刷纹	观察
4	裹棱、流坠、皱皮	明显处不允许	不允许	观察
5	装饰线、分色线直线度允许偏差（mm）	2	1	拉5m线，不足5m拉通线，用钢直尺检查

注：无光色漆不检查光泽。

清漆的涂饰质量和检验方法　表 5-18

项次	项　目	普通涂饰	高级涂饰	检验方法
1	颜色	基本一致	均匀一致	观察
2	木纹	棕眼刮平、木纹清楚	棕眼刮平、木纹清楚	观察
3	光泽、光滑	光泽基本均匀光滑无挡手感	光泽均匀一致光滑	观察、手摸检查
4	刷纹	无刷纹	无刷纹	观察
5	裹棱、流坠、皱皮	明显处不允许	不允许	观察

适用于套色涂饰、滚花涂饰、仿花纹涂饰等室内外美术涂饰工程的质量验收。

(1) 主控项目

1) 美术涂饰所用材料的品种、型号和性能应符合设计要求。

检验方法：观察；检查产品合格证书、性能检测报告和进场验收记录。

2) 美术涂饰工程应涂饰均匀、粘结牢固，不得漏涂、透底、起皮、掉粉和反锈。

检验方法：观察；手摸检查。

3) 美术涂饰工程的基层处理应符合相关规范的要求。

检验方法：观察；手摸检查；检查施工记录。

4) 美术涂饰的套色、花纹和图案应符合设计要求。

检验方法：观察。

(2) 一般项目

1) 美术涂饰表面应洁净，不得有流坠现象。

检验方法：观察。

2) 仿花纹涂饰的饰面应具有被模仿材料的纹理。

检验方法：观察。

3) 套色涂饰的图案不得移位，纹理和轮廓应清晰。

检验方法：观察。

4. 裱糊工程

聚氯乙烯塑料壁纸、复合纸质壁纸、墙布等裱糊工程的质量验收。

(1) 主控项目

1) 壁纸、墙布的种类、规格、图案、颜色和燃烧性能等级必须符合设计要求及国家现行标准的有关规定。

检验方法：观察；检查产品合格证书、进场验收记录和性能检测报告。

2) 裱糊工程基层处理质量应符合本规范第11.1.5条的要求。

检验方法：观察；手摸检查；检查施工记录。

3) 裱糊后各幅拼接应横平竖直，拼接处花纹、图案应吻合，不离缝，不搭接，不显拼缝。

检验方法：观察；拼缝检查距离墙面1.5m处正视。

4) 壁纸、墙布应粘贴牢固，不得有漏贴、补贴、脱层、空鼓和翘边。

检验方法：观察；手摸检查。

(2) 一般项目

1) 裱糊后的壁纸、墙布表面应平整，色泽应一致，不得有波纹起伏、气泡、裂缝、皱折及斑污，斜视时应无胶痕。

检验方法：观察；手摸检查。

2) 复合压花壁纸的压痕及发泡壁纸的发泡层应无损坏。

检验方法：观察。

3) 壁纸、墙布与各种装饰线、设备线盒应交接严密。

检验方法：观察。

4) 壁纸、墙布边缘应平直整齐，不得有纸毛、飞刺。

检验方法：观察。

5) 壁纸、墙布阴角处搭接应顺光，阳角处应无接缝。

检验方法：观察。

交接检验除严格执行《规范》标准外，还应根据施工现场实际，作最后交接，以满足涂饰施工要求为目的，涂饰施工是在半成品基础上进行的不是最后的工程质量评定，因此不易采用抽样检查，应该采用“地毯式”检验，不能漏掉半点瑕疵。

第二节　潮湿度鉴别

一、鉴别各种涂饰木材、金属的种类、性质及墙面的潮湿程度

建筑涂料工程，主要是在各类木材面、金属面和混凝土或抹灰等表面上，通过施涂涂料，以达到保护和装饰的目的。如何正确掌握和鉴别被涂物的种类、性质以及干湿程度，将直接关系到涂料工程的施涂质量。

（一）木材的种类、性质及适用范围

我国的树木种类大约有7000余种，其中材质优良、经济价值较高的树种大约有1000余种。由于木材种类繁多，因此，在日常施工中正确鉴别木材的树种和特征对油漆工来说显得非常重要。

木材通常按树叶的形状不同，可分为针叶树和阔叶树两大类。从外观来鉴别木材的种类，可以从其结构、纹理、花纹、颜色、光泽、气味等特征来进行比较和鉴别。

1. 针叶树的特点及用途

针叶树大多为常绿树，树质软，又名软木树，建筑中常用的树种有：

（1）红松：又名果松、海松。树皮为灰红褐色，芯材呈淡玫瑰色，边材呈浅黄褐色、内皮呈浅驼色。年轮窄而均匀，材质轻软，纹理直，结构中等，干燥性能良好，不易开裂翘曲，耐久性强，易加工，是建筑上的常用木材，可用于加工门窗、屋架等。

（2）鱼鳞云杉：又名鱼鳞松、白鳞。树皮灰褐色至暗棕褐色，多呈鱼鳞状剥层。木材浅驼色，略带黄白色，材质轻，纹理直，结构细而均匀，易干燥，易加工，适用于建筑装饰用材。

（3）樟子松：又名蒙古松、海拉尔松。边材黄白色或浅黄白

色，心材呈浅红褐色。早晚材急变，比红松略硬，纹理直，结构适中，干燥性与耐久性较好，适用于建筑模板的大量用材。

(4) 马尾松：又名本松。外皮深红褐色，微灰，内皮枣红色微黄，边材浅黄褐色。纹理直，带斜面，结构粗、材质中硬，干燥易开裂，不耐腐蚀，而且有松脂外溢，容易受白蚁蚀，适用范围与樟子松相同。

(5) 落叶松：又名黄花松。树皮暗灰色，内皮浅肉红色，边材黄白微带褐，芯材黄褐色至棕褐色。年轮明显，早晚材软硬性及吸水性差异很大，树质坚硬、耐磨、耐腐蚀性强，干燥慢，在干燥时易开裂，与红、白松相比，不易加工。

(6) 臭冷杉：又名臭松、白松。树皮暗灰色，材色淡黄白色略带褐色。纹理直，结构略粗。材质轻软，易干燥，易加工，适用于建筑用材。

(7) 杉木：产于南方各省，树皮灰褐色，内皮红褐色，边材浅黄褐色，芯材浅红褐色至暗红褐色。有较重的木材气味，纹理直而均匀，结构中等，易干燥，耐腐及耐久性强，材质轻柔易加工，是用于建筑上的优良木材。

(8) 柏木：又名柏树。树色暗红褐色，边材黄褐色，芯材淡桔黄色。年轮不明显，材质致密，纹理直或斜，结构细、木材有光泽，并有柏木香气，干燥易开裂，耐久性强，建筑上可用于制作门窗等。

2. 阔叶树的特征及用途

其主要特点为材质硬，又名硬木树。建筑中常用的树种有：

(1) 水曲柳：产于东北。树皮灰白色微黄，内皮浅黄色。干后浅驼色，边材窄呈黄白色，芯材褐色略黄。材质光滑，花纹美观，结构适中，不易干燥，易翘裂，耐腐性较强，适用于高级木装饰，如家具、扶手、地板等，另外还可以制成胶合板。

(2) 核桃楸：又名楸木。产于东北。树皮暗灰褐色，边材灰白带褐色，芯材淡灰褐色稍带紫。富有韧性，干燥不易翘曲，主要用于制作高级家具的胶合板及细木装饰等。

(3) 板栗：又名栗木。树皮灰色，边材窄，为浅灰褐色，芯材浅栗褐色。材质坚硬，纹理直，结构粗，耐久性强。

(4) 麻栎：又名橡树、青冈。树皮暗灰色，内皮米黄色，边材暗褐色，芯材红褐色。树质坚硬，纹理直或斜，结构粗，耐磨。建筑中主要用于地板或木扶手等。

(5) 柞木：又名蒙古栎、橡木。外皮黑褐色，内皮淡褐色，边材淡黄白色带褐，芯材暗褐色微黄。材质坚韧，纹理直或斜，结构致密，耐磨。建筑中主要用于作地板或家具的胶合板等。

(6) 青冈栎：又名铁槠、青栲。产于长江流域以南。外皮深灰色，内皮似菊花状，木材呈灰褐至红褐色，边材色较浅。材质坚硬，纹理直，结构中等，耐腐性强。其主要用途和柞木相似。

(7) 色木：又名槭树。树皮灰褐色。内皮浅橙黄色，木材淡红褐色，常呈现灰褐斑点或条纹。纹理直，结构细，耐磨，主要用于制作胶合板及装饰等用。

(8) 桦木：又名白桦。产于东北。树皮粉白色，老龄时灰白色成片状剥落，内皮肉红色，材色呈黄白色略带褐。纹理直，结构细，易干燥不翘裂，切削面光滑，不耐磨，主要作胶合板及装饰等用。

3. 新利用的树种

为了进一步扩大建筑用材的树种范围，近年来各地还推广使用了一些新的树种，在建筑工程中主要被用来制作木柱、搁栅、檩条等。这些树种及主要特征为：

(1) 槐木：材色浅黄色，树皮暗灰褐色。结构中等，材质坚硬，纹理乱，有花纹，干燥困难，耐腐性强，极耐磨。

(2) 乌木：干燥较慢，会产生开裂现象，耐磨性强。

(3) 榆木：树皮暗灰褐色，极为粗糙，边材黄白色稍带灰色，芯材褐色，略黄。材质坚硬而光滑，纹理美丽，结构中等，干燥困难，易翘裂，收缩颇大，耐腐性中等，耐磨性很强。

(4) 檫木：干燥较易，干燥后不易变色，耐腐性较强。

(5) 臭椿：树皮暗灰褐，边材白呈浅灰色，芯材微黄，髓心极明显松软，易干燥，不耐磨，呈蓝色且易变色，纹理直，结构中等，木材较轻软。

(6) 桉树：有隆缘桉，柠檬桉和云南蓝桉。干燥困难，易翘裂，云南蓝桉耐腐，隆缘桉和柠檬桉不耐腐。

(7) 大麻黄：木材硬重，易干燥，易受虫蛀，不耐腐。

(8) 杨木：皮灰白色，木色白，纹理直或斜，木质极轻软，强度低，收缩很大，易干燥，不耐腐。

(9) 桤木：易干燥，不耐腐。

(10) 拟赤杨：木材轻，质软，收缩小，强度低，易干燥，不耐磨。

(11) 红椿：皮暗灰，木材色略红。纹理直，质略轻，易干燥，但干燥时易开裂，能耐腐。

4. 木材中树脂、单宁的鉴别与测定

(1) 树脂：是木材中常见的，特别是红松、马尾松、云杉等树中含量最多，它对涂料施涂质量危害很大。如何来确定木材中是否含有树脂及其含量，除了直接依据树种的鉴别而确定外，也可以靠肉眼直接观察来确定。其方法为：先将木材加热或曝晒，再观察是否有树脂析出。另外还可以通过手触摸，当触摸时手感粘涩，则表明有树脂存在，反之则无树脂存在。如能把加热和手摸结合起来，辩别效果更佳。

(2) 单宁：是含在木材的细胞和细胞间隙内的一种有机鞣酸，在栗木、柞木、核桃木等树种木中尤其多，它会干扰涂料施涂的着色效果。对木材中是否含有单宁成分的确定，同样可以直接依据树种的鉴别而确定。当无法辨别其树种及确定是否含有单宁成分时，可先将木材面的局部刨光，然后进行染色试验。试验后如未发现难于着色或染色发花现象时，则表明该木材中不含单宁，或单宁的含量极微，不足危害木材表面的染色处理。反之则说明木材中有足以危害木材表面染色处理的单宁成分，必须清除。

(二) 金属种类的鉴别

金属品种繁多，建筑中常用的金属有钢、铁、铜、铝及铝合金等。对金属种类的鉴别方法有直观鉴别、物理和化学鉴别。由于后两者的鉴别方法受到检验条件及设备的限制，现将直观鉴别的方法介绍如下：

金属直观鉴别方法的原理主要是依据金属的某些外观特征，用肉眼去辨认，这是一种较为简便和实用的方法，应该优先采用。

1. 钢材：硬度高，韧性好，新材呈铁灰色，是建筑中用量最多的金属。建筑钢材一般都是加工成型的，外表面平整或呈现出一定的规律的轧纹（如螺纹钢）。钢材在自然条件下，较长时间受侵蚀后，表面会锈迹斑斑，锈呈红褐色或暗黑色，严重者会呈片状或纤维状剥落。

2. 铁：硬度高，脆性大，新材呈铁灰色，受侵蚀后只生少量铁锈，铁锈呈黑褐色，建筑中用量也较多，如铸铁件等。其表面和断口较粗糙。

3. 铜及铜合金：不易生锈，其锈为绿色。纯铜呈紫红色，硬度较小。铜与锌等金属的合金为黄铜，呈红黄色至淡黄色，硬度较高。铜与锡等金属的合金叫青铜。为较深的青白色。铜与镍等金属的合金叫白铜。为较深青白色。

4. 铝及铝合金：为轻金属，呈银白色，氧化后色泽变暗，建筑用铝材大部分是轧制品，表面平整。铝合金的光泽较纯铝光亮，抛光后能长期保持光亮。

根据以上特征，在施工中就能比较容易地辨认出建筑中常用的钢、铁、铜和铜合金、铝和铝合金。但对除以上之外的另外一些金属，还得借助于物理和化学方法来加以鉴别。

（三）墙面潮湿程度的鉴别

墙面的潮湿程度对涂料工程质量影响极大。现行国家施工验收规范明确规定了“涂料工程基体或基层的含水率，混凝土和抹灰表面施涂溶剂型涂料时，含水率不得大于8%；施涂水性乳液型涂料时，含水率不得大于10%。”

墙面潮湿程度鉴别方法，有经验判断和测定法两种。

1. 经验判断法

就是通过观看颜色，看墙面析出物的状态和用手触摸，凭借操作者的感觉和以往积累的施工经验来判断墙面的潮湿程度。一般情况下，混凝土和其他各种材料的抹灰层表面抹灰后，从湿到干，其颜色都是逐渐由深变浅。而且墙面干燥后，水泥的水化反应便大为减弱，其内部的水分蒸发量也大大减少，碱和盐份的析出也变得微乎其微，这时墙面上析出物便呈结晶状态。观看析出物的颜色，这就是经验判断法的重要依据。

另外，还可以用油灰刀将抹灰面的表面轻划印痕，如划痕呈白色，则表明墙面已基本干燥。经验判断法，虽然简单易行，但有时准确度不高。

2. 测定法

(1) 烘干法：就是在墙面上随机取样，取少量实物，称量后烘干，然后称出烘干后的重量，计算出墙面的含水率，其计算公式为：

含水率 = 烘干前重量 - 烘干后重量

(2) 快速测定仪：是运用电子元件研制的墙面含水率快速测定仪，它具有体积小、重量轻、操作方便等特点。在施工现场经过计算就能直接快速地测出墙面的含水率。

二、施工前对涂料的检查

建筑涂料品种繁多，由于其成分、成膜材料和胶粘剂的分子结构不同，施涂后，常会出现各种质量疵病。追究其原因，除施涂不当产生质量问题以外，涂料本身存在的某些质量问题，或运输和贮藏保管不当发生的某些质量变化，也会影响涂料的施涂质量。这就是施工前要对涂料进行检查的主要目的。

建筑涂料工程，施工前对涂料进行检查除用化学法检查外，还可以凭借长期施工积累的经验，观察涂料的外观，其观察方法以及产生原因和防治方法如下：

(一) 透明涂料浑浊

透明涂料主要有清油和清漆，质量好的清油和清漆为透明浅黄色液体。当出现不透明的浑浊状，则表明涂料已有质量问题，其产生原因和防治方法为：

1. 混入水分将会促进催干剂的析出而造成浑浊。这种现象不易除掉，因而在露天存放或运输涂料过程中要防止水分或潮气从桶口渗入。

2. 用树脂制成的清漆，选用的稀释剂溶解度差或部分基料不溶解，也会产生浑浊，如短油度醇酸清漆，采用200号溶剂汽油稀释便会发浑，如采用二甲苯稀释则不会发浑。对硝基、过氯乙烯清漆如混入水分也会出现浑浊，可采用酌情加丙酮、醋酸丁酯的方法去解决。

(二) 涂料增稠

涂料在贮存过程中，其稠度会逐渐增高，甚至会出现胶状体或结块的现象，其产生原因和防治方法为：

1. 涂料中酸性太高与碱性颜料发生反应后生成盐，使涂料增稠，直至凝结成为冻状。

2. 盛涂料容器未完全密封或涂料未装满桶，而且在贮存过程中有部分溶剂挥发，使涂料浓缩变稠。另外空气中的氧气也能促使胶化。因此，容器一定要密封，开桶使用后应尽早用完。

3. 涂料应贮存在温度适宜的场所，切忌置于阳光下或温度较高的场所。这是因为有热固性树脂的漆基受热后黏度会上升，从而产生胶化。

4. 如采用溶解能力不强的稀释剂也会使涂料黏度增高，所以应选用溶解力强并且配套的稀释剂。

(三) 沉淀与结块

色漆容易产生沉淀与结块。由于色漆是颜料与漆料等经研磨而成的胶状液体，在贮存过程中往往会有部分颜料沉淀于桶底。使用前应将沉淀的颜料搅拌均匀后才能使用。如发现底部沉淀物已结成硬块，不易调匀，则表明涂料已出现质量问题。

1. 产生原因

(1) 涂料中的颜料颗粒研磨不细，分散性差，颜料相对密度大，以及涂料贮存太久。

(2) 涂料中基料过少或稀释剂过多，黏度太小或颜料吸油量差等。

2. 防治方法

(1) 在贮藏过程中，定期将桶口倒放或横放，使用前将桶横放并不断摇动，使沉淀物松动。

(2) 调配涂料中，应注意颜料与基料的适应性，增强黏度并添加防沉淀剂，以防止沉淀的产生，常用的防沉淀剂有硬脂酸铝等。

(3) 对已结块不易调和的涂料以不使用为妥，或有条件的应将结块取出重新碾轧磨细，然后再和原涂料充分搅拌均匀，并过筛后才能使用。

(四) 结皮

油性涂料在贮藏过程中往往会出现其表面氧化固化成一层很薄的皱纹状，破碎后给施工带来麻烦，影响涂层美观。

1. 产生原因

(1) 钴干料掺加过多，或涂料中熟桐油含量过多。

(2) 涂料装桶不满，或装桶不密封，造成涂料面层与空气接触。

(3) 贮存温度过高或受到阳光直射。

2. 防治方法

(1) 必须注意掺加催干剂的用量，不能单用钴干料，应与锰、钴、铅催干剂混合使用。涂料中的熟桐油含量适中。

(2) 桶中应装满涂料并用桶盖密封，应将桶倒置，不使空气进入桶内。

(3) 在使用中随时将桶盖盖好，或用牛皮纸遮盖涂料表面。

(4) 涂料不得贮存在温度过高或阳光直射的地方。

(5) 使用时，对已结皮的涂料则应将结皮除掉，经搅拌过滤后才能使用。

（五）变色

各种水溶性涂料或油性涂料在贮存中，由于贮存方法不当或选择装涂料的容器不合理等原因，会使涂料变色。其产生原因和防治方法为：

1. 虫胶清漆贮存在黑色金属容器中会发生化学反应而使颜色发黑，采取加入0.5%乙基苯胺或在马口铁皮上涂蜡的方法可防止。盛装涂料可采用塑料、玻璃、陶瓷等容器。

2. 复色涂料中的颜料密度不同，在贮存中密度大的颜料下沉，质量较轻的颜料会上浮，如用铁蓝与铬黄配制成的绿色漆，贮存久后铬黄会下沉，在使用时如不搅拌均匀，施涂后的颜色会呈现蓝色。

3. 金属颜料（铝粉、铜粉）的发乌或变绿，主要是由于油中或涂料中的游离酸对铝粉，铜粉起的腐蚀作用，以致金属失去鲜艳的色泽。为防止该现象的发生，可将颜料与涂料分装，使用时随配随用。

4. 水溶性涂料大部分呈酸性，不能用黑铁桶来盛装，否则会使涂料出现返黄和铁锈等现象。应采用塑料桶装。另外水溶性涂料中有胶质，应贮存在阴凉处，避免太阳的直射。

综上所述，由于涂料生产厂家的生产条件、原料配方、工艺过程不尽相同，可能会出现同一涂料产品的性能存在一定的差异，所以在采购或使用前应熟悉产品的性能，察看涂料的外观，如稠度、涂料色层有否离析。使用时如发现涂料成膜过快或过慢都应引起重视。如确属涂料本身的质量问题而影响施涂质量，则应停止使用。随着各种涂料新品种的迅速发展，使用前可以通过试小样来熟悉和掌握涂料的性能，避免施涂后出现的质量疵病。

另外，应尽量克服和避免涂料在运输和保管中出现质量问题，当发生时，如影响施涂质量时应停止使用。

三、环境要求及温度调整

（一）各种涂料施涂的环境要求、室内温度和温度的调整

涂料工程对气候及施工环境条件的要求非常严格，特别是温

度和湿度对涂膜的影响尤为普遍和显著。由于各类涂料的性能不一，正确了解和掌握涂料施涂与温度、湿度的关系十分重要。

1. 涂料施涂的环境要求

(1) 涂料施涂时，施工环境应当清洁干净，抹灰工程、地面工程、木装修工程、水暖电气工程等全部完工后再进行涂料工程的施工。

(2) 一般涂料施涂时的环境温度不宜低于5℃，相对湿度不宜大于60%。混色涂料施涂宜在0℃以上，清漆施涂不宜低于8℃；水性和乳液涂料施涂的环境温度，应按照产品说明书的温度控制。冬期室内温度保持均衡，不得突然变化。

(3) 涂料施涂前，被涂物件的表面必须干燥。涂料工程基体或基层的含水率：混凝土和抹灰表面施溶剂型涂料时，含水率不得大于8%；施涂水性和乳液涂料时，含水率不得大于10%；木料制品含水率不得大于12%。

(4) 涂料施涂过程中，特别是面层涂料应注意气候条件变化，当遇有大风、雨雾等情况时，不可施工，涂料干燥前，应防止雨淋，尘土玷污和热空气的侵蚀。

(5) 涂料施涂时的材料稠度，应根据不同材料的性能和环境温度而定，不可过稀或过稠，以防透底和流坠。

2. 涂料施涂质量与温度和湿度的关系

(1) 涂料施涂质量与温度的关系：各种涂料由于其成分、成膜材料和胶粘剂的分子结构不同，因而对于最低最高温度的要求是不同的。施涂时的温度过低或过高都会使涂料中的各种物质的物理—化学反应减慢或加快。一般有以下几类情况：

1) 温度过低时：

a. 涂膜干燥硬结慢，致使灰尘污染涂膜，干燥后表面不光洁，会降低涂膜强度和粘结力，同时还会造成流坠。

b. 有些涂料施涂后，在低温时涂膜表面仍会缓慢成膜，达到一定的结硬程度，而内部的溶剂和水分的挥发都已基本停顿，待温度上升后，溶剂和水分继续挥发，便会使已结硬的涂膜层下面形成较大空腔，既影响涂膜的强度、粘结力，也影响了光洁度。

c. 有些涂料，由于温度低而使其化学反应停顿，但溶剂却仍在挥发。待温度达到化学反应要求时，溶剂已经部分或全部挥发。涂料的流动性大为降低或全部丧失，成膜后表面光洁度严重下降，涂膜的致密性会受到影响。

d. 有些涂料品种虽仍会缓慢干燥成膜，但挥发物凝聚于膜面，形成细小露珠，致使涂膜表面失光。

e. 温度低，涂料变稠、涂刷困难、不易均匀，会严重影响施涂质量。

2）温度过高时

a. 温度若超过一定的限度，就会致使涂料中的组成材料分解，从而破坏涂料的结构。

b. 氧化聚合型涂料及挥发性涂料在过高的温度下，涂膜表面迅速成膜，使表面以下涂料被封闭而难于氧化聚合或干燥成膜，于是，便会出现起皱、鼓胀、剥离等现象。

c. 温度过高，物理—化学反应急剧，成膜过快，另外施涂不均匀，涂膜中的干缩应力来不及调整平衡，从而出现大量裂纹，使涂膜遭受破坏。

（2）涂料施涂质量与湿度的关系，涂料施涂的环境湿度过大时，就会在施涂过程中裹入较多的水分。另外，涂料中的某些成分，常常具有一定的吸湿能力，当湿度较大时，就会吸收空气中较多的水分。当湿度过大时，涂料涂层中的水分和溶剂就很难挥发出来。由于这些原因，当涂膜形成后，便会存留一定的水分和溶剂，形成隐患，一旦温度较高时，存留在涂膜中的水分和溶剂便会膨胀，产生气泡，破坏涂膜。另外，存留于涂膜的水分还会加速涂膜的失光和粉化。

湿度过大时，还会使涂料涂层的表面吸附大量水气，形成水露珠，使涂膜成膜后表面失光，影响涂膜的光洁度和耐久性。

3. 施涂各种涂料时对温度和湿度要求

在涂料施涂过程中，一般都希望提高干燥速度，缩短干燥时间，以提高工效和涂膜质量。由于涂料类型不同，从而也决定了涂料过程中的干燥的方法、时间、温度和湿度也不同。为了确保涂料施涂质量，就应根据涂料的产品类型，合理确定干燥条件。

施涂实践证明，一般涂料施涂时的环境温度不宜低于5℃。当室外平均气温低于5℃和最低气温低于-3℃时，涂料施涂应按冬期施工要求采取必要的措施，以保证涂料的成膜质量。有些涂料品种要在60～200℃条件下烘烤才能成膜。各种涂料施涂环境的相对湿度一般不大于60%；有些品种的相对湿度虽允许略大一些，但也不得超过80%；但个别品种如天然漆则需要有较大的湿度。

不同类型的涂料的干燥方法见表5-19。

涂料干燥方法　　表5-19

类型	品种	干燥方法		备注
		常温	烘干	
挥发性涂料	硝基漆	○		挥发性涂料也可以采用低温烘干，烘干温度为50℃以下
	过氯乙烯漆	○		
	丙烯酸漆	○		
	磷化底漆	○		
	聚醋酸乙烯乳胶漆	○		
氧化聚合型涂料	清油	○		氧化聚合型涂料可以在100℃以下烘干
	酯胶漆	○		
	酚醛漆	○		
	醇酸漆	○	○	
	环氧酯底漆	○	○	
烘烤聚合型涂料	胺基烘漆		○	一般要超过100℃使之烘干
	环氧酚醛漆		○	
	环氧胺基漆		○	
	有机硅高温漆		○	
	丙烯酸烘漆		○	

续表

类型	品种	干燥方法		备注
		常温	烘干	
固化剂固化型涂料	环氧漆（双组分）	○	○	
	聚氨酯漆（双组分）	○	○	
	环氧粉末漆		○	
	环氧沥青漆（双组分）	○	○	
其他类型涂料	大漆	○		相对湿度85%以上
	不饱和聚酯漆	○		需加入引发剂、促进剂及活性稀释剂等。需要潮湿环境
	潮固化聚氨酯漆	○		

注：○为可以选择的干燥方法。

4. 室内温度与湿度的调整

(1) 室内温度的调整：室内涂料施涂完毕后，任其自然通风干燥，这是建筑涂料工程施涂最普遍的干燥方式。由于涂料施涂受季节温度的变化，特别是冬期气温较低时，应关闭室内的门窗，适当提高室内的施涂温度，是保证涂料成膜质量的重要条件之一。

室内温度的调整方法主要是利用热源，加热空气，以对流和辐射方式将热量散布于整个室内，从而调整室温，使涂料涂层在常温下干燥或迅速干燥硬结。为了加强对流，使热源附近温度较高的空气能较快的将热量散布于整个室内，使室内各处温度较为均匀，还可利用鼓风机加速室内空气的流动。

常用的热源有热水或热蒸汽、烟道热气、电炉、煤气炉、红外线灯泡、碘钨灯、金属管电热元件、金属板或红外线辐射器等。究竟使用何种热源，可根据涂层对温度的具体要求和实际条件确定。

(2) 室内湿度的调整：室内湿度过高，有损于涂料涂层的施工质量时，应该降低其相对湿度；当室内湿度较低，不利于某些对湿度要求较高的涂料施涂时，就提高其相对湿度。

1）降低室内湿度：室内潮湿的主要原因是由于墙体、楼地面、顶棚及抹灰层中所含的水分还会不断蒸发出来，充斥于室内。降低室内湿度的一般方法有：

a. 自然干燥：是在自然条件下，使墙体、楼地面、顶棚及抹灰层中所含的水分慢慢蒸发出来。

b. 人工通风干燥：是在自然干燥的基础上，采取人工通风措施以加快水分的蒸发。

c. 加热干燥：封闭门窗，施加热源，提高室温，以加速水分的蒸发，排出室内的湿气。

2）提高室内湿度：当室内需较高的湿度时，可关闭门窗，在地面及墙面洒水，使之蒸发。或在热源上置放开口的盛水容器，使水沸滚变为蒸汽，散布于室内，以提高室内湿度。

5. 涂料工程冬期施工的技术措施

涂料工程的冬期施工，是建筑涂料工程面临的技术难题之一，必须认真对待和高度重视。当室外平均气温低于5℃和最低气温低于-3℃时，涂料工程施工时应按冬期施工要求采取以下措施：

(1) 进入冬期施工前，应先将室外的涂料工程搞完。冬期施工时应充分利用气温较高的时间，先阴面，后阳面，组织力量，尽快做完。

(2) 当使用油脂漆类时，可以酌加一些催干剂（加入量不大于3%），以促使涂料快速干燥。

(3) 在冬期施工时，涂料中不可随意加入稀释剂，也不可采取加热涂料等降低质量的作法。

(4) 室内涂料施涂时，应尽量利用抹灰工程的热源或通过提高室内温度，保持和提高室内环境温度。

(5) 对门窗等一些外木制品，可先将其安装妥当，然后编码取下，再在已采取提高温度的室内集中施涂和干燥，待物件涂膜彻底干燥硬结后，“对号入座”重新安装。

(6) 基层潮湿（木材面、混凝土或抹灰面、金属面）在冬期如不能使其充分干燥时，(即含水率大于规定限值时)，则不宜施工。

第三节 古建筑油漆工艺

一、材料配制

(一) 灰油熬制

将土籽灰与樟丹混合在一起，放入锅内炒之（炒的时间要长，如砂土开锅状)，使水分消净后再倒入生桐油，加火继续熬之，因樟丹和土籽灰体重，易于沉底，故熬时用油勺随时搅拌，使樟丹土籽灰与油混合。油开锅时（最高温度不超过180℃）用油勺轻扬放烟，既不窝烟又避免油热起火，待油表面成黑褐色(开始由白变黄）即可试油是否成熟。试油方法将油滴于冷水中，如油入水不散，凝结成珠即为熬成，出锅放凉方可使用，谚语云“冬加土籽，夏加樟”。材料配合比例见表5-20。

材料配合比例表（重量） **表 5-20**

季节	材料		
	生桐油	土籽灰	樟丹
春秋	100	7	4
夏	100	6	5
冬	100	8	3

(二) 油满配制

将面粉倒入桶内或搅拌机内，陆续加入稀薄的石灰水，以木棒或搅拌机搅拌成糊状（不得有面疙瘩)，然后加入熬好的灰油调匀，即为油满。

油满有二油一水，一个半油一水，一油一水等，就是油与石灰水比。

例如　1.3kg 石灰水加 2.6kg 灰油者名为二油一水。

1.3kg 石灰水加 1.95kg 灰油者名为一个半油一水。

1.3kg 石灰水加 1.3kg 灰油者名为一油一水。

如水量增加则灰油也相应增加。

在古代建筑的修缮中，经过多次实践，既不浪费材料，又保证工程质量，多用一个半油一水，即白面 1∶水 1.3∶灰油 1.95。

（三）熬炼光油

第一法：以二成苏子油八成生桐油，放入锅内熬炼（名为二八油）熬到八成开时，以整齐而干透的土籽，放于勺内，浸入油中颠翻浸炸（桐油 100kg∶土籽 1kg）俟土籽炸透，再倒入锅内，油开锅后即将土籽捞出，再以微火炼之，同时以油勺扬油放烟，避免窝烟（温度不超过 180℃），根据用途而定其稠度。事先准务好碗水桶，铁板等，随时试其火候（试验方法详见下面的注意事项中），成熟后出锅，再继续扬油放烟，俟其稍有温度时，再加入密陀僧（又名黄丹粉），盖好存放即可。其比例为 100kg 油∶2.5kg 密陀僧。

第二法：第一法为少量熬炼方法，如大量熬炼时，先将苏子油熬沸（名为煎坯），再以干透的整齐土籽浸入油内颠翻浸炸（每 100kg 油加土籽 5kg）其熬炼方法与第一法同。俟此油滴于水中，用棍搅散，再用嘴吹之能全部粘于棍上即为熬好。此时将土籽捞净（熬炼时要扬油放烟）出锅后，再分锅熬炼（以二成坯八成生桐油）待开锅后即行撤火，以微火炼之，成熟后（试验方法详见下面的注意事项中）即行灭火，出锅后继续扬油放烟，待稍有温度时，再加入密陀僧（100kg 油加 2.5kg 密陀僧）。

注意事项：

1. 熬油地点应远离建筑物和易燃物品，在油锅四周围以铁板或砖墙，上加铁板，以防雨雪落入锅内，免使油溢出锅外而引起火灾。

2. 试验油稠度时，在土籽捞出后，应随时试油，扬油的人将油舀出一点，试油人，以铁板蘸油，然后将铁板投入冷水中，凉后取出铁板，震掉水珠，以手指将油搜集一起，再以手指尖粘油，看丝长短，长者油稠，短者油稀，视需要而定其稠度。

3. 因季节关系加土籽量不同，一般可按表 5-21 处理（重量）。土籽颗粒大小要整齐。

土籽量（重量：kg）　　表 5-21

季节 \ 材料	桐油	土籽
春秋	100	4
夏	100	3
冬	100	5

4. 熬油时应带手套、围裙、护袜，以防烫伤。熬油前应准备好防火用具，如铁板砂子、铁锨、湿麻袋、灭火器等，以防失火。

（四）发血料

新鲜猪血，以藤瓤或稻草，用力研搓，使血块研成稀血浆，无血块血丝，再行过罗去其杂质，放于缸内，再以石灰水点浆，随点随搅至适当稠度即可（猪血与石灰比为 100∶4）3 小时后即可使用。

（五）砖灰

砖灰系向油满血料内填充材料（南方多用瓦灰，碗灰等）分籽灰，中灰，细灰三种。根据工序和部位，而用不同的砖灰。籽灰又分大中小三种，如木件裂纹或缺陷较大者用大籽，小者用中籽或小籽。砖灰颗粒不得超过表 5-22 范围：

砖灰颗粒度　　表 5-22

类别	孔/（英寸）	类别	孔/（英寸）
大籽	10～12	鱼籽	24
中籽	16	中灰	40
小籽	20	细灰	80～100

（六）麻、麻布、玻璃丝布

古建油漆彩画基层（地仗）所用的麻为上等线麻，经加工后，麻丝应柔软洁净无麻梗，纤维拉力强，其长度不小于10cm加工工序如下：

1. 梳麻：将麻截成80cm左右长，以麻梳子或梳麻机梳至细软，去其杂质和麻梗。

2. 截麻：根据工程面积大小再行截成适当尺寸，如迎风板、板墙、明柱等可不截麻。

3. 择麻：麻截好后再行择麻，去其杂质疙瘩、麻梗、麻披等，使其纯洁。

4. 掸麻：用竹棍两根，各手一根，将麻挑起撞顺成铺，用席卷起存放，打开即可使用。

麻布（夏布）：应质优良、柔软、清洁、无跳丝破洞，拉力强者为佳。每厘米长度内以10～18根丝为宜。

玻璃丝布：解放后我们多次利用玻璃丝布代替麻布，经多年使用效果很好，既经济，又耐久。用时将布边剪去，每厘米长度内以10根丝者为宜。

（七）桐油

桐油品种很多，有三年桐、四年桐、罂桐等。多产于我国南方各省市，质量最佳者为三年桐与四年桐，每年收获时间在九、十月间。榨油方法，分为冷榨熟榨两种。第一次冷榨可得油30%，然后再将子仁渣加热进行熟榨，又可得油10%，色呈金黄者为佳，无其他油类混入者叫“原生油”，是地仗钻生必需材料。

（八）地仗材料调配

以油满、血料、和砖灰配制而成，其配比是依腻子的用途而定，配制方法主要由捉缝灰至细灰，逐遍增加血料和砖灰，撤其力量，以防上层劲大而将下层牵起。配合比（重量）如表5-23，灰粒级配见表5-24。

（九）细腻子

用血料、水、土粉子（3:1:6）调成糊状，在地仗上或浆灰上使用。

配合比例（重量） 表 5-23

灰类 \ 材名	油满	血料	砖灰	备注
捉缝灰、通灰	1	1	1.5	
压麻灰	1	1.5	2.3	
中灰	1	1.8	3.2	
细灰	1	10	39	加光油 2，水 6
头浆	1	1.2		

灰粒级配 表 5-24

种类	级	配
捉缝灰、通灰	大籽 70%	中灰 30%
压麻灰	中籽 60%	中灰 40%
中灰	小籽 20%	中灰 80%

（十）洋绿、樟丹、定粉出水串油

洋绿、樟丹、定粉等，使用前须先用开水多次浇沏，除去盐碱硝等杂质，再用小磨磨细，待其沉淀后将浮水倒出，然后陆续加入浓光油（加适当的光油一次不可过多）以油棒将水捣出，使油与色料混合，再以毛巾反复将水吸出，再加入光油即可使用。

（十一）广红油

将漂广红入锅内焙炒，使潮气出净，用箩筛之，再加适当光油调匀，以牛皮纸盖好，置阳光下曝晒，使其杂质沉底。上层者名为“油漂”，末道油使用最好。

（十二）杂色油

配制方法与广红油同，但可不炒。

（十三）黑烟子

黑烟子又名灯煤，先轻轻倒干箩内，上盖以软纸，放在盆内，以手轻揉之，慢慢即落于盆内，去箩后，再以软纸盖好，以白酒浇之，使酒与烟子逐渐渗透，再以开水浇沏。浮水倒出后，加浓度光油，以油棒捣之出水，用毛巾将水吸净，再加光油即可。

（十四）金胶油

贴金用的浓光油名为金胶油，浓度的光油，视其稠度大小，酌情加入“糊粉”（定粉经炒后名为糊粉），求其黏度适当。

注意事项：

1. 洋绿是有毒性的颜料，在磨制和串油时，应带手套口罩，饭前便前必须洗手，以防中毒。

2. 金胶油以隔夜金胶为佳，头一天下午打上后，第二天早晨还有黏度者，则贴上的金，光亮足，金色鲜，如贴不上金者名为“脱滑”，必须重打。

二、木基层处理

木基层处理（地仗处理），在古建油漆中至为重要，有的年久失修，灰皮脱落，应全部砍去重新作地仗；有的灰皮基本完好，个别处损坏，应找补地仗，既节省资金，又省人力。应根据具体情况而定施工方案。木基层处理可分以下四道工序：

（一）斩砍见木

将木料表面用小斧子砍出斧迹，使油灰与木表面易于衔接，方能牢固。如遇旧活应将旧灰皮全部砍挠去掉，至见木纹为止。在砍挠过程中应横着木纹来砍，不得斜砍，损伤木骨，然后用挠子挠净，名为“砍净挠白”。旧地仗脱落部分，因年久木件上挂有水锈，也要砍净挠白，方可作灰。木件翘岔处应钉牢或去掉。

（二）撕缝

用铲刀将木缝撕成 V 字形，并将树脂、油迹、灰尘清理干净，便于油灰粘牢。大缝者应下竹钉、竹扁，或以木条嵌牢，名曰“楦缝”。

（三）下竹钉

如木料潮湿，木缝易于缩涨，会将捉缝灰挤出，影响工程质量。故缝内下竹钉竹扁，可防止缩涨。竹钉尖要削成宝剑头形，其长短粗细，要根据木缝宽窄而定。竹钉下法，应由缝的两端向中一起下击，以防力量不均而脱掉。钉距约15cm左右，两钉之间再下竹扁，确保工程质量。下竹钉是古建油漆传统作法，今多省略，以木条代之。

（四）（汁浆）支油浆

木料虽经砍挠打扫，但缝内尘土很难清净，故汁油浆一道，以1油满:1血料:20水调成均匀油浆，不宜过稠，用糊刷将木件全部刷到（缝内也要刷到）使油灰与木件更加衔接牢固。

三、一麻五灰操作工艺

（一）捉缝灰

油浆干后，用笤帚将表面打扫干净，以捉缝灰用铁板向缝内捉之（横掖竖划）使缝内油灰饱满，切忌蒙头灰（就是缝内无灰，缝外有灰，叫蒙头灰）如遇铁箍，必须紧箍落实，并将铁锈除净，再分层填灰，不可一次填平。木件有缺陷者，再以铁板衬平借圆，满刮靠骨灰一道。如有缺楞少角者，应照原样衬齐。线口鞅角处须贴齐。干后，用金刚石或缸瓦片磨之，并以铲刀修理整齐，以笤帚扫净，以水布掸之，去其浮灰。

（二）扫荡灰

扫荡灰又名通灰，作在捉缝灰上面，是使麻的基础，须衬平刮直，一人用皮子在前抹灰（名为插灰），一人以板子刮平直圆（名为过板子），另一人以铁板打找捡灰（名为捡灰），干后用金刚石或缸瓦片磨去飞翅及浮籽，再以笤帚打扫，用水布掸净。

（三）使麻

使麻分以下几道工序：

1. 开头浆：用糊刷蘸油满血料（1:1.2）涂于扫荡灰上，其厚度以浸透麻筋为度，但不宜过厚。

2. 粘麻：前面开头浆，后面跟着将梳好的麻粘于其上，要横着木纹粘，如遇木件交接处和阴阳角处，随两处木纹不同，也要按缝横粘，麻的厚度要均匀一致。

3. 轧干压：名为轧麻，麻经粘上后，以若干人用麻压子先由鞅角着手，逐次轧实，然后再轧两侧，注意鞅角不得翘起，干后如出现断裂者，名为“崩鞅”。

4. 潲生：以油满和水（1∶1～1.1∶1.2）混合一起调匀，以糊刷涂于麻上，以不露干麻为限，但不宜过厚。

5. 水压：随着潲生后，再以麻压子尖将麻翻虚（不要全翻），以防内有干麻，翻起后再行轧实，并将余浆轧出，以防干后发生空隙起凸现象。

6. 整理：水压后再复压一遍，进行详细检查，如有鞅角崩起，棱线浮起或麻筋松动者（名为抽筋），应予修好。

（四）压麻灰

麻干后，以金刚石或缸瓦片磨之，使麻茸浮起（名为断斑），但不得将麻丝磨断。用笤帚打扫，以水布掸净，以皮子将压麻灰涂于麻上，要来回轧实与麻结合，再度复灰，以板子顺麻丝横推裹衬，要做到平、直、圆。如遇装修边框有线脚者，须用竹板挖成扎子或以白铁皮制成，在灰上扎出线脚，粗细要匀要直、平。如工程需要作两道麻或一麻一布者，此时可先不扎线，待再上压麻灰或压布灰时再行扎线。

（五）中灰

压麻灰干后以金刚石或缸瓦片磨之，要精心细磨，以笤帚打扫，以水布掸净，以铁板满刮靠骨灰一道，不宜过厚。如有线脚者，再以中灰扎线。

（六）细灰

中灰干后用金刚石或缸瓦片将板迹接头磨平，以笤帚打扫，以水布掸净，再汁水浆一道（净水），用铁板将鞅角、边框、上下围脖、框口、线口、以及下不去皮子的地方，均应详细找齐。干后再以同样材料用铁板、板子、皮子满上细灰一道（平面用铁板，大面用板子，圆者用皮子）、厚度不超过 2mm，接头要平整，如有线脚者再以细灰扎线。

（七）磨细沾生

细灰干后，以细金刚石或澄泥砖精心细磨至断斑（全部磨去一层皮为断斑），要求平者要平，直者要直，圆者要圆。以丝头蘸生桐油，跟着磨细灰的后面随磨随沾，同时修理线脚及找补生油（柱子要一次磨完，一次沾完），油必须沾透（所谓沾透者就是浸透细灰），干后呈黑褐色，以防出现“鸡爪纹”现象（表面小龟裂），浮油用麻头擦净，以防“挂甲”（浮油如不擦净，干后有油迹名为挂甲）。俟全部干透后，用盆片或砂纸精心细磨，不可遗漏，然后打扫干净，至此，一麻五灰操作过程就全部完成了。

注意事项：

1. 一麻五灰地仗，面层发生鸡爪纹和裂纹者，其主要原因是麻层以上油灰过厚造成的，故木料有缺陷者，应在使麻以前，用灰找平、找直、找圆，就能避免这种毛病。

2. 沾生油必须一次沾好，如油浸入较快，可继续沾下去，切不可间断。油沾透后将浮油擦净，以防挂甲。如沾油过多，也会使生油外溢，名为“顶生”，因而影响油漆彩画的质量，应特别注意。

3. 在操作以前应检查工具架木，是否牢固适当，以防发生安全事故。如开头浆薄而潲生大时，则麻容易磨掉。有时油满发酵，也会出现这种现象。

4. 地仗过板子，轧线均须三人流水操作，使麻时人可更多一些。旧活操作顺序，应由右而左，由上而下。新活木件完整者，可用皮子扫荡，由左而右，由下而上。谚云：“左皮子右板子”。如遇柱顶石，或八字墙时，麻不可粘于其上，须离开20～30mm，以防地仗吸潮气后而使麻丝腐烂。柱子溜细灰时，应先溜中段（膝盖以上至扬手处）后溜上下，由左而右操作之，皮口应藏在阴面。磨细灰时，应由鞅角、柱根着手，由下而上磨之，以利沾生。磨线脚时（两柱香、平口线、混线、梅花线、云盘线等）均应精心细磨，不可磨走样，要横平竖直。

5. 旧活如找补一麻五灰者，可将破损处砍掉，周围砍出麻口，然后按一麻五灰工序操作之。博风与博脊交接处应事先钉好防水条（铁皮或油毡）再行使麻，以防漏水。木件与墙面、地面交接处，应以纸糊好，或刷以黄泥浆，以防油灰接促粘牢，损坏墙面或地面，完活后再以水洗掉。

四、单披灰操作工艺

（一）四道灰

四道灰，多用于一般建筑物，下架柱子和上架连檐、瓦口、椽头、博风挂檐等处，可节省线麻，但不耐久。操作过程如下：

1. 捉缝灰：与第三条第（一）项同。
2. 扫荡灰：与第三条第（二）项同。
3. 中灰：与第三条第（五）项同。
4. 细灰：与第三条第（六）项同。
5. 磨细沾生：与第三条第（七）项同。

注意事项：

装修隔扇、推窗大边使麻者与一麻五灰操作同。博风砍完后，即可钉梅花钉，以便与各层皮结合。如有两柱香、云盘线者，通灰后即可轧线。

（二）三道灰

三道灰多用于不受风吹雨淋的部位，如室内梁枋，室外挑檐桁、椽望、斗栱等，其操作过程如下：

1. 捉缝灰：与第三条第（一）项同。
2. 中灰：梁枋以皮子将中灰靠骨找平，但不得过厚。斗栱平面者，以铁板找平，圆者以皮子找圆，椽望以铁板、皮子满靠骨中灰一道，干后用金刚石或缸瓦片磨去飞翅板迹。
3. 细灰：与第三条第（六）项同。
4. 磨细沾生：与第三条第（七）项同。

注意事项：

斗栱操作程序应由里向外，以保证油灰上去不会碰坏。梁枋作三道灰时，在调料时应加小籽灰。捉椽鞅时，以铁板填灰刮直，使鞅内油灰饱满。

（三）找补二道灰

旧活大部完好，只个别处损坏，需要局部修理，可将其损坏部位砍去，加以补修即可，其操作过程如下：

1. 捉中灰：用铁板将中灰捉于修补处，干后磨去其飞翅。

2. 找细灰：用铁板或皮子将细灰满刮一道，要与旧活找平。

3. 磨细沾生：与第三条第（七）项同。

（四）菱花二道灰

旧菱花年久，油皮脱落灰皮翘起者，应全部洗挠干净，洗挠时应少用水，以防木毛挠起，影响质量。新菱花可肘细灰，干后细磨再沾生油即可。其操作过程如下：

1. 中灰：以铁板满克骨中灰一道，干后用金刚石或砂纸，精心细磨。

2. 细灰：平面用铁板细灰，孔内肘灰，干后精心细磨。

3. 磨细沾生：全部磨好后再沾生油。

（五）花活二道半灰

裙板雕刻花活，绦环、花牙子、栏杆、垂头、雀替等，均为木雕刻，在洗挠过程中，不得将花纹挠走样，在作地仗时要将花纹缺少处补齐，干后细磨，再汁浆一道。其操作过程如下：

1. 捉缝灰：与第三条第（一）项同。

2. 找中灰：以铁板复找中灰。

3. 满细灰：平面以铁板满刮一道细灰，花活处满肘细灰。肘细灰是用细灰加血料调成糊状，以刷子涂于花纹上，名为肘细灰。

4. 磨细沾生：与第三条第（七）项同。

（六）二道灰（水泥面、抹灰面）

这里所述的二道灰，是指用于现代的建筑，如何在混凝土面层上，作地仗的操作方法，其操作过程如下：

1. 中灰：混凝土或抹白灰面，干透后，用铲刀将其表面除铲平整干净，再操底油一道（光油加稀料）再以铁板满刮克骨中灰一道，不宜过厚，要平、直、圆。干后以金刚石或缸瓦片细磨，然后打扫干净，以水布掸净。

2. 细灰：与第三条第（六）项同。

3. 磨细沾生：与第三条第（七）项同。

注意事项：

混凝土构件，必须干透，方可作地仗，否则，灰皮会裂纹或脱落，应加注意。凡混凝土构件，不可使麻使布。

五、三道油操作工艺

我国旧式油漆，均以光油为主，其中加入樟丹、银朱、广红、等颜料，以丝头蘸油搓于地仗上，再以拴横蹬竖顺，使油均匀一致，干后光亮饱满，油皮耐久，永不变色。其操作过程如下：

（一）浆灰

以细灰面加血料调成糊状，以铁板满克骨一道，干后以砂纸磨之，以水布掸净。

（二）细腻子

以血料、水、土粉子（3:1:6）调成糊状，以铁板将细腻子满克骨一遍，来回要刮实，并随时清理，以防接头重复，干后以砂纸细磨，以水布掸净。

（三）垫光头道油

以丝头蘸配好的色油，搓于细腻子表面上，再以油拴横蹬竖顺，使油均匀一致，除银朱油先垫光樟丹油外，其他色油均垫光本色油，干后以青粉炝之，以砂纸细磨。

（四）二道油（本色油）

操作方法与垫光油同。

（五）三道油（本色油）

操作方法与垫光油同。

（六）罩清油（光油）

以丝头蘸光油（不加颜料者）搓于三道油上，并以油拴横蹬竖顺，使油均匀，不流不坠，拴路要直，鞅角要搓到，干后即为成活。

注意事项：

1. 油漆前应将架木及地面打扫干净，洒以净水，以防灰尘扬起污染油活。如遇贴金者，应在二道油干后，即行打金胶油，贴金，再扣三道油，罩清油。注意金箔上不可刷油。一般在罩清油时有抄亮现象，其原因有寒抄，雾抄，热抄等。在下午三时后，不可罩清油，以防入夜不干而寒抄。雾天不可罩清油，以防雾抄。冷热气温不均，则热面抄亮，而冷面不抄。

2. 当刷完第一道油以后，再刷第二道油，有时会碰到第二道油在第一道油皮上凝聚起来，好象把水抹在蜡纸上一样，这种现象，叫做“发笑”。为防止发笑，每刷完一道油可用肥皂水或酒精水或大蒜汁水，满擦一遍，即可避免这种现象。如出现发笑的质量事故，可用汽油洗掉，重新再刷一遍即可。

3. 椽望油漆，老檐应由左而右，飞檐应由右而左操作之。搓绿油时，如手有破伤者不得操作，以防中毒。洋绿有剧毒，宜慎之。

六、扫青、扫绿、扫蒙金石

古代建筑多有匾额，(横者为匾，竖者为额) 在地仗作好后，有的，地扫蒙金石，而字扫青、扫绿；有的，地扫青、扫绿，而字贴金。作法多样，今将一般作法叙述如下：

如灰刻字匾额，应在中灰上衬细灰一道（名为渗灰）其厚度，依字的深浅而定，再以糊刷蘸水，轻轻刷出痕迹，干后再细灰一道，细灰干后，磨细钻生。生油干后，再贴字样，照原字样全部刻出，而后将纸闷掉，再加以整理找补生油，再浆灰一道，细腻子一道，磨好后即可上油。

（一）垫光油

与第五节第三项垫光头道油的做法相同。

（二）本色油

如地扫青者，应刷一道青色较稠的油，扫绿者，应刷一道绿色较稠的油，扫蒙金石者，刷较稠的光油。油要均匀饱满。

（三）扫青、扫绿、扫蒙金石

油刷好后即时将青或绿、蒙金石用箩过筛。青者筛好后，应放在阳光处晒之，使其速干；绿者筛好后，可放在室内阴凉处即可（俗语云：湿扫青，干扫绿）。经过24小时后，用排笔扫去浮色即可，其美如绒。扫蒙金石，方法与青绿同。

注意事项：

1. 如地扫青，而字贴金者，应先贴金后扫青。如匾额堆字者，应在地仗作好后，将字样拓于其上，用刻刀将字刻出。一种作法是按字样内钉以小钉，缠以线麻，按一麻五灰程序逐遍将字堆出。另一种作法是用木料照字样作成木胎，钉于其上，再作一布四灰即可。

2. 扫青所用的材料名为“扫青”，有小颗粒者，一般佛青不能用。扫绿可用洋绿。

七、贴金

金箔是我国手工艺特产品，驰名中外，江浙二省多产之。金箔有九八与七四之别，九八者又名库金。七四者又名大赤金。1000张为一具，每具10把，每把10贴，每贴10张。

库金质量最好，适用于外檐彩画，经久不变颜色。大赤金质量较差，经风吹日晒易于变色。其操作过程如下：

（一）打金胶

彩画贴金和框线、云盘线、山花寿带、挂落、套绦环线等贴金，除彩画打两道金胶外，其余均打一道金胶，以筷子笔蘸金胶油，涂于贴金处，油质要好，宽狭要齐，油要均匀，不流不皱纹。

（二）贴金

当金胶油尚有适当黏度时，将金箔撕成适当尺寸，以“金夹子”（竹子制成）贴于金胶油上，再以棉花拢好。如遇花活可用“金肘子”（柔软羊毛制成）肘金。

（三）扣油

金贴好后，以油拴扣原色油一道（金上不着油，谓之扣油），如金线不直，可用色油找直，有者干后再罩清油一道（金上着油者，谓之罩油）。

注意事项：

1. 贴金时，应将贴金部位用“金帐子”围起（用布制成），以防金被风吹跑。贴金时要跟手（金到那儿，手指就到那儿），对缝要严，不要搭口过多，以防浪费。如不跟手，则会有“绽口”。下架框线、云盘线等贴金，需罩清油一道，可耐久不受磨损。

2. 俗语云：一贴、三扫、九埿金。扫金是贴金的三倍，埿金是贴金的九倍（以用量而言）。埿金以白芨（药材名）、鸡蛋清将金研碎，绘出花纹，金光夺目，美丽异常。贴金应由左而右，由下而上操作之。斗栱金线贴金应由外向里贴金，以防金胶油被蹭掉。

八、扫金

扫金多作于面积较大的地方，因贴金会有一方块、一方块的痕迹。而扫金则成为一个整体，但用金量较大，其操作过程如下：

（一）打金胶

与第七条第（一）项同。

（二）扫金

将金箔用“金筒子”（特制工具）揉成金粉，然后用羊毛笔将金粉轻轻扫于金胶油表面，厚薄要均匀一致，然后用棉花揉之，使金粉与金胶油贴实，浮金粉扫掉即可。

九、油工工具（表 5-25）

油工工具名称及用途 **表 5-25**

名　称	用　途	名　称	用　途
皮　子	插灰用	扎　子	扎线用
板　子	过板子用	金刚石	磨灰用
铁　板	刮灰用	丝　头	搓油用
把　桶	盛灰用	大小刷子	刷油用
大木桶	盛灰用	筷子笔	打金胶油用
金夹子	贴金用	金帐子	挡风用
粗　碗	捡灰用	斧　子	砍活用

续表

名　称	用　途	名　称	用　途
挠　子	挠活用	小石磨	磨颜料用
铲　刀	除铲用	毛　巾	出水串油用
砂轮机	磨斧子挠子用	大油勺	熬油用
长短尺棍	扎线用	大铁锅	熬油用
细竹杆	掸麻用	喷浆机	喷水用
白铁皮	作扎子用	小笤帚	打扫活用
竹　板	作扎子用	布	过水布用
小油桶	刷油用	席　子	围砖灰用
细　箩	过油用	筛灰机	筛灰用
大小缸盆	盛油用	拌灰机	拌灰用

第四节　古建彩画知识

使用色彩是我国古代建筑装饰最突出的特点之一。远在春秋时期（公元前6世纪），帝王们为了显示华贵，就使用强烈的原色来装饰宫室建筑。到宋代，对彩画制作方法在《营造法式》中就作了明确规定，分为六大类：五彩遍装、碾玉装、青绿迭晕棱间装、解绿装饰、丹粉刷饰及杂间装。并对如何衬地、贴金、调色、衬色、淘取石色及炼桐油等各项工艺，都作了详细介绍。

清代彩画在继承明代工艺传统的基础上，又有了进一步发展。常用的有三种，即：合细五墨彩画（俗称“和玺”彩画），青绿旋子彩画和苏式彩画。下面作简单介绍，以提高技师、高级技师在古建彩画方面的知识和技能。

一、彩画材料性能与配制

中国古代建筑彩画，多沥以粉条，在粉条上或两粉条之间贴以金箔，再用各种颜色绘出花纹，美丽异常。除沥粉材料用土粉子、大白粉、胶水等配制外，其绘画颜料有矿物质和植物质两种，现分述如下：

（一）矿物质颜料

1. 银朱：又叫紫粉霜，是我国古代发明最早的颜料，其制作方法用1水银（汞）:2石亭脂（药名，是加过工的硫黄）混合一起同研，盛入瓦罐内，上覆铁锅封严，用铁线将罐与锅拴牢，外用黄泥封固，吊于铁架上，下面以炭火烤之，同时以刷蘸冷水刷于铁锅上，随烤随刷，不可间断，约过一个小时，即可炼成，冷却后，去其锅，则锅与罐的内壁上沾满了银朱，石亭脂即沉于锅底。预计水银1斤可得银朱十四两，目前我们经常使用者有上海银朱和广银朱，(广银朱也叫佛山银朱)。

2. 樟丹：也叫光明丹，桶丹，内含一氧化铅，今用者产于山东青岛市。

3. 赭石：又名土朱，是赤铁矿中的产品，用手试之有滑腻感为上品，各铁矿均产之，其化学成分为三氧化二铁（Fe_2O_3）。

4. 朱膘：将朱砂研细，兑入清胶水，搅匀后沉淀，其上层者为朱膘。

5. 石黄：又名黄金石（As_2O_3），其外层疏松，色暗，有臭味，弃之不用；里面者为佳，多产于我国湖南省。

6. 雄黄：在黄金石里被石黄包裹着的，色更深者为雄黄，其化学成分为三硫化二砷（As_2S_3）。

7. 雌黄：雌黄也生在黄金石中，呈片状，好象云母石，易碎，产于山之阴者为雌黄。

8. 土黄：是在黄金石外面有臭味的土黄色，多系氧化铁之类。

9. 佛青：又名沙青、回青，颗粒大者为粗砂，颗粒小者为细砂，我国西康、西藏、新疆多产之，又名群青。

10. 毛蓝：又名深蓝靛，比佛青色深，绘花卉人物时用之。

11. 洋绿：以往多采用鸡牌绿，年久不变颜色，以手试之，如捻细砂，用开水沏后，待沉淀而水无色。

12. 沙绿：色较深暗，洋绿内加佛青，可以代替之。

13. 石绿：呈块状，产于武昌、韶州、信州阴山中，铜矿附近，其化学成分为$CuCO_3$、Cu（$OH)_2$。

14. 铜绿：是我国古代发明最早的颜料，不怕日光，久不变色，其制作方法，把黄铜打成薄片，浸于醋中过夜，再放糠内微火薰烤，即生铜绿。

15. 巴黎绿：法国产品，色深不鲜艳，目前多用之。

16. 加拿大绿：色浅加适当巴黎绿，则颜色鲜艳。

17. 铅粉：又名胡粉、宫粉，是盐基性炭酸铅，其化学成分为（$2PbCO_3$，$Pb(OH)_2$）。以往把它制成银锭形，故又名锭粉。

18. 锌白：成分为氧化锌（ZnO）不变色，价廉，多与油漆混合用之。

19. 钛白：主要成分为二氧化钛（TiO_2）为白色上品，色纯白，耐光，耐热，耐酸性均高，但价贵，彩画时多用之。

20. 黑石脂：产湖南、湖北二省，是药材，中药店可买到，又名石墨，研之可用，以往画家多用以画须眉。

（二）植物质颜料

1. 藤黄：藤是海藤树，落叶乔木，高五六丈，是热带金丝桃科的植物，由它的树皮凿孔，流出胶质黄液，用竹筒盛之，干后即成藤黄。有剧毒，不可入口。

2. 胭脂：是一种紫红颜料的总称，古时用红花、茜草根等捣汁，蘸于棉上者通称紫铆，也称胭脂。干后成粉末者称紫粉或胭脂粉，也叫紫梗，紫草茸。

3. 墨：彩画多用之，有松烟墨、油烟墨、漆烟墨等。我国徽州产之者为上品。

（三）大色的配制

1. 洋绿：内含硝质，在使用前先放入盆内，用开水徐徐沏之，随沏随搅拌，凉后将水澄出，如是反复二、三次（用水沏二、三次，主要是为了除硝）然后用磨磨细，入胶液即可使用。

2. 佛青：用前，先除硝，方法与洋绿同。然后徐徐加胶液，随之捣拌，使佛青与胶液混合，再逐渐加胶液，搅成糊状，再加水拌匀即可。

3. 樟丹：内含硝质，使用前也要用开水冲二、三次，凉后将水倒出，入胶液即可。

4. 锭粉：先将锭粉压细过箩，放盆内入胶液，搅拌，稠如擀面条之面糊状，再用手搓成条，再放盆内，以清水泡之，用时搅开即可。

5. 石黄：其调制方法与佛青同。

6. 银朱：其调制方法与佛青同，但入胶液要大，俗语说："要想银朱红，必须使胶浓"（目前的银朱不可用水沏，可直接入胶液）。

7. 黑烟子：先将黑烟子倒入盆内，徐徐入胶液，轻轻搅拌，搅至糊状后，再入胶液调匀即可。

8. 红土子：过箩后，可直接入胶液，调匀即可。

（四）二色的配制

1. 二青：已调好的佛青，再兑入调好的白粉，搅拌均匀，涂于板上，比原佛青浅一个色阶，即为二青。

2. 二绿：其调制方法与二青同。

（五）晕色的配制

1. 三青：将调好的二青，再入白粉，比二青再浅一个色阶，即为三青。

2. 三绿：其调制方法与三青同。

（六）小色的配制

1. 硝红：将配好的银朱，再兑入适当白粉，比银朱要浅一个色阶，比粉红要深一个色阶，即为硝红。

2. 粉紫：以银朱加佛青、白粉，即为粉紫。

3. 香色：将调好的石黄，再兑一些调好的银朱、佛青，即为香色。

4. 其他：毛蓝、藤黄、桃红、赭石等，以及用量少者，均为小色，其配制方法均可直接入胶。

（七）沥粉材料配制

用筛细的土粉子、大白面，加胶液和光油少许配制而成。大粉宜稠，小粉宜稀。

大粉配合比：胶水1∶土粉子1.60∶大白粉0.50。

小粉配合比：胶水1∶土粉子1.00∶大白粉1.00。

为了保证质量，使用材料要适应季节，特别是胶与水的比例尤为重要。

季节性配合比如表5-26。

季节性配合比　　表5-26

季　节	胶（kg）	水（kg）
春夏秋	1	5
冬	1	7

胶的种类很多，在彩画工程上，一般用广胶、阿胶、桃胶等。

（八）兑矾水

矾水是用明矾和胶液、水兑成。明矾又名白矾，味涩，是由矾石煎炼而成，呈半透明状。苏式彩画常用来固定颜色，如盒子内画花卉、走兽时，均过一道矾水覆盖之，以防再上色时将底层色咬混。

如画软天花和支条燕尾时，要将高丽纸满过矾水一道，然后再上色。

矾水的兑法，先将明矾砸碎，倒入桶内，以开水化开，然后再入适当胶液即可。

各种颜料用胶、用水，一般配合比如表5-27：

各种颜料用胶、用水一般配合比　　表5-27

颜　料	数　量	胶　水	水	附　注
洋　绿	1kg	0.45kg	0.31kg	
佛　青	1kg	0.50kg	0.50kg	
锭　粉	1kg	0.31kg	0.12kg	
樟　丹	1kg	0.25kg	0.12kg	
石　黄	1kg	0.50kg	0.25kg	彩画用时减胶，加水
银　朱	1两	1.5两	1.5两	毛蓝与银朱同
黑烟子	1两	1.5两	1.5两	冬季应减水加酒

(九) 骨胶

1. 黄明胶：又名广胶，用牛马筋骨皮角制成，黄色透明，无臭味。

2. 阿胶：也是用牛马等兽类皮筋骨熬制而成，产于山东阿井，故名阿胶。

3. 桃胶：是一种植物胶，浅黄透明的固体，外似松香，黏性很强，为上等胶，价贵，不宜兑大色。

4. 聚醋酸乙烯乳液：近年来我们采用聚醋酸乙烯乳液来代替骨胶，兑大色用之，效果较好，彩画后，可不用罩油，不怕雨淋，但耐久性如何，尚待时间考验。

(十) 颜色代号

中国古建筑彩画用色较多，谱子拍好后必须号上颜色名字，以防刷错色，但面积小，写不下，所以我们先辈用代号来解决这一矛盾，一直沿用至今。

代号为：

洋绿$_{\text{六}}$　佛青$_{\text{七}}$　石黄$_{\text{八}}$　紫$_{\text{九}}$　烟子$_{\text{十}}$　香色$_{\text{三}}$

樟丹$_{\text{丹}}$　粉$_{\text{白}}$　银朱$_{\text{工}}$

如果是二绿、三绿用二六，三六来代替。二青、三青用二七、三七来代替。

注意事项：

1. 色料加胶液不宜过大，以防胶干后裂纹翘皮脱落。地仗生油地必须干透，否则生油外溢浸色咬花。

2. 夏季天气炎热，每天应将备用的胶水熬开一、二次，以防变质发臭。冬季配沥粉材料，应在胶水内加适当白酒，以防凝固。

3. 色料多系矿质，毒性较重，磨绿，刷绿，筛锭粉，石黄等，均须带口罩、手套，饭前便前注意洗手，以防中毒，夏季更不可赤背操作，手有破伤者更不宜磨绿，刷绿。藤黄、桃红珠、毒性较大，使用画笔时，不可用嘴舔笔尖，否则会呕吐致命，切宜戒之。

4. 各道颜色落色时，应逐层适当减少胶量，以防第一道色发生混淆剥落现象。

5. 彩画易被雨淋部位，应即罩光油一道，以防冲掉颜色。作法是在佛青内加入适当白粉，罩油后则可保证与原色相同，否则颜色会变深。洋绿、佛青入胶后，如当日用不完，容易变质发黑，故此每天将剩余者，必须出胶。出胶的方法是，将剩余的色料加一些热水搅拌，俟其沉淀，再将水倒出，如是一、二次，即可将胶出净，次日用时再兑入胶液。

6. 钛白系白色颜料，易风化变黄，用时应注意。银朱、樟丹、不宜与白垩粉合用，因易变黑。

二、操作程序

（一）丈量起谱子

先将彩画构件的部位、长度、宽度，一一量好，记录清楚，名为“丈量”。再以牛皮纸配纸，如明间大额枋两鞅角距离为 4m 时，则配纸要二分之一，2m 即可。按明间、次间、稍间，依次配齐，然后扣除“老箍头”“付箍头”外，再行摺纸分三停，再按间用炭条在纸上绘出所要的画谱，名为“起谱子”，也就是稿子。先画箍头宽度（一般为 12cm）再画“岔口线”、“皮条线”、“枋心线”和“盒子线”。起谱子时均以明间大额枋为准，其余挑檐桁、下额枋均依据大额枋五大线尺寸，上下箍头线必须在一个垂直线上。谱子粗线条起完后，再行落墨，就是用墨笔再画一遍。再以大针按墨线扎孔，孔距 2mm，名为“扎谱子”。扎谱子时要在纸下垫上海绵或麻垫，扎时大针要直扎、扎透，不要扎斜。一个殿座可起一个角子即可。就是 1/4。如图 5-1。

起谱子的一般规则：

1. 额枋长度除老箍头、付箍头外，再分三停线。箍头一般宽度在 12cm 左右。皮条线两侧宽度之和与箍头宽度同，角度为 60°。岔口线宽度为箍头宽度的 1/2。楞线宽度为箍头宽度 1/2。

2. 起藻头内花纹时，如尺寸稍差一点，则可移动皮条线和岔口线来调整，但不得移动过大。方心头可越过三停线，俗语云：“里打箍头，外打楞”。

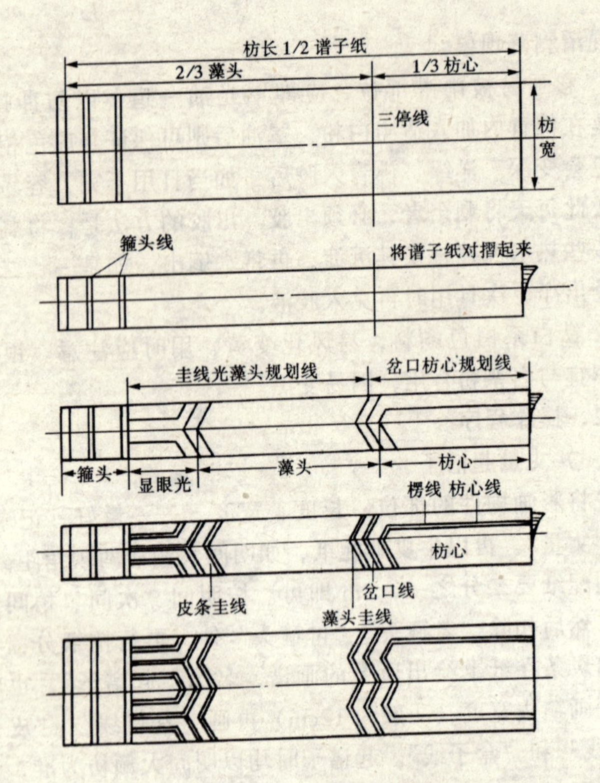

图 5-1　和玺彩画谱子起法

3. 旋眼大小约占额枋宽度 1/4 左右。旋花瓣大小与旋眼同。如有盒子者，则盒子线与箍头线要有一线间距，不能连接一起。

4. 座斗枋如画栀花时，则绿栀花顶斗。如画降幕云时，必须云顶斗（降幕云头对大斗中），霸王拳头必须画一整云。如图 5-3、图 5-4。

5. 额枋宽度，以上合楞至下合楞中为额枋宽度。

(二) 磨生油、过水布、分中、打谱子

彩画部位生油地干后，以细砂纸磨之，再以水布擦净，用尺找出横中和竖中，以粉笔画出，名为“分中”，再以谱子中线对准构件中线摊实，以粉袋循谱子拍打，使构件上透印出花纹粉迹，谓之“打谱子”。谱子打好后，凡是片金处必须用小刷子蘸

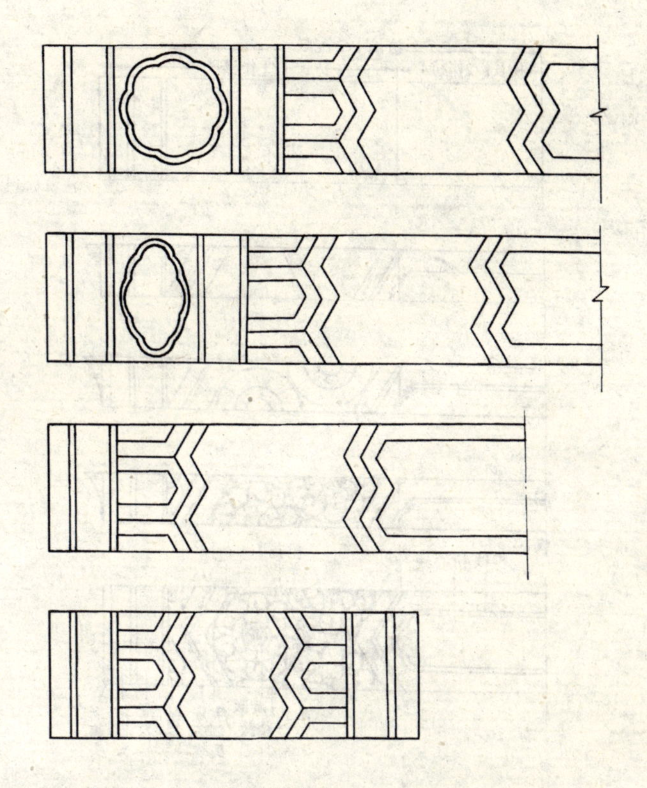

图 5-2　和玺彩画梁枋长度不同的图案处理方法

红土子，将花纹写出来，名为“写红墨”，然后沥粉要根据红墨线沥之。目前施工，多取消这道工序，但沥出的粉条往往不齐。

（三）沥大小粉

沥粉前先要作沥粉器，沥粉器由两部分组成，一是用马口铁皮制成“老筒子”，二是用马口铁皮制成“粉尖子”。老筒子上端扎一个猪膀胱或塑料袋，另一端插粉尖子。猪膀胱或塑料袋内装入粉浆，用小线扎好，以手攥住猪膀胱或塑料袋，通过手的压力，将粉浆由粉尖子挤出，沥于花纹部位上，叫作“沥粉”。

沥粉时要根据谱子线路，如五大线（箍头线，盒子线，皮条线，岔口线，枋心线）用粗粉尖沥，叫“大粉”。大粉宽度在 5

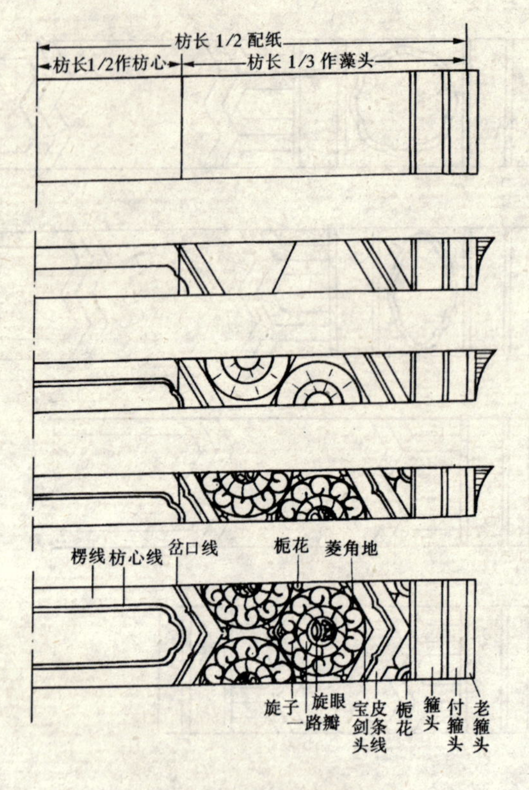

图 5-3　旋子彩画谱子起法

毫米左右，两线间距为一线宽度。金琢墨单粉条，叫二路粉。粉条成半圆形。龙凤花纹云等叫“小粉”。沥出粉条要横平竖直，如挑檐桁与大额枋为同样花纹时，上下小粉也要有区别。

沥粉之前应配好沥粉尺棍，先沥箍头、枋心（竖沥箍头，由上而下。横沥枋心，由左而右）再沥岔口线、皮条线。上部的线上搭尺，（就是尺棍放在线的上面），下部线和平身线要下搭尺，如遇三裹柁，先沥仰头岔口线和皮条线。由合楞分沥，显眼光先沥横线，后沥斜线，然后再沥盒子线。

沥单线大粉，如苏画包袱，必须由檩向下开始，其次沥包袱线烟云筒，集锦线等，遇弓直线者，应用尺棍来控制，如老角

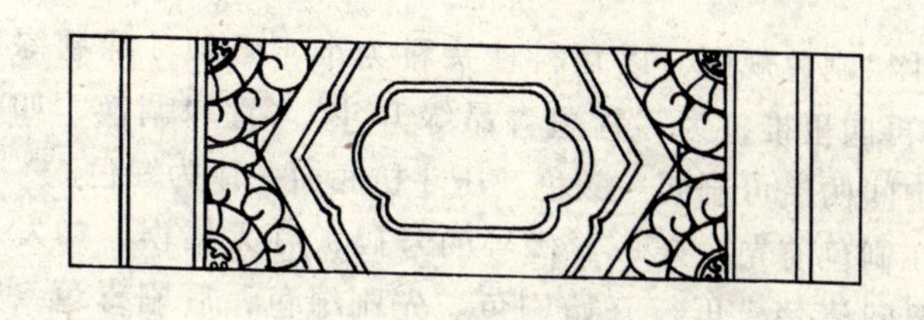

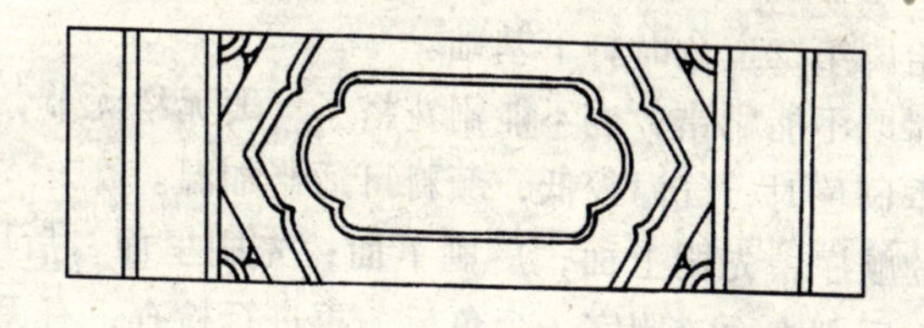

图 5-4 旋子彩画梁枋长度不同的图案处理方法

梁、仔角梁、霸王拳等。

沥小粉之前，亦须将沥粉器备好，与沥大粉手续同。如沥枋心，先沥龙头，依次沥龙身、龙尾、四肢、龙爪、脊刺、龙鳞等，最后沥宝珠风火焰。盒子藻头系龙者，其沥法与枋心同。如盒子内西蕃莲时，先沥花头，后沥草叶。如沥卡子、轱辘、直线处，需用尺棍。如宝瓶西蕃莲者，与盒子沥粉同。

（四）刷色

大木刷色，有一定规则，是以明间挑檐桁箍头以青色为准，“青箍头、青楞线、绿枋心”，次间为“绿箍头、绿楞线、青枋心”。稍间又与明间同。明间额枋的箍头又与挑檐桁相反，为“绿箍头、绿楞线、青枋心”。次间、稍间又相互调换，如其间数多者，均以此类推。

斗栱刷色规则，以角科柱头科为准，必须“绿翘绿昂青升斗”，再向里推，为“青翘青昂绿升斗”。青绿调换，如遇双数者，中间两攒可刷同一颜色。压斗枋底面一律为绿色。

在刷色前先检查一下代号的号码，有无错误，如发现疑问时，要问清楚，再行开始刷色。先刷绿色，后刷青色，竖刷箍头，横刷枋心，斜刷岔口线、皮条线。刷第一道时，要刷实刷到，以便给刷第二道色时打下基础。

刷色时既不能刷错，也不能刷花搭了，要无绺无节，均匀一致，在冬季刷色时，气温较低，颜料可适当加温。

刷色的顺序，先刷上面，后刷下面；先刷里面，后刷外面；先刷小处，后刷大面。刷完一个色后，再进行检查，有无遗漏和错误者，打点后，再涂刷第二个色。

（五）包黄胶、打金胶、贴金

单粉条和双粉条，多数要贴金箔的，所以在贴金之前，要包一道黄胶，来托金箔的光亮，可以避免金箔有砂眼和绽口露出地来。黄胶是以石黄、胶水和适当的水调成，（前面在大色的配制中已详细说过），将贴金处满包黄胶一道，必须将粉条包过来，先包大粉，后包小粉，不得使粉条外露。胶量不宜过小，以防金胶油浸透而失去作用。另一种是用光油，石黄、铅粉调成，名为“包油胶”。

（六）拉晕色、拉大粉

将浅青浅绿（三青三绿）刷于金线两侧，由浅至深，谓之“晕色”。箍头晕色宽度一般为箍头的三分之一，其余要根据实际情况而定。

靠金线画一道白线，谓之“拉大粉”。粗细以晕色三分之一为合格，并可以起到齐金作用。“拉大粉”行粉，其作用一是起晕，二是齐金。

拉晕色的方法，要用尺棍，以小刷子按晕色的位置、宽狭适当拉好，如有曲线者，应根据曲线拉，随之再用适当的刷子，将晕色刷匀。

凡有晕色之处，靠金线必须拉大粉，其拉法与晕色同。较细的白粉道，是顺着花草纹样的三色外绿，画一道细白线者，叫作“行粉”。

（七）压老

一切颜色都描绘完毕后，用最深的颜色如黑烟子、砂绿、佛青、深紫、深香色等，在各色的最深处的一边，用画笔润一下，以使花纹突出，这道工序叫“压老”。在死箍头正中画一黑线，名为“掏”。檩头、柱头刷黑，名为“老箍头”。

攒活最后一道的深色，名为“攒老”，如硝红地攒银朱、深紫压老，石黄地攒香色、深香色压老，三绿地攒砂绿、深砂绿压老。

（八）打点找补活

打点找补是在成活后进行，经过详细检查，有无遗漏、脏活者，再以原色修补整齐，而后由上而下打扫干净。

打点时要细心，一点一点的，一道一道的挨着找，由上而下找，大面上找，鞅角处更要找，不能嫌麻烦。俗语说：“无经验的人半天打点完了，不算快，有经验的人，三天打点完了，不算慢”。前者是走马观花，后者是下马看花。打点完后，彩画全部过程才算完工。

三、和玺彩画总则

和玺彩画（图 5-5）是清式彩画中，最高级彩画。用Σ形曲线绘出皮条圭线，藻头圭线，岔口线。

枋心藻头绘龙者，名为金龙和玺；绘龙凤者，名为龙凤和玺；绘龙和楞草者，名为龙草和玺；绘楞草者，名为楞草和玺；绘莲草者，名为莲草和玺（图 5-6～图 5-11）。

今仅就北京地区和玺彩画的作法介绍。

（一）金龙和玺

金龙和玺是在各部位均以绘龙为主，现将各部位布局叙述如下：

1. 外檐明间

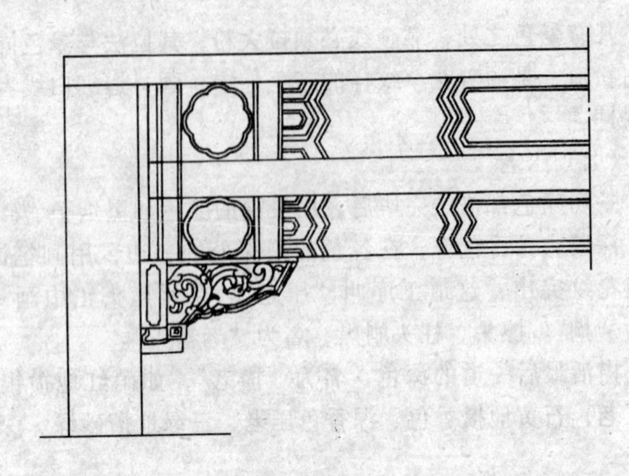

图 5-5　和玺彩画示范图

图 5-6　行龙

图 5-7　凤

挑檐桁及下额枋为青箍头，青楞线，绿枋心。枋心内画行龙或二龙戏珠，藻头青色画升龙，宽长者可画升降龙各一条，如有盒子者为青盒子，内画坐龙或升龙，岔角切活。大额枋为绿箍头，绿楞线，青枋心。枋心内画行龙或二龙戏珠，藻头绿色画降龙，有盒子者为绿盒子，内画坐龙，岔角切活。

图 5-8　金龙和玺藻头龙画法

图 5-9　龙凤和玺藻头凤画法

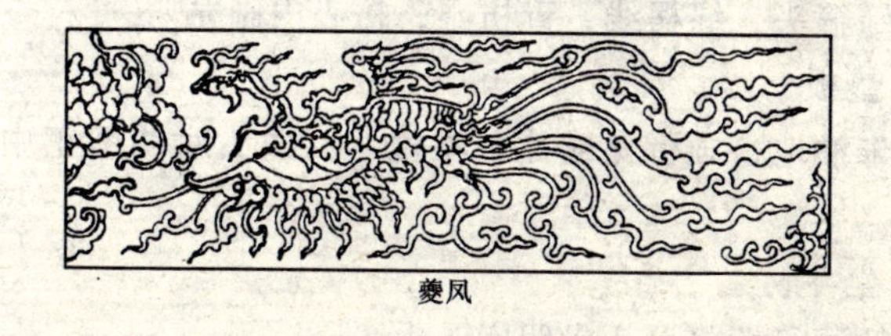

图 5-10　夔凤

2. 次间

与明间青绿调换，即挑檐桁下额枋为绿箍头，绿楞线，青枋心。稍间与明间同；尽间与次间同，以此类推。

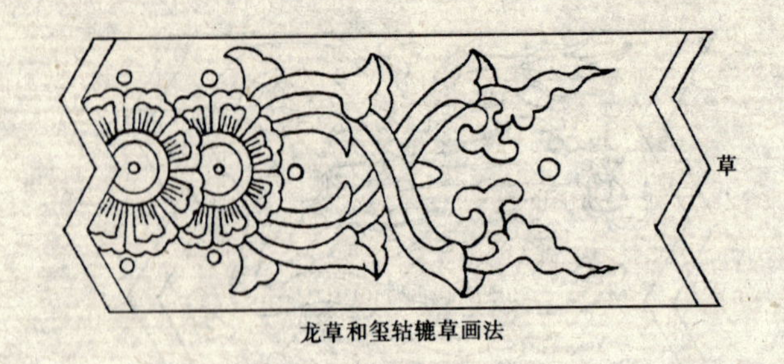

龙草和玺轱辘草画法

图 5-11　龙草和玺轱辘草画法

公母草画法

行龙画法

图 5-12　垫板画法

3. 廊内插梲

为青箍头，青楞线，绿枋心，枋心内画龙。

4. 廊内插梁

为绿箍头，绿楞线，青枋心，枋心内画龙。

5. 垫板

银朱油地，画行龙或片金轱辘草（龙头对明间正中），详见图 5-12。

6. 坐斗枋

青地画行龙（龙头对明间正中）。

7. 压斗枋

青地画工王云（图 5-13）。

8. 柱头

上下两头各一条箍头，上刷青下刷绿，内部花纹有多种作法

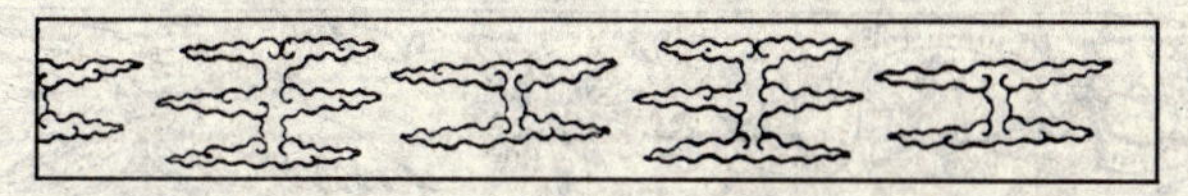

工王云

轱辘草

图 5-13　压斗枋画法

(图 5-14)。

9. 斗栱板

(灶火门) 银朱油地画龙。斗栱板又名灶火门。

10. 宝瓶

沥粉西蕃莲混金。

挑尖梁头、霸王拳、穿角两侧：均画西蕃莲沥粉贴金，压金老。

11. 肚弦

沥粉贴金退青晕。

12. 飞檐椽头

金万字。

13. 老檐椽头

金虎眼

14. 斗栱

平金边。

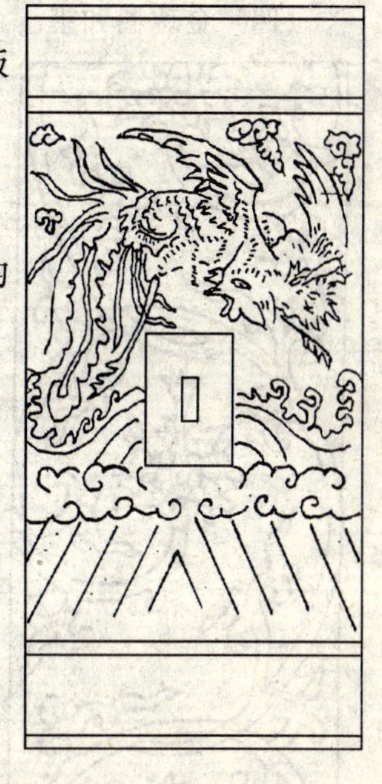

图 5-14　和玺柱头画法

(二) 龙凤和玺

全部操作程序与金龙和玺同。所不同者，青地画龙，绿地画凤；压斗枋画工王云，坐斗枋画龙凤；斗栱板画坐龙或一龙一凤，垫板画龙凤；活箍头用片金西蕃莲，死箍头晕色，拉大粉压老 (图 5-15、图 5-16)。

图 5-15 坐斗枋龙凤画法

（三）龙草和玺

全部操作程序与金龙，龙凤和玺同。除藻头、枋心、盒子、垫板等按金龙龙凤和玺规定外，涂蓝地处改为红地，画金轱辘楞草，青绿攒退，或四色查齐攒退等，霸王拳金边金老晕色大粉。

压斗枋，坐斗枋画工王云或流云等，斗栱板画三宝珠火焰。

（四）金琢墨和玺

图 5-16 箍头西蕃莲画法

操作程序：除完全提地外，其余作法与金龙、龙凤、龙草和玺同，但在要求上比一般和玺精细，其特点是轮廓线、花纹线、龙鳞等，均沥单粉条贴金，内作五彩色攒退。

1. 箍头

一般采用贯套箍头或锦上添花、西蕃莲、汉瓦加草等，攒小色以不顺色为原则，如青配香色，绿配紫等五色调换，盒子、藻头、枋心的配色与箍头配色相同。

2. 坐斗枋、压斗枋

一般采用金琢墨八宝、西蕃莲等。垫板为金琢墨雌雄草（又名公母草）。

四、旋子彩画总则

旋子彩画其花纹多用旋纹，因而得名。按用金量多少而分，有金线大点金、石碾玉、金琢墨石碾玉、墨线大点金、金线小点金、墨线小点金、雅伍墨、雄黄玉等。

梁枋的全长除付箍头外，分为三等分（名为三停），当中的一段名为枋心，左右两端名为箍头，里面靠近枋心者名为藻头，也有在箍头里面量出本枋子的宽度的一个面积，再画条箍头线，两箍头之间画一个圆形的边框者，名为“软盒子”，盒子的四角，名为“岔角”，如两条箍头之间画斜交叉的十字线，十字线的四周，各画半个栀花的，名为“死盒子”。如图 5-17。盒子又有整破之分，中间画一个整栀花者，名为整盒子；斜交叉的十字线者，名为“破盒子”，这种作法叫做“整青破绿”（图 5-18）。

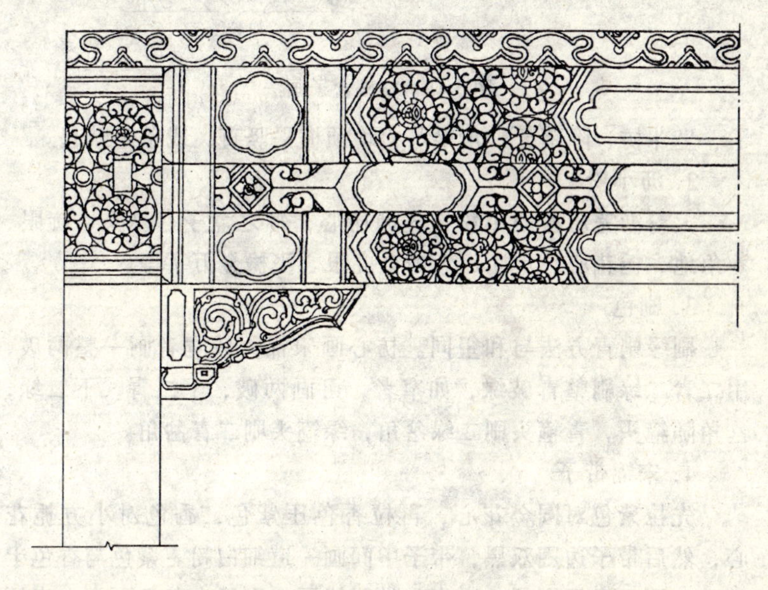

图 5-17　旋子彩画示范图

（一）金线大点金

基本操作程序前节已说过，与和玺所不同者，枋心画龙锦，池子、盒子青地画龙，绿地画西蕃莲。

1. 沥大粉

先沥箍头大粉，继之枋心岔口线、盒子线、皮条线、小池

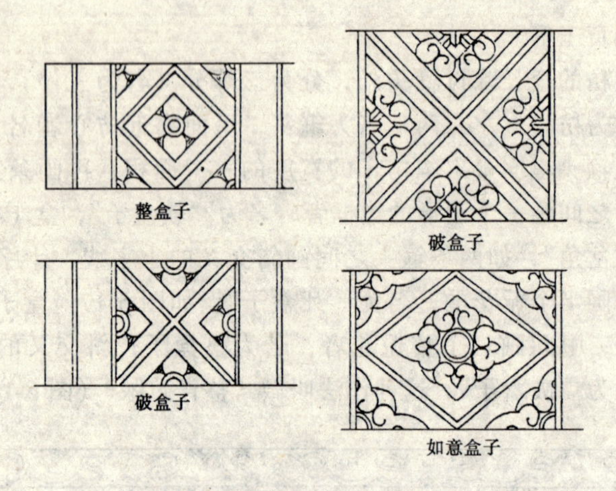

图 5-18　整破盒子画法

子、坐斗枋、降幕云、角梁等，均须横平竖直，线条半鼓起。

2. 沥小粉

大粉沥完后再沥小粉，先沥枋心，继之盒子、藻头、旋眼、菱角地、栀花心、宝瓶、老檐金虎眼、飞檐金万字等。

3. 刷色

刷绿刷青方法与和玺同。枋心画宋锦，较宽者画一整两破，用二青二绿刷整青破绿，如窄者，可画两破，上二青，下二绿，岔角随箍头，青箍头刷二绿岔角，绿箍头刷二青岔角。

4. 宋锦带子

先拉紫色对圆金花心，再拉香色压紫色，香色对小方栀花心，然后带子边圈双黑，带子中间画一道细白粉。紫色与香色十字中，要画白元别子，宽度与带子线同，别子由紫色下面上来压香色，斜方地上点白菊花，花瓣为四大四小，花心点樟丹，别子内圈两道红樟丹线，白菊花外圈点八个黑圆点，各点代小须（名为蛤蟆咕头），贴金后小金栀花心用红点，小金轱辘心用蓝点，然后再点小白点。

5. 藻头旋花

青绿刷完后，用黑烟子勾黑，沿旋子轮廓直线以尺棍圈好，后画旋子外围圆度，再勾旋子瓣和二路瓣或三路瓣与栀花等，再勾垫板半拉瓢、檩头旋子、降幕云、栀花等，在黑线里边再画细白线一道，随着勾黑线，名为“吃小晕”。

6. 垫板

垫板上的池子、岔口如青者，可作两个绿池子，中间一个红池子。如绿岔口，可作两个红池子，一个绿池子。如红池子，地子先用粉笔画出博古轮廓形，再提红地，用黑、黄、绿、蓝兑出各色，画博古（下带座），上画花草，博古上点缀花纹。绿池子画花，须先刷二绿地，后垛白花，垫小色过矾水、矾花头、开染花瓣，按花头深浅染润，最后插黑枝叶（也有用一色黑作切活者），岔角用黑烟子、二绿切水牙，二青切草。拉晕色，用三青三绿润色。枋心外围箍头内两边岔口线、皮条线、降幕云、上下调色，角梁肚弦再随晕色拉大粉。

7. 压老

在箍头中间画一黑线，名为压老，靠付箍头外画一黑线，余者刷黑，名为“老箍头”。岔口金线里边画一道黑线，名为“齐金”。

8. 掏老

垫板上秧，画一道黑线，不穿过箍头，名为“掏老”。

9. 椽头

飞檐作金万字，拍绿油地，老檐画虎眼，青绿退晕，如方椽可画寿字。

（二）石碾玉

它的作法，除旋花、栀花勾黑后外，在吃小晕前用三青三绿润色圈大晕，粗细与勾黑线同。在大晕上靠黑线再吃小晕，其余与大点金同。

（三）金琢墨石碾玉

与石碾玉所不同者，凡勾黑线路均改为沥粉贴金，枋心、盒子、圈大晕，小晕的位置作法与石碾玉同。

压斗枋可画西蕃莲，沥单粉条贴金，花草内五色攒退。

坐斗枋画金卡子、金八宝，配金琢墨攒退带子，绿带子红里攒退外线，沥小粉贴金。

箍头一般用活箍头，金琢墨攒退。

垫板沥金轱辘雌雄草，外围沥小粉，刷樟丹油或银朱油，干后用青粉或土粉子炝好，再抹三青、三绿、浅黄等色，按粉条包黄胶，润色、攒深色，粉条贴金后行粉。卡子、池子垫板与石碾玉花纹同。

（四）墨线大点金

花纹作法与金线大点金同，除线路用墨线外（如箍头线、枋心线、盒子线等）一切沥大粉处完全画黑线，全部小粉与金线大点金同。

（五）金线小点金

花纹作法与金线大点金同，惟菱角地随旋子瓣变为青绿，不贴金，吃小晕一道。

（六）墨线小点金

除旋眼、栀花心沥粉贴金外，其余线路、花瓣，均为黑线。压斗枋、望斗枋、垫板、枋心、池子等，画法与雅伍墨同。

（七）雅伍墨

一切线路和旋眼、菱角地等，均为墨线，无金活，旋眼、菱角地青绿二色，随旋子勾黑吃小晕。

1. 箍头盒子

青箍头画整栀花盒子，绿箍头画四枝半个栀花。

2. 枋心

一般采用夔龙和黑叶子花，上下互相调换，如画花刷地子时，青箍头青楞线者，刷二绿地，然后画白花头，先垫粉红、月黄、丹色等。花头过矾水开染花瓣，按花头深浅染润，插黑叶子。绿箍头绿楞者，可画夔龙，先刷樟丹地再行拍谱子，用三青按谱子垛龙，然后开粉，用深蓝攒退。

3. 垫板

画栀花、半拉瓢、池子，池子内刷二青二绿地者切活。拉大黑、勾黑、拉大粉、吃小晕、压老、掏老、等与金线大点金同，但也有作长流水者。

4. 压斗枋

完全刷青，拉大黑大粉，压老。

5. 坐斗枋

作法有多种，有作栀花、降幕云、长流水等。

6. 椽头

画黑万字、黑虎眼、黑栀花、勾黑吃小晕。

另一种雅伍墨作法，是垫板满涂红油地，名为“腰断红”。枋心刷深青深绿，中间画一条黑杠，名为“一字枋心”。

挑檐桁、枋心无楞线，有岔口青绿地，名为“普照乾坤”。

(八) 雄黄玉

以满刷樟丹为主，然后打谱子，拉大黑，旋花瓣按勾黑处，用三青三绿拉晕色。箍头、楞线有大黑处改拉三青三绿晕色，然后拉大粉、吃小晕、压老。附柱头画法。柁头画法。

五、苏式彩画总则

苏式彩画（图 5-19）。起源于苏州，故而得名。当金都北移，宋室南迁，一源二流，分别发展。元明清继金之后建都北京，逐渐形成了京式彩画。而苏式彩画与和玺、旋子不同，独树

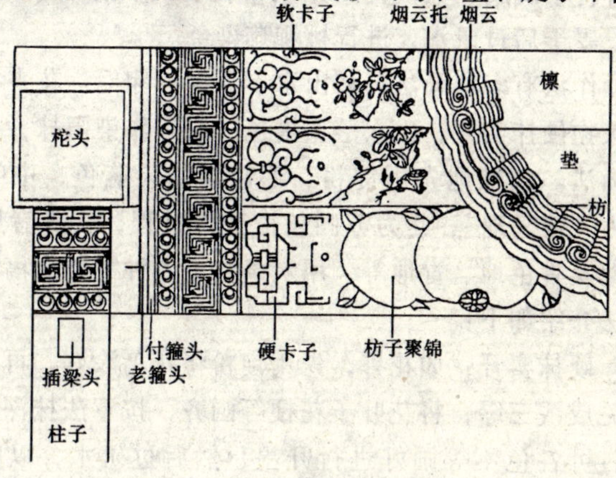

图 5-19 苏式彩画示范图

一帜，与京式彩画并驾齐驱，首都的古典园林建筑上多绘以苏画，给游人以幽雅舒畅之感。

南方苏式彩画，以锦为主，据苏州市建设局编印的苏式彩画中说："苏州老艺人腹稿更有七十二锦之说"，可见以锦为主。而京式苏画以山水、人物、翎毛、花卉、楼台、殿阁为主，今仅就北京地区苏画的作法介绍如下：

苏式彩画与和玺彩画、旋子彩画主要不同点在枋心。苏式彩画是以檩、垫、枋三者合为一组。谱子规矩与旋子彩画同，惟中间画包袱，两件者可画枋心。各部位作法如下：

枋心作法内画金鱼桃柳燕。如画金鱼，刷地子时接水不接天，先以炭条起稿，再用白粉按稿子范围内抹白，干后再用樟丹与白粉，按金鱼的深浅合抹，再过矾水润色，用藤黄、桃红珠、银朱三种颜色配好，按金鱼的深浅染好，桃红珠加墨开鱼攒鳞，嵌黄白粉，点鱼眼（黄色地点黑鱼眼）。染水托鱼，用广湖墨（即湖水色），画深浅藻草，浮萍草用藤黄、毛蓝配合深浅适当颜色。

如画桃柳燕，地子刷白色，上部刷天色（用毛蓝锭粉配合青天色）。下部刷白润合，干后用炭条起稿，用香墨研好后放在小碗内，再将小碗放在大碗内，用碗络提着（以防沾染画活），再行落墨，墨干后过矾水，进行桃柳燕染色。

包袱作法有多种画法，如山水、人物、翎毛、花卉、楼台殿阁等。人物硬抹实开，山水落墨搭色，花卉作染阳抹，楼台殿阁线法等画法。包袱地先用锭粉、毛蓝合如天蓝色，中间刷白润合，名为"接天地"。此为苏画包袱基本过程，特殊者用金地名为窝金地及香色地、青地等，用炭条绘出各种需要的稿子。兹将各种画法介绍如下：

（1）硬抹实开：如花卉，先用锭粉将花鸟涂好，再用洋绿兑锭粉，兑成浅三绿，将花叶子花梗等画齐，按章法抹深绿叶。如有石头，可各色不等画好进行开墨，然后过矾水，以防墨道脱落，易于染色，再行嵌粉。

如楼台殿阁带人物者，先抹远景再抹深浅砖色和房屋其他各色，抹齐后以粉抹人物，深浅绿抹树叶，树干用树本色涂抹，全部抹齐后，再行开墨、过矾水、润色、染着，用草绿画深浅树叶、染水、画水纹，人身抹各种小色，润色开衣纹，最后开眉眼、画头发、搭气色、染着，全部嵌粉。

(2) 落墨搭色：如山水人物全刷白地，翎毛花卉少许接蓝天，在起好稿后进行落墨、过矾水、染各种水色，要墨道明显，再行嵌粉。

(3) 作染：花卉除不落墨外，其余与硬抹实开同。

(4) 阳抹：在已刷好的地子上画风景，阳抹山水。如画山石先用深浅蓝色画远山，次画近山，阳面用最浅色，阴面较深。如地和树用深浅绿色分出光线，水内以水影远船相衬，包袱内全部画完后，方可画烟云和托子。

烟云托子作法：

(1) 包袱的周围用连续折叠的曲线画成。并用一种颜色由浅至深退晕，外浅内深，由浅往深退，名为“退烟云”。烟云的层数以单数为准，三、五、七、九道，包袱线可根据种类沥粉贴金，包袱的外围，名为“烟云托子”，其颜色与烟云配合，如黑烟云配深浅红托子；蓝烟云配浅黄、杏黄托子；绿烟云配深浅粉紫托子或红托子；红烟云配绿托子。烟云托层数三至五道，随烟云下浅上深，如遇硬烟云和托子者，必须错色攒退，名为“倒色”。

(2) 死烟云的作法：不退晕，两道线无托子，线中间刷香色边或紫边，明次间互相调换，地上攒退晕连珠或竹叶梅等。

聚锦作法：聚锦的周边，可画动物形、植物形等边框，沥粉贴金，内绘多种多样图案。

垫板作法：

(1) 画锦　先刷红地（先刷樟丹）再满刷银朱，拉各色方格锦，锦心内画白菊花瓣，再换色点心，锦箍进行框粉或拉粉。

(2) 博古　用粉笔画出博古轮廓（如古铜、古磁、文玩等），然后提地抹各色博古，用深浅色抹润，要绘出立体感，再行点缀各样花纹，根据不同的博古配座、插花。

1）绿藻头：藻头花作染各色花头插花叶，走兽用粉笔画好轮廓，按形状抹白，再行开墨过矾水，各色染成后嵌粉。

2）卡子：有软卡子、硬卡子之分。软者其转弯为曲线形，硬者为直角形。青地画硬卡子，绿地画软卡子（图 5-20）。

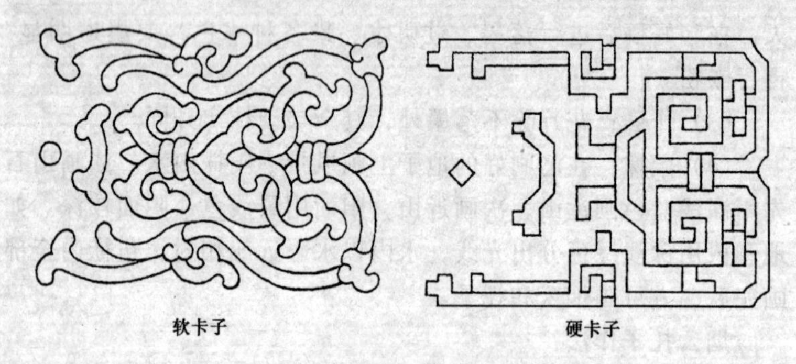

图 5-20　软硬卡子画法

a. 金琢墨卡子：先按谱子沥小粉，再行抹小色，沥粉处包黄胶、润色、攒退，贴金后行粉。

b. 片金卡子：按谱子沥粉后，刷青绿地，然后在沥粉处包黄胶，打金胶，贴金。

c. 颜色卡子：在刷好青绿地处，按谱子画各色卡子，润色，攒深，开跟头粉。

3）箍头：金琢墨箍头，提青绿地后，与卡子作法同。连珠带刷白后，随垫板锦作法同，片金箍头与片金卡子同。

4）柁头：如画线法，与包袱线法同，画金琢墨盒子、别子锦与金琢墨卡子同。画博古除掏格子外，与垫板博古同，柁帮画攒退活或锦均可。

5）付箍头：紧靠正箍头外，如正箍头蓝，付箍头绿，正绿则付蓝。然后靠金线，润色，拉三青三绿润色。贴金后拉大粉，靠柁头处刷老箍头，齐鞅拉黑线，柱头箍头上边靠柁头下，刷樟丹切活，将出头（穿插头）的作法，码边拉粉压老。

以上各项凡箍头、卡子、聚锦、包袱等，线路沥粉贴金者为“金线苏画”。不沥粉不贴金而用黄线者为“黄线苏画”。只在梁枋之两端画死箍头，大木上不画枋心、藻头、卡子者，而画各种花卉或流云等（青地画流云，绿地画花卉）名为“海漫苏画”。

下面将各种苏画作法分别叙述如下：

（一）金琢墨苏画

檩垫枋三件合为一组，划三等分，中间一段画包袱，三个筒烟云（软筒或硬筒），包袱心可画楼台殿阁、山水、人物、翎毛、花卉等。包袱地讲究者为金地，一般为色地。包袱两侧蓝地画集锦，集锦地一般刷白色或旧纸色或浅绿色，集锦心画各种时代的题材，集锦边金线内抹各种小色，集锦埝头、集锦叶、随攒退活。

垫板池子分为两种。活岔口为烟云，死岔口为拉晕色大粉，池子心须接天地，可画翎毛、花卉、金鱼、山水等，绿地藻头可画花卉走兽。

卡子外围单粉条贴金，内中五色小色攒退。箍头连珠可画各种花纹，沥粉贴金攒退活。柁头可画“线法”、山水或卡海棠核、别子锦等。柁帮画金琢墨西蕃莲或锦上添花等。椽头沥粉贴金，方圆寿字或福字、万字等。

（二）金线苏画

包袱一般两个筒烟云，包袱心接天地，画山水、人物、翎毛、花卉等。集锦与金琢墨苏画同。

垫板池子画阳抹山水或金鱼、桃柳燕，垫板靠近箍头者可画锦或红地画博古。

藻头绿地可画黑叶子花，靠箍头者蓝绿地画片金卡子，箍头可画片金花纹。连珠刷白地，画方格锦。柁头掏三色格子，画博古。柁帮作染竹叶梅或喇叭花等。飞檐椽头沥粉金万字。老檐椽头金边画色福寿或百花图或金边单粉条红寿字。凡沥粉处均贴金。

（三）黄线苏画

黄线苏画又名墨线苏画，全部不沥粉没金活。包袱心画风景山水花卉等；聚锦内画花卉虫草等。垫板作染葫芦、葡萄、喇叭花、绿地藻头花等。

卡子绿地红卡子，蓝地绿卡子或香色卡子。红地蓝卡子，攒退跟头粉。箍头画回纹或锁链锦，连珠刷黑色地，青箍头则连珠用香色退晕，绿箍头用紫色退晕（图 5-21）。

回纹箍头

锁链锦

图 5-21 回纹箍头画法

柁头蓝地作染四季花，柁帮紫地，香色地画三蓝拆垛花、竹叶梅、藤萝等。飞檐椽头黄万字或倒切万字。老檐椽头福寿字或百花图。

（四）海漫苏画

死箍头无金活，作颜色卡子，其作法与黄线苏画同。蓝地面红、黄、绿三色流云，绿地面黑叶子花，中间红垫板可画三蓝花，不带卡子者画流云花卉。

柁帮画三蓝竹叶梅，柁头蓝地黄边拆垛花卉，如有檩棄者

（桨是檩下枋子），青桁条香色桨，绿桁条紫桨，画三蓝落地梅。

（五）和玺加苏画

换句话说，就是和玺彩画中加一些苏画，全部为活箍头。除盒子、枋心、改画山水、人物、翎毛、花卉外，其余部位画法与和玺同。

（六）金线大点金加苏画

是在金线大点金旋子彩画中加苏画，除枋心、盒子、池子去掉龙锦改画山水、人物、翎毛、花卉外，其余部位画法与金线大点金同。

六、新式彩画

解放后随着我国社会主义建设事业的蓬勃发展，新的建筑不断涌现，对于建筑彩画又提出了新的要求。根据建筑物的功能特点，彩画艺人参考了历代彩画的用色和花纹的演变，创造出多种新式图案，在北京人民大会堂、火车站、北京饭店宴会厅、民族宫等，配合建筑绘制了大量新式彩画（图 5-22）。这些彩画在使

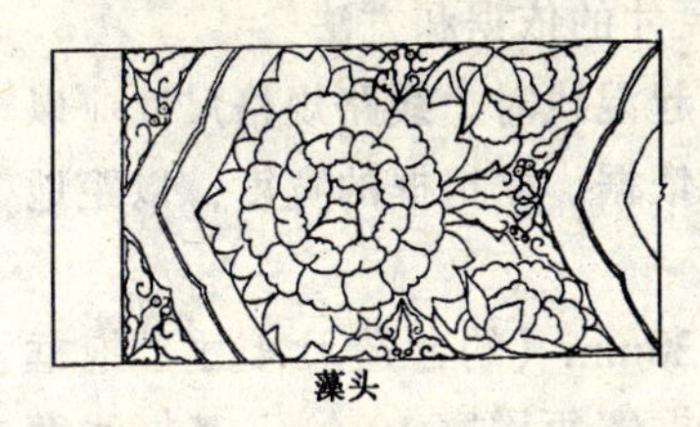

藻头

枋心

新式彩画(1)

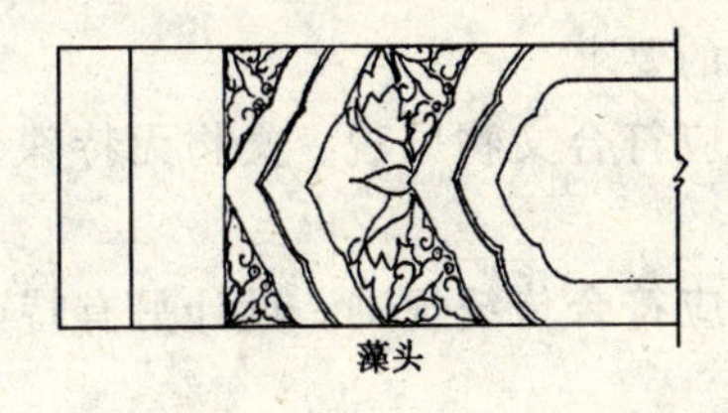

藻头

枋心

新式彩画(2)

图 5-22 新式彩画

用颜色方面，大体可分冷、热、温三种，考虑阳光和视觉效果的不同要求，图书馆、礼堂须庄严肃静；休息室、会客室须温和舒适；宴会厅、大会堂须雄伟大方。总之，室内彩画颜色宜浅不宜深，花纹宜简不宜繁，用金宜少不宜多。

新式彩画有沥粉贴金，沥粉不贴金；沥粉刷色，有“攒色”，“着色”，“退晕”等；有带枋心盒子或不带枋心盒子；有带枋心无花纹，有不带枋心有花纹等多种做法。

新式彩画操作程序与旧式彩画同。

附：清式槛框混线技术

目前，仿古建工程（特别是清式古建）越来越受到人们的青睐，作为涂裱专业技师、高级技师必须掌握一些古建专业知识和技能。下面介绍清式槛框混线技术基本作法。

槛框混线技术包括所起用线路规格、线形，锓口、工具制作和操作工艺。

一、古建槛框混线线路的规格确定和要求

（一）确定槛框混线线路规格尺寸的依据和方法

古建传统地仗工程的下架槛框起混线时，线路规格尺寸应以明间立抱框的宽或大门门框的宽为依据。立抱框的宽度，以距地1200mm处为准。

确定框线规格尺寸时，均以120mm（约营造尺4寸）抱框宽度为2分线，并以此为基数。抱框宽每增宽10mm，其框线宽度应增宽1mm。

（二）古建槛框混线线路规格的要求

1. 文物古建筑槛框线路规格应符合文物原貌。文物无特殊规定时，应符合传统规则。

2. 仿古建筑的槛框线路规格应符合传统规则。设计另有特殊规定时，应符合设计要求。

3. 抱框面宽尺寸较窄时，槛框线路的规格尺寸做适当调整。遇此种情况时，其槛框线路规格尺寸均以80mm框面宽度为

20mm 框线做基数，抱框面宽尺寸按每增 10mm，其框线宽度应同时增宽 1mm。

4. 古建群体的槛框线路规格，应结合建筑的主次协调框线宽度。

5. 古建筑各间的上槛、小抱框、小间柱及中槛的上线路的规格尺寸，应与立抱框的规格尺寸一致，文物另有特殊规定时，应符合文物要求。迎风板（走马板）和象眼等四周另起套线的规格尺寸，应略窄于立抱框的线路规格。

二、槛框混线的线型规则

古建筑的线形种类很多，其中有框线、云盘线、皮条线、两柱香、井口线、梅花线、平口线等，这些线形的运用应根据不同部位的要求而定。

“三停三平线型”。“三停”是指框线的两个线膀宽度与线肚底宽尺寸相等，即将框线尺寸三等分。“三平”是指框线的两个线膀肩角高度与线肚高度一致。从传统框线的竹轧子制作所要求的三停三平线型规则分析，其线膀的内肩角为 90°夹角，即为传统框线的特征。外线膀的内肩角为 136°夹角，两个线膀的坡度按三平线的夹角为 22°。

“两停两平线型”为“三停三平线型”的一种特殊形式。线型的“两停”是指框线的两个线膀宽度相等，略宽于线肚底的 1/10。“两平”是指框线的线肚高度略低于两个线膀的肩角。从传统框线的竹轧子制作所要求的两停两平线型规则分析，其内线膀的内肩角为 85°夹角，外线膀的内肩角为 131°夹角，两个线膀的坡度与两平线的夹角为 27°。此线型突出线路宽度，立体感强，一般用于 8 寸以上板门的门框边角上，如宫门。

三、槛框混线的镘口

“镘口”是指框线的倾斜角度。框线施工，除应控制八字基础线口外还应对框线的镘口进行控制。框线角度越大金线的看面越窄，角度越小立体效果越差，角度过大或过小都不符合要求。传统框线的镘口一般为 22°角，看面宽度是线路尺寸的 90％～

93%为宜。为便于掌握运用，特列尺寸表供参考。

四、八字基础线宽度与锓口的控制

（一）砍修八字基础线宽度与锓口的控制

下架地仗施工、首先是对木基层的表面进行处理，即“斩砍见木”，俗称砍活。砍修八字基础线，应在确定的框线尺寸的基础上，增加20%的宽度，为八字基础线的看面尺寸，框线宽度的1/2，为八字基础线侧视面（小面）尺寸，其斜尺寸应是框线规格尺寸的1.3倍，斜边与看面夹角为22°，即八字基础线的宽度和锓口。

应按确定的八字基础线口尺寸要求，分别在槛框的看面（大面）和进深（小面）上弹出墨线，作为砍修基础线的依据，槛框交接对角处尺寸应交圈。

槛框弹线后、用特制的小斧子，斧刃要锋利，沿槛框的正侧两面的墨线进行砍修，砍线口时应由下至上，由左至右砍、砍一段修平找直一段。注意力量要一致，斧子深度应一致，不得过深，避免出线损伤木骨。槛框交接处的线角应方正、交圈。

（二）轧八字基础线宽度与锓口的控制

八字基础线有两种捉灰方式，一是使用铁板捉裹灰线口的方式；二是采用白铁制成的轧子轧八字锓口线的方式。

在制做八字基础线轧子时，应选用马口铁或镀锌白铁，白铁厚度应根据所确定的八字基础线宽度而定。防止厚度不适而造成轧子变形，导至线形走样。因此，凡混线规格尺寸在25mm以内时，八字基础线轧子不宜选用小于0.5mm厚度的白铁；混线规格尺寸在25mm～35mm时，基础线轧子不宜选用小于0.75mm厚度的白铁；混线规格尺寸在35mm以上时，基础线轧子应选用1mm厚度的白铁。

八字基础线轧子分正反轧子，正轧子使用于中、上槛的下线和右抱框的线，反轧子使用于风槛、中槛的上线和左抱框的线。轧子制做时，将选好的马口铁用铁剪子剪成宽80mm至100mm，长100mm至120mm左右的长方形铁片两块。在铁片的窄面选直顺的边做轧口，轧口磨光后（防止轧线不光滑），画中线，剪成象铲子T形的轧坯，在轧坯的中线处画八字基础线宽度尺寸，其线口宽度为混线规格尺寸的1.3倍。用铁板的口对准轧坯线的两侧线印窝肩角。内线膀肩角控制在112°夹角，外线膀肩角为158°夹角，再窝靠尺棍的志子，正反八字基础线轧子对口一致。

轧八字基础线须三人操作，其中有抹灰者、轧线者和拣灰者。轧线前应按槛框的长短准备尺棍，抹灰者用小皮子将捉缝灰抹在八字线口上，应由上至下、由左至右抹严造实。轧线者靠好尺棍、手持反轧子，由左抱框的上面至下让灰，找准线口的位置后，固定尺棍稳住手腕由上至下轧。再手持正轧子由左至右转圈轧下来。拣灰者在后用小铁板将线口两则野灰刮净，再将线角和线脚处拣出线口，不得拣高。

对于文物古建筑修缮中的槛框线口若不符合混线要求，又不得砍修线口的情况下。将八字基础线轧子的外线膀肩角相应小于158°夹角，使轧子的外膀臂与槛框面贴实，但必须随时检查轧子内线膀的肩角是否控制在112°夹角。目的是将不同程度的粗灰层厚度控制在麻层以下工序中，确保地仗和框线的质量。

五、槛框混线轧子的制做

混线轧子是根据需要临时制做的，传统是谁轧线谁做轧子。轧子由两种材料做成，一种是毛竹板，一种由马口铁或镀锌白铁做成。采用毛竹板挖成的轧子称“竹轧子”，是传统的轧线工具。采用马口铁或镀锌白铁制做轧子称“窝轧子”。轧子需制做一对，分为反正。中灰轧子应略小于细灰轧子1～2mm。

制做白铁轧子时，应准备的工具有铁剪子、鸭嘴钳子、盒尺、圆型钢筋头ϕ6～ϕ15mm不等。

轧坯制做时，将选用的白铁剪成长200mm至240mm，宽70mm至120mm的矩形。在矩形的白铁上取中划十字线，再剪成图五形状，称“轧坯”。

轧坯的画线，是轧子制做的主要环节，也是处理好线型的规格尺寸，三停和三平关系的关键所在。

混线轧子的计算方法:

轧子的计算，应以明间抱框或门框确定的规格尺寸为依据，计算出混线轧子的两个线膀下料宽度（三停中的两份尺寸）和线鼓肚下料尺寸，即为混线尺寸。然后加上基本固定尺寸，（内线膀的膀臂为 15～25mm，外线膀的膀臂和志子尺寸为 25～35mm)，即为混线轧子的总下料宽度。可按以下简便方法计算:

简便计算公式:

混线轧子（轧坯）总下料宽度=两个线膀尺寸+线鼓肚尺寸+基本固定尺寸。

线膀下料尺寸$=\frac{B}{3}$，两个线膀尺寸$=2\times\frac{B}{3}$

线鼓肚尺寸$=\frac{B}{2}$，B=混线规格尺寸

基本固定尺寸：根据操作者个人习惯控制在 40mm 至 60mm 之间为宜。

轧坯剪好后，将计算出的尺寸在轧坯的十字线上用钢针划出线鼓肚尺寸的准确位置。然后在线肚尺寸的线印两侧向外量出线膀尺寸，用钢针划出准确位置。其余是内外线膀膀臂和志子尺寸部分。线画好后、即可从轧坯的中线用铁剪子剪开，分成正反两个轧坯。

轧坯画线后，先将其中一个轧坯起线鼓肚的部位对准圆度适宜的圆钢筋棍，两手摁住两侧用力窝成半圆，用鸭嘴钳子夹住线膀的内线印，向起圆鼓肚的方向窝，再用鸭嘴钳子夹住内线膀的外线印向下窝，其内肩角达到 90 度为宜，再将外线膀的外线印向下窝成 136°。然后在外线膀的肩角向外量不少于 200mm 外用钳子窝出靠尺棍的志子，高度 8mm 左右，在轧子基本成型时将硬角剪圆防止伤手。再校验轧子的三停、三平、规格、锓口、肩角角度、线鼓肚等，此轧子校验合格后再按同样方法窝另一个轧子。待正反轧子符合要求并对口一致即可使用。

六、轧混线操作工艺

1. 灰料配合比（重量比）

鱼籽中灰线胎为：油满:血料:砖灰＝1:1.5:2.5
[砖灰（小鱼籽:细灰＝6:4)],

细灰定型线为：油满:血料:砖灰（细灰面）:光油:水＝1:10:40:2:4，

2. 轧线操作工艺

轧线前应将线口（八字基础线）周围的粗灰（压麻灰）或中灰，用石片或金刚石进行通磨。线路、接头，线角和线脚处应修磨平直，磨完后应由上至下清扫掸净浮尘。轧细灰定型线前用糊刷支水浆一道和控制调细灰的可塑性。

轧线，由一人抹灰，一人轧线，一人在后拣灰。其操作分工如下；

抹灰者：根据轧线者所使用的轧子种类，采用不同的操作方法。如采用铁片轧子时，应从左框上至下用小皮子开始抹灰，再由左上至右转圈抹下来。抹灰时应抹严造实再复灰，灰要饱满均匀。如使用竹轧子时，应由左框下至上抹灰，再从左上至右转圈抹下来。

轧线者：右手持铁片轧子，由左框上起手，将轧子的内线膀膀臂卡住框口，坡着轧子让灰，让灰均匀后靠尺棍。轧子在尺棍的上端和下端找准镀口后，固定尺棍。再由上戳起轧子稳住手腕向下拉轧子，向右转圈至右框轧下来。使用传统竹轧子轧线时，应由左框下起手，将轧子大牙卡住框口，坡着轧子让灰，再从左框下戳起轧子稳住手腕向上提轧子。向右转圈至右框轧下来。

拣灰者：在轧过线的部位，用小铁板将线路两侧的野灰和飞翅刮净，不得碰伤线膀。然后拣线角，分“湿拣”和“干拣”。传统湿拣线角是用小铁板，将未干的槛框两条线路交接处，直接填灰按线型找好规矩。干拣线角是指所有线路轧完干燥后，进行拣线角，方法同湿拣。两种拣线角的方法必须掌握“粗拣低细拣高”的技术要求。

虽然干拣线角不易碰伤线路的线型，并能以线路和线型做志子，而且比湿拣线角速度快，线型较规矩。但仍不如采用对角轧子轧的线角规矩、速度快。为促进施工速度提高工艺质量，应使用对角轧子。

对角混线轧子的轧坯制做和画线方法，是将所选用的马口铁或镀锌白铁用剪子剪成长方形，长度为180～200mm，宽度为90～100mm。按长方形白铁取中划十字线，在宽度尺寸的中线处画正方形，再划对角线。将计算好的下料尺寸沿对角线的十字线划平行线及简单的轧坯外形，再用铁剪子延对角线剪开，将轧坯外形剪好，即成正反两个轧坯。再按混线轧子的制做方法窝成对角混线轧子。

七、框线的磨细和沾生油

下架细灰工艺完成并干燥后，进行磨细灰工艺。线路应派专人磨，磨时用金刚石先磨线路的两则，宽度不少于50mm，不得损伤线膀。线口应用麻头擦磨，线角处均可暂不磨。由下至上磨完第一步架时，即可沾生，生桐油应一次性连续沾透。当天必须将表面的浮油用麻头擦净。

八、修线角

地仗全部沾生七八成干时，派专人进行槛框交接处的修整，俗称修线角。修整线角时，应带规格不小于2寸半的铁板（要求直顺、方正）和斜凿。将铁板的90度角对准槛框交接处横竖线路的外线膀肩角，用斜凿轻划90度白线印。再用斜凿在方形的白线印内按线型修整。先修外线膀找准坡度和45°角，再修内线膀坡度和45°角，最后修圆线肚接通45°角。线角的线路交圈方正平直后，将全部修整的线角找补生油，轧框线的地仗工艺即完工。

九、混线的质量要求

混线的线路饱满，光滑，直顺，偏差不大于1.5mm，宽度不小于确定尺寸。允许正偏差1mm，线型三停三平，正视面宽度在线口宽度的90%～93%，不得大于94%或小于87%，线角交圈方正，棱角整齐，清晰美观，无接头、断条、龟裂、空鼓、脱层等缺陷。

槛框混线通过油饰贴金，使古建筑物下架部位间次的轮廓更加突出协调，富有立体感。

第五节 大 漆 工 艺

大漆即天然漆，又称国漆、土漆等。大漆是我国著名特产，早在数千年前，我国人民便掌握了生漆、植物油和矿物颜料等的加工利用技术，用来涂饰庙宇、宫殿、家庭木制品等。大漆可分为生漆和精制漆。将天然漆经过净化除去杂质后，就成为生漆。生漆作为涂料可直接应用，但由于生漆中的含水量较大，有些物件直接用生漆涂饰后，并不能收到预期的效果（如粘结力和光泽差、颜色深、操作困难），生漆经过加工处理后，即成为精制漆。改性后的生漆能改善上述缺点。

生漆的精制品根据及生产工艺等项特征，可分为退光漆（推光漆）、广漆、揩漆、漆酚树脂。

一、退光漆（推光漆）磨退工艺

退光漆磨退是我国特有的传统高级涂饰工艺，它是采用质量优良的生漆精制品涂饰而成，它的涂膜光亮光滑、坚硬耐磨、丰满平整、经久耐用、不失光泽，同时具有耐酸、耐碱、耐热、耐烫、耐各种油类物质的腐蚀以及很强的耐磨性能。退光漆磨退工艺适用于高档物件装饰，如美术工艺品、高级木器家具、木扶手、招牌、横匾、化验台以及有耐磨或耐腐要求的物面。该工艺操作细致复杂、工序多、施工期较长，涂饰时要具备一定的施工环境条件（如需一定的温湿度）。

退光漆磨退工艺具体可分为油灰麻绒打底退光漆磨退工艺、油灰褙布打底退光漆磨退工艺和漆灰褙布打底退光漆磨退工艺。

（一）操作工艺顺序

1. 油灰麻绒打底退光漆磨退操作工艺顺序：准备工作→嵌批腻子→打磨→褙麻绒→麻上嵌批第一遍腻子→打磨→褙云皮纸→打磨→嵌批第二遍腻子→嵌批第三遍腻子→打磨→嵌批第四遍

腻子→打磨→施涂生漆一遍→打磨→嵌批第五遍腻子→水磨→上色→施涂第一遍退光漆→水磨→施涂第二遍退光漆→破粒→水磨退光→上蜡及抛光

2. 油灰褙布打底退光漆磨退操作工艺顺序：准备工作→嵌批腻子→打磨→褙布→打磨→布上嵌批第一遍腻子→打磨→嵌批第二遍腻子→打磨→嵌批第三遍腻子→打磨→嵌批第四遍腻子→水磨→施涂生漆一遍→打磨→嵌批第五遍腻子→水磨→上色→施涂第一遍退光漆→水磨→施涂第二遍退光漆→破粒→水磨退光→上蜡及抛光

3. 漆灰褙布打底退光漆磨退操作工艺顺序：准备工作→嵌批腻子→打磨→褙布→打磨→布上嵌批第一遍腻子→打磨→嵌批第二遍腻子→打磨→嵌批第三遍腻子→打磨→嵌批第四遍腻子→打磨→嵌批第五遍腻子→水磨→上色→施涂第一遍退光漆→水磨→施涂第二遍退光漆→破粒→水磨退光→上蜡及抛光

（二）操作工艺要点

以横匾、招牌、化验台油绒打底退光漆磨退工艺为例，介绍退光漆的操作工艺要点。

1. 准备工作

（1）主要工具：各种漆刷、凿子、铲子、毛笔、排笔、棉纱头、绢筛、调灰腻子板、手腻板、调腻桶、麻槌、梳子、麻荡子、弹麻千子、纠漆架及漆叉、纠漆细布、晒漆盘、刷把、碾槽、乳体乳槌一套、盛漆和盛油陶钵各几个、木砂纸、大中牛角翘、橡皮批板和钢皮批板等。

（2）主要材料：生漆、桐油、密陀僧、土籽、熟石膏粉、血料、消石灰、云皮纸、墨汁、黑烟子、苎麻、白蜡、菜油或豆油、溶剂汽油、精煤油、瓦灰等。

（3）窨房：小件木制品施涂退光漆后，需放入 $20m^2$ 左右不通风的专用窨房，使之在一定温度、湿度环境下干燥。

2. 材料预加工

（1）熬坯油。

(2) 兑熟漆。将冷却后的坯油加入优质生漆混合即兑为熟漆。其质量配合比约为坯油:生漆=0.4:0.6。兑漆前，坯油和生漆必须经过绞漆，绞漆需用纠漆架。绞漆时，先把白布放在滤板上，将适量漆液倒入白布中心处，二人使劲将布口锁紧挽在铰索上，从左至右进行绞漆，同时用漆叉在布包上来回操作，使漆从布内不断挤出，直至漆液绞尽。

“绞漆”时应注意漆液一次不可倒得太多，以免造成返工。绞漆后如有明显颗粒存在，应再绞一次。

(3) 制退光漆。传统的精制法是将生漆在强阳光下曝晒。另一种是加温使生漆完全脱水后，经过滤再加入一定量的优质生漆而制成。

当采用在阳光下曝晒（30℃以上）的方法时，将生漆置于漆盘内，（长方形茶盘式）在晒的过程中，用漆刷随时翻动，水分逐渐挥发，使其颜色由浅褐色翻晒成深褐色，然后过滤去渣。冬天温度低，可以采取加温煮漆的方法，煮漆时，将漆液倒入容器中，并置入水锅中加温。盛漆器皿要有相当空余量，约1倍以上，边煮边搅拌，使漆液中的水分蒸发。在加温过程中膨胀厉害要立即离开火源，待收泡后面再加温，直至漆液中不冒水汽并达到深褐色为止，然后过滤去渣。生漆完全脱水后，加入一定量的生漆，加入量应根据气候潮湿度而定，一般加入40%～50%，用这种方法配制的退光漆光泽高、刷纹少、流平性能好，颜色深而无杂色。

(4) 血料加工。应选用不加食盐的猪血进行加工。将猪血块倒在铁桶内（冬天稍加热，约20℃），用稻草把血块搓成液体状，然后经过滤再加温稍热后，加入少许消石灰，慢慢的向一个方向转圈搅动，使猪血由红渐渐转为黑色，若能很好地由固体变为有一定流动性的胶体（俗称蚂蝗料），这样的血料质量较好。

血料加工要注意，猪血的质量要好，用食指插进猪血内，指头上呈深红色为好：胶凝快时适当加水，冬天加温热水，夏天加冷水；起血料的稠度以一个打碎后的鲜蛋浆液作为它的稀稠标准。

（5）消石灰。消石灰要过筛，消石灰存放的时间不能太久，久了没“冲气”。

（6）制麻绒。用重 3kg 左右的木槌将苎麻槌熟，达到无粗丝和硬块，将苎麻梳成发状，然后用剪刀剪下，拣去杂质、硬块、粗丝，用两根竹竿将剪下的苎麻弹松如棉花状，加工后的麻丝柔软洁净，纤维长度不小于 10cm。

2．消除饰物面的灰尘、油渍等脏物

木刺翘荐应用锋利小刀或斜凿切除平整干净。

3．嵌批腻子

用血料油腻子将物面满批一遍。将洞眼缝复嵌实批平，血料油腻子质量配合比约为血料∶光油∶消石灰＝1∶0.1∶1。腻子干燥时间约 8～12h。

4．打磨

待血腻子干燥后，铲平多余腻子和木毛，用 2 号木砂纸打磨平整，边缘棱角也要打磨到，磨后扫净灰尘。

5．褙麻绒

先用血料加 10％的光油充分拌匀，制成血料光油浆涂于物面，再将麻绒包满物面，物面中部要稍厚且均匀，两边宜薄，两端面应薄，包至横木厚度，然后扎实、褙好、褙整齐。轧实的方法是：用竹制麻荡子将麻绒拍打抹压一遍，再满涂一遍血料光油浆，然后再将麻绒挑动翻松，使之渗透，继续再用麻荡子反复拍打抹压麻绒，直至完全密实整齐为止。干燥时间约 8～12h。

6．麻上嵌批第一遍腻子

待褙麻绒干燥后，用钢皮批板（宽度约 30cm 左右）满批血料油腻子一遍，嵌批时要做到一摊、二横、三收起灰，是指顺木纹刮平收平，使秀面都批上一层血料油腻子。

7．打磨

用锋利铲刀削平多余外露麻绒，并用 2 号木砂打磨平整，并掸净灰尘。

8. 褙云皮纸

是用褙麻绒的血料满褙云皮纸二层。先在物面上均匀地刷一遍血料光油浆，随即用双手拎起云皮纸的两上角，靠右贴包边，并用刷子平整地将右边轻轻地刷贴到物面上，然后向左，将云皮纸刷贴严实平整，紧接着在已贴好的云皮纸左侧边搭口外涂上血料光油浆。再依次贴下一张，直至贴满整个物面。云皮纸的接口处应搭接，去掉余头，用刮板紧理平，完成第一层云皮纸接着在第一层云皮纸上均匀地刷血料油浆一遍，以同样方法褙第二层云皮纸，最后将物面二端（或四周）横木端头用云皮纸包边褙好两层。云皮一定是褙得平整光滑。褙好后再满刷血料油浆一遍，要将云皮纸刷湿刷匀。

9. 打磨

待云皮纸表面的血料光油浆干燥后，用 1 号木砂纸打磨平整，并掸扫干净。

10. 嵌批第二遍腻子

用钢皮批板，也是用一摊、二横、三收起灰的方法，在云皮纸表面满批血料油腻子，血料油腻子不可太稀，制成硬稠泥状即可，嵌批要尽量平整。

11. 打磨

待血料腻子干燥后，用 2 号木砂纸顺木纹打磨平整，并掸灰尘。

12. 嵌批第三遍腻子

当面层为黑色时，本次所用的油腻子中应掺入适量的黑烟子（面层为其他颜色的则掺入适量相应颜料）。调配腻子时，应先用黑烟子加入光油调匀，再加入少许血料搅拌均匀，然后再加入熟石膏粉和全部血料，调制成血料油腻子，用大号牛角翘满批一遍，采用一摊、二收、半起灰的方法，即顺纹摊灰后不再横向摊而直接刮平收平，半起高处刮灰、低处嵌灰，进一步刮平收净。

13. 打磨

用 $1\frac{1}{2}$ 号木砂纸顺木纹打磨，并要求边沿棱角都不能漏磨，磨完后应掸净灰尘。

14. 嵌批第四遍腻子

此遍腻子采用熟漆灰腻子，其质量配合比约为熟漆:熟石膏粉:水＝1:0.8（可视情况酌减）:0.4。用中号牛角翘满批一遍。嵌批时应重压扣紧，并收刮干净。嵌批后表面要较光滑。

15. 打磨

用1号木砂纸包在小方木处反复打磨腻子表面，每段打磨长度约100～200mm，直至平整光滑为止。

16. 施涂生漆一遍

用漆刷在已嵌批及打磨平整的物面上施涂一层薄薄的生漆。施涂时要求均匀，宜薄不宜平。

17. 打磨

用220砂纸顺木纹磨一遍，磨至光滑，掸净灰尘。

18. 嵌批第五遍腻子

待生漆施涂及打磨后，还要嵌批生漆腻子一遍。生漆腻子的质量配合比约为生漆:熟石膏粉:细瓦灰:水＝3.6:3.4:7:4。腻子中的熟石膏粉瓦灰必须细腻。用中号牛角翘嵌批后，表面应平整光滑，不得留有多余腻子。

19. 水磨

用320号水砂纸蘸水打磨整光滑为止。打磨时应边磨边洗。打磨后应抹净灰土并有水洗净。检查后，如有缺陷补修完好。

20. 上色

用不会掉毛的排笔，顺木纹薄薄地涂刷一层颜色，如面层为黑色时，可用墨汁；红色时，可用红色。颜色干后手感要光滑，不得有细小排笔刷毛。

21. 施涂第一遍退光漆

用短毛漆刷蘸退光漆敷于被涂物面上，随后用劲推赶均匀，施涂时应纵横交叉反复推刷，不论大、小面积都要斜刷、横刷、竖刷，反复多次，使漆液达到全面均匀。然后用牛角翘将漆刷内的余漆刮净，再顺物面长度轻理拔直出边，侧面等处也同样操作，边缘棱角处如漆液流坠，应轻轻收理好。

22. 水磨

用400号水砂纸蘸肥皂水顺木纹方向打磨，每段打磨长度为100～150mm，边磨边观察，边缘棱角处要特别小心，磨面达到平整光滑为止，磨后用清水抹净，如有磨穿处，可用毛笔、墨汁和退光漆修补，待干燥后补完好。

23. 施涂第二遍退光漆

即为最后一遍，施涂用量70～75g/m^2，施涂方法同第一遍。

24. 破粒

待第二遍退光漆干燥后，必须用400号水砂纸蘸肥皂水将露出在漆膜表面的颗粒磨破，因为这些颗粒往往表面干了内部不干，或者尚未干透。磨破表面后，可以使其充分干燥。

25. 水磨退光

将光亮的漆膜用水砂纸蘸肥皂水将光亮磨去要达到不见星光、缕光。

水磨退光是整个工艺过程中最重要的一环，要认真对待，通过破粒，待漆膜充分干燥后，用600号水砂纸蘸肥皂水在一个地方磨，手指要伸直放平，指甲应剪去，手磨到哪里，眼睛应盯向哪里，边磨边抹水，边察看光泽磨净程度，如果需要重新施涂退光漆，干燥后再磨；如果磨至不见星光，而漆膜未磨穿，则说明磨退成功。

26. 上蜡及抛光

水磨退光后，先在砂蜡中掺煤油并拌均匀，用柔软无杂质的棉织品或纱布包棉纱头蘸蜡在漆膜面上用力揩擦，直至漆膜发热起来后，再用洁净棉织品揩净，为了提高漆膜的光亮度和清晰度，并使漆膜色泽鲜明，还应在漆膜表面上光蜡，其方法是用一小团白色精棉纱头蘸头蜡敷于物面，每一个操作面应分几段进行，应敷一段揩擦一段，直至将操作面上蜡揩擦完毕。最后用洁净绒布揩净蜡迹，便可获得清晰度高、光泽好的物面。

（三）操作注意事项

1. 以上操作工艺适用于横匾、对联、化验台及重要古建筑中的木器涂饰。

2. 被饰物的木质必须干燥，木质潮湿会影响施涂质量。另外操作时，上道工序未干透就进行下道工序，也会影响施涂质量和附着力。

3. 需拼缝的物面一定要用同一种的木质相拼，否则容易变形。另外切忌用马尾松板材。嵌拼缝用竹片和木片涂生漆，以达到粘结牢固的效果。

4. 施涂退光漆时，遇高温季节或气候潮湿，需 2 人操作，以防漆膜快干、施涂不匀而引起皱皮。

（四）质量要求

漆膜漆层均匀、丰满、厚薄一致、不裹楞、不流坠，成膜后不显刷纹、不起皱、色泽清晰、鲜明，漆膜磨退后不见星光、缕光，并达到表面光滑、手感舒适的效果。

（五）安全注意事项

1. 材料加工用明火时，应注意施工场地的安全，控制好温度。

2. 绞滤过的漆渣要包好，集中一起处理。

3. 为了防止漆中毒，施工现场必须有良好的通风，施工操作人员必须穿戴齐全劳保用品。操作前，在皮肤裸露处涂一层甘油、护肤防裂膏、香脂或防护油膏等，以保护皮肤。

二、广漆涂饰工艺

广漆，有的称为明漆、金漆或熟漆。这是由优良的生漆原料（经脱水）经过严格的数次过滤以后与坯油混拼而成。一般情况下生漆∶坯油 =（48～50）∶（52∶50），配方须随气候变化、生漆质量优劣、新陈等而改变。广漆膜干燥后坚韧、光亮透明、色艳，可配制彩色漆。广漆具有耐久、耐热、耐水、耐候、耐磨、耐大气腐蚀及化学腐蚀等性能。其适用范围主要为房屋、门窗和整个室内、车船内部装潢、家具、器具及工艺美术漆器械的表面涂饰。

广漆有多种施涂方法，下面介绍的两种涂饰工艺，可简称为：抄油复漆广漆和抄漆复漆广漆涂饰工艺。

（一）抄油复漆广漆涂饰工艺

1. 操作工艺顺序

施工准备→白坯处理→白木上色油（抄底油）→嵌批腻子、打磨→复补腻子、打磨→上色油（抄油）→上色浆（施涂豆腐色）→打磨→施涂广漆（复漆）→干燥。

2. 操作工艺要点

(1) 施工准备

1）主要工具：大小漆刷、弯把漆刷、牛尾漆刷、牛尾抄漆刷、理漆刷、通帚、牛角翘、钢皮批板、80～100目铜筛等。

2）主要材料：生漆、熟桐油（坯油）、熟石膏粉、豆腐、血料、松香水、溶剂汽油、颜料、厚漆等。

3）窨房：与退光漆磨退窨房相同。

(2) 白坯处理

按常规方法处理。特别注意要将物件表面的木刺、油污、胶迹、墨线等一概除净。松动的翘茬应加固或勒除。用$1\frac{1}{2}$号木砂纸打磨，掸净灰尘。

(3) 白木上色油（抄底油）

色油由熟桐油、松香水、200号溶剂汽油加色配成。加色一般采用可溶性染料、各色厚漆或氧化系颜料配成。调制后，用80～100目铜筛过滤即可。用旧漆刷施涂，涂色应均匀，涂层宜薄勿厚。

(4) 嵌批腻子、打磨

采用有色桐油石膏腻子，搅拌成近似底色即可。其质量配合比约为熟石膏:熟桐油:松香水:水:颜料＝10:7:1:6适量。操作时，先嵌后批。先搅硬的石膏油腻子将大洞、缝隙等缺陷填平嵌实。干燥后，用1号木砂纸略打磨一下。然后将腻子调匀一些，在物件上满批一遍，对于棕眼较多、较深的木材面，应批刮两遍（一遍批刮后，经干燥打磨后，再批刮第二遍），力求使表面平整。待干燥后，用1号砂纸顺木纹打磨光滑。棱角、边线等处应轻磨，不可将底色磨白。

（5）复补腻子、打磨

用有色桐油石膏腻子将凹处等缺陷嵌批平整，并收刮清净，不留残余腻子，否则将难以打磨，而且影响木纹的清晰度。待腻子干燥后，用1号木砂纸将复补处打磨光滑，除去灰尘。

（6）上色油（抄油）

用抄底油的色油，在物面上再施涂一遍，上色应均匀，涂层宜薄而均匀。

（7）上色浆（施涂豆腐色）

色浆材料要用嫩豆腐和少量颜料加色而制成。加色颜料应根据色泽而定。如：浅荸荠色可用酸性金黄加少量酸性橙色；深荸荠色可和酸性金黄加酸性大红加墨汁点滴；铁红色可用氧化铁红等。这些色料用水溶解后加入嫩豆腐和适量生血料一起搅拌。用铜筛过滤后，使豆腐、色料、血料充分分散，混合成均匀的色浆。用油漆刷进行施涂，施涂时必须刷匀。刷这遍色浆的目的是调整基底色泽，不呈腻子疤痕，确保上漆后色泽一致漆膜丰满、光滑、光亮。

（8）打磨

待色浆干透后，用0号木砂纸打磨，磨去面层颗粒，要求打磨光滑，并掸净灰尘。

（9）施涂广漆（复漆）

施涂顺序是先边角后平面，先小面后大面。操作时，用通帚蘸广漆施涂转弯里角，后用牛尾漆刷蘸漆施漆平面，再用牛尾抄漆刷均匀。然后，先用弯把漆刷理匀转弯里面；小平面用牛尾漆刷斜竖推刷匀漆并理直；大面积（指板面或台面）用大号漆刷翘挑物漆纵、横施涂于物面，竖、斜、横交叉反复多次均漆，将漆液推刷均匀。当目测颜色均匀，而施涂时感到发粘费力时，可用毛头顺木纹方向理顺，使整漆面均匀，丰满，光亮。

(10) 干燥

由于广漆中的主要成分是生漆，而生漆的干燥则由气候条件决定，其最佳干燥条件：温度25℃±5℃，相对湿度80%±5%。物件施涂后可以放入窨房内干燥，也可在室内使其自干。(保证温湿度) 正常情况下，物件上漆后6～8h内觉指不粘则表明漆膜表面已基本干燥，经12～24h漆膜基本干燥，1周后手摸有滑爽感，说明漆膜完全干燥，2个月后便可使用。

(二) 抄漆复漆广漆涂饰工艺

1. 操作工艺顺序

施工准备→白坯处理→白木杂色（施涂豆腐色）→嵌批腻子→打磨→复补腻子→打磨→复补腻子→打磨→上色浆（施涂第二遍豆腐色）→打磨→施涂第一遍广漆（抄漆）→干燥→打磨→施涂第二遍广漆（复漆）→干燥。

2. 操作工艺要点

(1) 施工准备、白坯处理、白木染色

操作要点分别同抄油复漆广漆涂饰相应的工序相同。

(2) 嵌批腻子

采用有色广漆石膏腻子，腻子由广漆、熟石膏粉、水及颜料组成。其质量配合比约为广漆:熟石膏粉:水:颜料＝1:0.8:0.3:适量。腻子调拌均匀后嵌批有两种方法：一种是先调较稠硬的广漆石膏腻子，将较大的洞、缝等缺陷处填嵌，干燥后再满批；另一种是先满批后再嵌补洞、缝缺陷。嵌批时，应将洞、缝等缺陷处填实，满批时应一摊、二横、三收起灰，不得留有多余腻子。

(3) 打磨

广漆石膏腻子嵌批后，有条件的可放入窨房内干燥，或在室内使其自干。待干燥后，用1号木砂纸打磨一遍，应顺木纹打磨光滑。

(4) 复补腻子

此遍腻子其颜色与第一道相同，但稠度应稍稀些。操作时，将腻子在物体上满批一遍，批刮完毕，再用较稠硬的腻子将凹处等缺陷复补一遍（以防止缺陷处的腻子收缩，产生疤痕），批刮平整后，将残余腻子收刮干净。

(5) 打磨

干燥后，用1号木砂纸顺木纹打磨光滑，不可横向或斜向打磨。棱角、边线处应轻磨，打磨后掸净灰尘。

(6) 上色浆（施涂第二遍豆腐色）

为了使物件表面色泽一致，使嵌批的腻子疤不显眼，需再施涂第二遍豆腐色，使磨伤处补色。色浆颜色近似底色，施涂应均匀，宜薄勿厚。干燥后，用0号木砂纸轻轻地擦去面层颗粒杂质，打磨光滑，抹去灰尘。

(7) 打磨

待色浆干燥后，用0号木砂纸轻轻地擦去面层颗粒杂质，打磨光滑，抹去灰尘。

(8) 施涂第一遍广漆（抄漆）

抄漆可用抄漆刷先抄后理，上漆必须厚薄均匀，涂层宜薄，勿厚，其操作方法与抄油复漆施涂广漆同。另外也可用蚕丝团抄漆，不论物件面积大小均要适合，且上漆均匀。操作时，将蚕丝捏成丝团，蘸漆涂于物面，向纵横方向不断地往返揩擦滚动，使物面受漆均匀。揩匀后用牛尾漆刷理通理顺。小面积可1人操作，自揩自理，大面积需2人配合，1人在前面上漆，另1人在后面理漆。对于木板等大面积抄漆需多人密切配合，从房间内角开始，逐渐退向门口，中途不可停顿，应连续完成。丝头如粘到物面上，必须及时清除。

(9) 干燥

将物件放入窨房干燥，或在室内使其自干（保证温、湿度）。

(10) 施涂第二遍广漆（复漆）

操作方法与施涂第一遍广漆（抄漆）相同，但漆液就比第一遍略厚些。

（三）操作注意事项

1. 樟木板面做荸荠色广漆，在嵌批石膏漆腻子前或在嵌批石膏油腻子后，应施涂一遍米醋，以防止咬色和反黑。

2. 丝团吸饱漆液后，应挤去多余部分，便需保证丝团内始终湿润、柔软。否则，丝团容易变硬，变硬后不易蘸漆和上漆，揩漆的手势会打滑。

三、红木擦漆工艺

红木是热带地区出产的一种优质木材，木质结实，本体沉重，硬而坚韧，呈深沉红色。用红木制品，稳重高雅，属木制精品，由于其木质致密，不宜采用一般的涂料施涂工艺，而应采用物漆揩漆工艺。

揩漆工艺是大漆涂饰施工中较为细致复杂的一种操作方法，揩漆工艺一般多用于材质坚硬、材种一致、木质致密、造形别致、制作精细的木制品，大多用于红木、仿红木以及精制的家具和雕刻工艺品等表面的涂饰，其漆膜具有薄而均匀、纹理清晰、光滑细腻、色泽均匀、红黑相透、光泽柔和的特点，并具有古朴、典雅东方风格的特色。

红木揩漆按其木质可分为：红木揩漆、香红木揩漆、杂木仿红木揩漆工艺。

（一）红木揩漆工艺

1. 操作工艺顺序

施工准备→基层处理→满批第一遍生漆石膏腻子→打磨→满批第二遍生漆石膏腻子→打磨→揩漆→满批第三遍生漆石膏→巧叶干打磨→揩漆（3～4 遍）及巧叶干打磨。

2. 操作工艺要点

（1）施工准备

1）主要工具：大小漆刷、弯把漆刷、牛尾抄漆刷、通帚排笔、毛笔、大小牛角翘、大小钢皮批板、铲刀、长柄竹板刷、自制竹砂纸夹、剔脚刀、剔脚筷、80～100 目铜筛、老棉絮、绸、汗衫、木砂纸、钢砂皮等。

2）主要材料：生漆、熟石膏粉、酸性品红、酸性大红、氧化铁黑、黑纳粉、黑烟子、酒精、溶剂汽油、豆油等。

3）窨房：与退光漆磨退窨房相同。

（2）基层处理

用0号木砂纸将红木制品表面打磨光滑，对小面积或雕刻花纹的凹凸以及线脚等部位，也要打磨平整和光滑。打磨时可用自制砂纸夹（用竹片削成圆尖的竹棒，将竹片一头劈开长80mm），包住或夹住砂纸进行打磨，直至光滑。

（3）满批第一遍生漆石膏腻子

生漆石膏腻子是由纯生漆加熟石膏粉和水调拌而成。大平面满批时要“一摊、二横、三收”，对洞缝等缺陷处要嵌批坚实；对雕刻花纹凹凸处或线脚处，可用牛尾抄漆刷或短毛旧漆刷蘸腻子满涂均匀，并用老棉絮或旧毛巾揩擦洁净。另外，对线角处堆积的腻子，用剔脚刀或剔脚筷挑剔干净。总之，满批腻子要求批刮完整、收刮洁净、无腻子淤积。

（4）打磨

红木制品满批生漆腻子后，可让其在室内自然干燥，有条件的最好能放入专用不通风的窨房内干燥，室温宜控制在25℃左右，相对湿度在80%左右。干燥时间约24h。待生漆腻子干燥后用0号木砂纸打磨平整并掸净。

（5）满批第二遍生漆石膏腻子

第二遍生漆石膏腻子的批刮方法和要求与第一遍基本相同。

（6）打磨

第二遍生漆石膏腻子的干燥及打磨方法同上。

（7）揩漆

即揩物漆。揩漆时，大面积用牛角翘挑蘸生漆满批于被涂物面，用牛尾抄件漆刷抄涂均匀，再用漆刷反复横竖刷理均匀；小面积及线条，直接用牛尾抄漆刷蘸生漆分开点刷、抄涂均匀；再用漆刷反复来回刷理均匀，遇有雕刻花纹装饰的弯头、短小档料，无法用抄刷操作的角落，需用帚蘸生漆通抄涂，再用弯把漆刷理均匀。然后用老棉絮横圈竖揩，面积较小的角落处，可用绸布或汗布包竹片通揩角落处。最后顺木纹揩擦，揩纹要细腻。

(8) 满批第三遍生漆石膏腻子

物件经揩漆后应放入窨房，湿度大时也可不放入窨房，使其自干。待生漆干燥后，再满批第三遍生漆石膏腻子，此腻子比上遍腻子可略稀，批刮和干燥要求同上。

(9) 巧叶干打磨

待第三遍腻子干燥后，用巧叶干（是一种树的树叶，叶子带刺）打磨。使用前应将巧叶干浸水还潮，然后在红木制品表面来回打磨，直至表面光滑、细腻为止，并揩抹干净。

(10) 揩漆（3～4遍）及巧叶干打磨

揩擦及干燥方法分别同上所述，每遍的揩漆漆膜干燥后，都要用巧叶干浸水还潮后，打磨平整、光滑，并揩抹干净后再揩一遍生漆。在一般情况下，揩漆3～4遍才能达到漆膜均匀、光滑细腻、色泽均匀、光泽柔和，并具有古朴、典雅的涂饰效果。

(二) 香红揩漆工艺

香红木又称花梨木，采用揩漆工艺后，其涂饰效果虽次于红木，但大大优于杂木仿红木的涂饰效果，其操作工艺如下：

1. 操作工艺顺序

施工准备→白坯处理→满批第一遍生漆石膏腻子→打磨→第一遍上色→揩漆→满批第二遍生漆石膏腻子→打磨→第二遍上色→揩漆→满批第三遍生漆石膏腻子→巧叶干打磨→揩漆（二至四遍）及巧叶干打磨。

2. 操作工艺要点

(1) 施工准备

同前。

(2) 白坯处理

香红木材质本身略呈浅色，白坯处理选取用$1\frac{1}{2}$号木砂纸将胶迹等打磨干净，然后用开水满浇一遍，使物件表面的木刺翘起，再用1号木砂纸打磨去刺，打磨后面要求表面平整、光滑。雕刻花纹的凹凸线脚处的打磨方法与红木相同。

(3) 满批第一遍生漆石膏腻子

其满批和干燥方法与红木相同。

(4) 打磨

待腻子干燥后，先用320～360目铁砂布打磨，待基本平整后揩抹干净，然后再用0号木砂纸打磨平整并掸净。

(5) 第一遍上色

香红木揩漆的第一遍上色，又称为上“苏木水”，它是由苏木、五倍子、无花果、菱壳等组成，施涂干燥后，再用清水冲洗，待干燥后再揩漆。

(6) 揩漆

生漆的揩涂的干燥方法与红木相同。

(7) 满批第二遍生漆石膏腻子及打磨

满批腻子与前相同。腻子干燥后要有0号木砂纸打磨平整和光滑，并掸净。

(8) 第二遍上色

又可称为“品红水”。这是由碱性品红和碱性品汞用沸水溶解而成，“品红水”施涂干燥后，也要用清水冲洗，待干燥后再揩漆。

(9) 第二遍上色以后的其他操作工序

分别与红木揩漆工艺中相应工序相同。

(三) 杂木仿红木揩漆工艺

由于红木出产量少、价格昂贵，所以在生漆揩漆工艺中，常将木质较好的硬木制品，通过上色、揩漆等操作，将其表面涂饰成具有光滑细腻、光泽柔和、颜色黑红相透的仿红木制品。杂木仿红木揩漆除了用于家具、用具、工艺品以外，还可以用于房屋建筑，特别是具有民族风格、古朴、典雅的建筑装饰。

杂木仿红木揩漆时，要根据揩涂的对象和要求，采取不同的揩漆方法。如家具等揩漆的质量要求高，操作时应严格按照工艺要求，而房屋建筑中的揩漆质量要求则要可适当放宽，揩漆遍数可视具体情况和要求适当调整。现将杂木家具制品的仿红木揩漆工艺介绍如下：

1. 操作工艺顺序

施工准备→白坯处理→第一遍上色→满批第一遍生漆石膏腻子→打磨→第二遍上色→满批第二遍生漆石膏腻子→打磨→第三遍上色→揩漆→满批第三遍生漆石膏腻子→打磨→揩漆（4～5遍）及打磨。

2. 操作工艺要点

（1）施工准备

与红木相同。

（2）白坯处理

白坯物件表面，难免会留下一些胶迹、油迹等粘附物质。胶迹用锋利小刀或3mm厚玻璃刮去，油迹用松香水或溶剂汽油揩擦干净；对有腐朽损坏的翘雀斑等材质疵病，应该切除修整；对大裂缝与拼缝应该撕缝（用刀尖将缝扩大成V字形），对已撕缝和收缩的拼缝处，用竹钉或木片塞实后嵌填，在缝内及竹片或木片上涂上生漆，以利于两者粘结牢固，再用木工凿削平，然后用$1\frac{1}{2}$号木砂纸将整个物件打磨平整，雕刻花纹的凹凸线脚处的打磨方法与红木相同。

（3）第一遍上色

仿红木揩漆上色是直接关系到整个揩漆后的效果是否逼真的重要环节。由于杂木仿红木揩漆的操作方法有多种，其上色材料配方也不同。所以遇具体情况时应灵活掌握各种材料的用量，并要求以揩漆后色泽均匀、红黑相透，犹如红木为原则。应避免上色效果差，达不到仿红木的色泽要求，揩漆制品使用后，漆膜中的黑色逐渐褪色。

根据上海、江浙一带有丰富经验老师傅的介绍，杂木仿红木揩漆的上色共有3次，其中第一次上色为酸性大红，调配时加沸水搅拌溶解。上色时，施涂要均匀，不得漏涂。

(4) 满批第一遍生漆石膏腻子

腻子调配时，应根据选用材料的质量、气候、温、湿度及各地对色彩的习惯确定其配合比。一般杂木仿红木揩漆腻子的质量配合比约为生漆:熟石膏粉:氧化铁黑:酸性大红上色（即第一遍上色水）＝43:34:5:18。调制时，先将熟石膏粉放在洁净的拌板上，中间留成涡形，把生漆挑入涡形处与熟石膏粉拌和，然后将少量的熟石膏粉放在拌板边角，加入上色水，再和生漆石膏粉混合后加入氧化铁黑拌匀。满批腻子方法同红木。

(5) 打磨

待生漆石膏腻子干燥后，用0号木砂纸顺木纹打磨平整，打磨时不能磨伤底色，不磨出白棱角，磨后应掸净。

(6) 第二遍上色

第二遍的上色材料为酸性大红加玄色（即黑色）粉，加沸水搅拌溶解后施涂于物件表面，施涂要均匀，不得漏涂。

(7) 满批第二遍生漆石膏腻子及打磨

其腻子调配、满批、打磨方法分别与第一遍腻子相同。

(8) 第三遍上色

其上色配料及方法与第二遍上色相同。

(9) 揩漆

与红木揩漆工序相同。

(10) 满批第三遍生漆石膏腻子

此遍腻子应比上二遍腻子略稀些，批刮方法同前。

(11) 打磨

待第三遍腻子干燥后用0号木砂纸打磨，其方法同前。

(12) 揩漆（4～5遍）及打磨

揩漆和干燥方法分别同红木漆工序，但每遍揩漆的漆膜干燥后，都要用0号木砂纸打磨平整和光滑，并揩抹干净后再揩下一遍生漆。杂木仿红木揩漆一般要求揩漆4～5遍，直至达到预期的仿木涂饰效果为止。

（四）旧红木或仿红木制品的重新涂饰工艺

由于红木数量少，价格昂贵，红木制品揩漆后，经长期使用漆膜难免会逐渐磨损，光泽也会逐渐褪去，为了保持红木原来古朴、典雅、庄重、昂贵的特色，可以通过重新揩漆涂饰来返修出新。其操作工艺顺序和操作要点除基层处理与新制品有所区别外（旧红木制品的基层处理用0号木砂纸将物件表面全部打磨），其嵌批腻子及揩漆的遍数可视原基层情况适当减少，操作要点与新制品相同。

（五）操作注意事项

1.揩涂生漆，可根据气候与生漆材料质量的好坏，在生漆内加少许纯熟豆油。例如，当气温在25℃左右，相对湿度在85%以上时，生漆干燥时间较短，而揩漆涂层又较薄，这时生漆易干变稠，应及时用漆刷横竖理匀和揩漆。除了采用涂一面揩一面的分段揩漆方法，还可以在漆内加少许豆油，以减慢生漆的干燥速度，便于操作，同时还可以增加漆膜的光亮度。

2.旧杂木仿红木制品重新揩漆返修出新时，由于原表面已经上色和嵌批有色生漆石膏腻子，操作时应注意上色水的颜料掺量应适量。切忌因颜料量过多，造成颜色太深。

第六节　新工艺与艺术工艺

近年开发的丙烯酸酯类涂料，由于具有优异的耐候性、耐水性、耐碱性和保色性等，我国得到广泛的应用。目前已有彩砂涂料、喷塑建筑涂料和丙烯酸有光凸凹乳胶漆等产品。在此基础上发展起许多新型饰面的做法。

一、彩砂薄抹涂饰工艺

该饰面采用苯丙建筑乳液（苯乙烯和丙烯酸酯为主的三元聚乳型树脂）为胶粘剂，将单色或多色的天然石屑或人造彩砂，用传统的抹灰方法，涂抹在被饰物表面，形成2～3mm的装饰层的一种工艺。新建的国家图书馆外墙面约2万多平方米采用这种白色饰面，取得了类似汉白玉的效果。现将其施工工艺简介如下：

（一）施工准备

1. 材料

彩砂薄抹涂料（密封容器贮存，有效期6个月，存贮温度0～40℃）、基层封闭涂料、彩色石屑、罩面涂料。

2. 工具

手提式电动搅拌器、刷子、不锈钢或塑料抹子、塑料水桶、灰勺、抹布、分格条。

3. 作业条件

基层须是混凝土、水泥砂浆、水泥石棉板或纸面石膏板，不宜在混合砂浆基层上做玻璃彩砂饰面，以免起鼓脱落。基层处理要合乎要求，含水率不得大于10%，施工环境温度10℃以上。

（二）工艺流程

清理基层→抹底灰养护后自然干燥→涂刷基层封闭涂料→弹线分格→涂抹彩砂→抹压→喷罩面胶→成品保护。

（三）操作要点

1. 基层处理

同一般饰面的基层处理要求。

2. 抹底灰

对混凝土基层可涂刷YJ302混凝土界面处理剂一遍，待干燥后，抹水泥:砂子=1:3的底灰，再用1:2.5水泥砂浆罩面，抹平压实后，用水刷带毛。

为保证装饰质量，使其平整、顺直，按中高级抹灰墙面质量要求检查。

3. 涂刷基层处理剂

待墙面抹灰后养护好，自然干燥，含水率降至10%以下，即可开始抹彩砂。先用毛刷涂刷基层处理剂两遍，要均匀、不漏刷。其作用为封闭、减缓干燥基层粘结胶过多吸取水分。

4. 弹分格线

按设计要求，弹好分格线，粘好分格条，要求水平、垂直、宽窄一致。

5. 抹涂彩砂

彩砂涂料应用电动搅拌器搅拌均匀，抹涂厚度2～3mm，薄薄的满抹一遍成活，不得留有明显的抹痕、接茬，要抹光，趁湿揭下分格条，要仔细慢揭，不得损坏抹好了的涂层。

6. 抹压

根据施工现场的环境温度湿度、日照、风力等情况，视涂层干燥程度掌握抹压时间，一般以砂粒微显、乳液微缩、颜色变深、不粘抹子为准。抹子一定要保持干净，压时先将抹子用湿布揩干净，然后抹压拍实。要仔细小心，以平整、表面无抹痕、麻坑为好，一定要将砂料压平、压倒，否则会因光影效果而使饰面显花，但要防止压糊。

（四）注意事项

1. 抹涂饰面时要注意边、角、棱线的垂直、方正、平整。

2. 24小时内避免接触水，大风、雨雪天室外应停止作业，对未干彻底、无强度的饰面要采取防水、防污、防尘、防冻、防磕碰的措施。

3. 抹涂施工为"软接茬"，否则会留下接茬痕迹。故操作休止段，最好以分格线、装饰线、腰线为准，整片墙面分段。

4. 饰面干燥后就不好修补，故趁未干时仔细检查，及时修补缺陷，但不得压糊，留下痕迹。也可采用喷涂工艺作大面种内外墙的彩砂饰面。用空气压缩机、喷石斗、喷胶斗及胶辊等工具。在喷涂彩砂时，一人在前面喷胶，一个在后在喷石。胶厚度在1.5mm左右，外饰面用的石粒粒径在1.2～3mm范围内。喷石后的5～10分钟用胶辊滚压两遍，两遍间隔时间为2～3分钟，起出分格条，将分格缝里的胶和石粒全部刮净，再喷罩面胶，时间在石粒喷完后2小时左右，共喷两遍。罩面胶的作用在于形成一个连续、憎水且透明的薄膜层，起防止雨水浸入饰面层，并有抗污染、抗老化的能力，使表面有一定的光泽。

二、喷塑建筑涂料施工工艺

喷塑建筑涂料是以丙烯酸酯乳液和无机高分子材料为主要成膜物质的有骨料的新型建筑涂料，也称“浮雕涂料”、“华丽喷砖”、“波昂喷砖”。它以水为稀释剂，无毒、无味，不污染环境，不燃、不爆，可用于内外墙面和顶棚的装修，可形成不同质感的饰面。如米粒喷塑，表面不出浆，满布细米粒状颗粒。压花喷塑：表面灰浆饱满，经滚压后形成主体花纹图案；大花喷塑：喷点以不出浆为原则，出圆点，满布粗碎颗粒，喷点大小、疏密均匀。

（一）施工准备

1. 材料：底釉，乙烯-丙烯酸共聚乳液，喷塑骨架涂料，面釉。

2. 工具：空气压缩机，工作压力 0.5～0.6MPa，排气量 $0.6m^3/min$；耐压风管 1.8MPa；喷枪采用 2mm、4mm、8mm 口径的喷头；电动骨料搅拌器、薄钢板抹子、油刷、油辊等。

3. 作业条件：基层处理合乎要求，pH 值在 7～10 之间，含水率小于 10%，环境温度 5℃ 以上，相对湿度不超过 85%，风速应小于 5m/s。最佳施工条件为气温 27℃，相对湿度 50%，无风。

（二）工艺流程

喷刷底釉（底胶水）→喷点料（骨架）→喷点→喷涂面釉。

（三）操作要点

1. 喷（刷）底釉

用油刷或 1 号喷枪将底釉涂布于基层上。

2. 喷点料

将喷点料密封在塑料袋中，塑料袋又装在密封的白铁桶内，并注水保养。调制时按配比，用桶内保养水加入喷点料搅拌成糊状，即可使用。黏度、压力调整合适后，按样板施工，一人持喷枪喷，一人负责搅拌骨料成糊状，一人专门添料。喷涂时可通过调节压力和喷枪口径大小及喷涂的厚度，来获得不同的图案。

3. 压花

点料上墙 5～10 分钟后，由一人用蘸松节油的塑料辊在喷点面上轻轻均匀用力碾压，始终朝上下方向滚动，使滚压后的饰面呈现具立体感的图案。

4. 面釉喷涂

面釉色彩按设计要求一次配足，以保证整个饰面的色泽均匀。在喷点料 12～24 小时后，可用一号喷枪（压力调至 0.3～0.5MPa）喷第一道水性面釉。第二道用油性面釉。

5. 分格缝上色

基层原有的分格条喷涂后即行揭去，分格缝可根据设计要求的颜色新描涂。

（四）注意事项

1. 基层处理时所用腻子可用光乳胶漆加适量的粉料调成，切不能用大白粉、纤维素等强度低的原料做腻子，否则因表面强度低，涂腻会出现起皮、脱落等现象。

2. 风力较大或雨天要停止施工。

3. 每个工作面须连续喷塑，接茬留在阴角，以免露接茬痕迹。

4. 面釉需一次配足，以保证整个装饰面的色泽均匀，深浅一致。第一道面釉干后再喷第二道，常温下两道施涂的时间不应少于 4 小时。

三、各色丙烯酸有光凹凸乳胶漆厚薄饰面施工工艺

各色丙烯酸有光凹凸乳胶漆是以有机高分子材料——苯乙烯、丙烯酸酯乳液为主要成膜物质，加上不同的颜料、填料和骨料而制成的薄涂料和厚涂料。它由两部分组成，一是丙烯酸凹凸乳胶底漆，它是厚涂料；二是各色丙烯酸有光乳胶漆，它是薄涂料。丙烯酸凹凸形状，再喷上 1～2 道各色有光乳胶漆；也可先在底层上，喷一道各色丙烯酸有光乳胶漆，待其干后再喷涂丙烯酸凹凸乳胶漆底漆，经过抹、轧显出图案，待干后罩上一层苯丙乳液。

（一）施工准备

1. 材料：丙烯酸乳液，为奶白色黏稠状；凹凸乳胶底漆，为本白色无光稠厚糊状；各色丙烯酸有光乳胶漆，是由苯丙烯乳液加上颜料、填料和各种助剂，经过高度分散而成的一种水性涂料。需要某种颜色时再用色浆调配。

2. 工具：空气压缩机，喷枪，2mm、4mm、8mm 口径的喷头，抹子等。

3. 作业条件：基层一般要求为水泥砂浆或混合砂浆、混凝土预制板、水泥石棉板等，处理合乎要求。含水率 10% 以下，pH 值在 7～10 之间，这可由墙面粉刷后龄期来掌握，新的水泥砂浆墙面，夏季置 3～7 天，新的混凝土墙面，冬季则需置 10～15 天，夏季需置 7 天。

（二）操作工艺

1. 喷涂凹凸乳胶底漆

采用 6～8mm 喷头，喷涂压力 0.4～0.8MPa。喷涂后停 4～5 分钟（温度 25±1℃，相对湿度 65%±5% 的条件下）同一人用蘸水的铁抹子在喷涂表面轻轻抹压，并始终向上下方向进行，使饰面呈现立体图案。

2. 面层喷涂各色丙烯酸有光乳胶漆

在喷完凹凸乳胶底漆后，间隔 8 小时，用 1 号喷枪喷涂，压力为 0.3～0.5MPa，一般喷涂二道为宜，待第一道漆膜干后再喷第二道。

3. 分格缝处理

基层原有分格条时，揭下后，再根据设计重新描涂。

（三）注意事项

1. 涂料应放在干燥通风的库房内，贮存温度在 0℃ 以上。若漆冻结，可在暖和处缓缓恢复。

2. 使用前要充分搅拌均匀，喷涂黏度可根据气温和施工要求适当加水稀释予以调整，勿与有机溶剂相混。

3. 施工时基层温度应在 5℃ 以上。

4. 要待头道漆膜干后，才能再喷刷第二道涂料。

5. 喷涂凹凸乳胶底漆时，可根据其稠度适当调节喷涂压力。先喷样板，根据效果确定图案和喷涂工艺。

6. 大风或下雨时，不宜施工。

四、各种颜色棕眼施涂工艺

各种颜色棕眼施涂工艺，适用于高级建筑木装饰或精细木制品的保护和装饰。其主要特点是能将木制品表面涂饰成两种不同的颜色，即木纹棕眼内为一种颜色，木纹棕眼内为白色、黑色、红色、绿色等。该工艺对木制品的材质要求较高，要求选用木纹较好、棕眼又明显的水曲柳、榆木等硬木树种。

(一) 新基面各种颜色棕眼施涂工艺

1. 操作工艺顺序：基层处理→施涂第一→二遍虫胶清漆及打磨→局部嵌批腻子及打磨→揩有色油老粉及打磨→施涂第三遍虫胶清漆及打磨→修色→施涂第四遍虫胶清漆及打磨→施涂罩涂料。

2. 操作工艺要点

(1) 基层处理：先用 1 号木砂纸在木制品表面顺木纹打磨，要求打磨掉木面上的木毛等，达到平整光滑。

(2) 施涂第一、二遍虫胶清漆及打磨：其重量配合比约为虫胶:酒精 = 1:(5～6)，用排笔蘸虫胶清漆在木制品表面施涂，第一遍虫胶清漆施涂干燥后，要用 0 号木砂纸轻轻打磨，才能再施涂第二遍虫胶清漆。

基层处理后先施涂虫胶清漆的主要目的是为了封底，使木面大部分面积（除木纹棕眼以外）揩涂有色油老粉时，由于已进行了封底处理，就不会吸附有色油老粉中的颜色。而木纹棕眼虽也经过封底处理，但还是存在一定的孔隙，揩涂有色油老粉时，则能顺利地嵌入，从而使整个木面达到两种不同颜色的涂饰效果。

(3) 局部嵌批腻子及打磨：对木制品表面存在的较大缺陷，要嵌批虫胶漆腻子，其调配方法为：如设计要求木面为本色，棕眼为白色的虫胶漆腻子，可用虫胶清漆［虫胶:酒精 = 1:(5～

6)］加老粉，二者按比例搅拌均匀。

操作时，应将洞、缝等缺陷嵌批平整，待腻子干燥后用 0 号木砂纸打磨。

(4) 揩有色油老粉及打磨：是各种颜色棕眼施涂工艺的关键工序，必须根据其物面及棕眼的颜色来准确调配油老粉。如调配施涂后木面为本色，棕眼为白色的有色油老粉，其重量调配合比约为老粉:立德粉:汽油（或松香水）:熟桐油＝42:40:16:2。如调配施涂后木面为本色，棕眼为黑色的有色油老粉，其重量配合比约为老粉:铁黑粉:汽油（或松香水）:熟桐油＝40:40:16:4。

揩涂操作时，先用竹花或棉纱头将有色油老粉揩在木制品表面上，进行横揩和圈楷，待稍干后用手心揩抹，然后再用新竹花或棉纱头将遗留在木制品表面上多余的油老粉揩抹干净（嵌入棕眼内的有色油老粉则被保留下来）。最后用清洁的棉纱头全部揩抹一遍。待棕眼内的有色油老粉干透后，用 0 号木砂纸在木制品表面打磨一遍，要求磨去浮粉，掸去灰尘。

(5) 施涂第三遍虫胶清漆及打磨：用排笔蘸虫胶清漆，在揩过有色油老粉的木面上全部施涂虫胶:酒精＝1:（4～5）的虫胶清漆一遍。待虫胶清漆干燥后，用 0 号木砂纸轻轻打磨，要求磨去涂膜表面的细小颗粒。

(6) 修色：各种颜色棕眼施涂和修色主要包括：一是对木制品面材和施涂后因色泽不同的修色，如木面本色的修色；二是对木纹棕眼颜色的修色，因其天然木纹棕眼在切片加工等过程中受到损坏。因此，必须通过修色将其木棕眼按原分布状况用楷笔修描出，使其达到自然逼真的效果。修色涂料主要是用较稀的虫胶清漆和氧化铁系颜料或哈巴粉、立德粉、汉口黄等调配成接近设计需要的木面颜色和木纹棕眼颜色。

(7) 施涂第四遍虫胶清漆及打磨：待修色干燥后，用重量比为虫胶:酒精＝1:（3～4）的虫胶清漆在木制品表面施涂一遍，干后用 0 号旧木砂纸轻轻打磨并揩抹干净。

(8) 施涂罩面涂料：罩面涂料的施涂遍数可视工艺要求而

定，每遍施涂干燥后，都要用0号旧木砂纸或400号水砂纸轻轻打磨，再施涂下遍涂料。

（二）配修各种颜色的棕眼工艺

配修各种颜色的棕眼工艺，主要对木制品在使用过程中被严重损坏的涂膜（如洞、缝等处腻子脱落、涂膜被烫焦、碰撞坏等）进行修复。该工艺的操作与旧涂膜局部配修工艺基本相同，但其调色、修色的要求更高，难度更大，配修各种颜色棕眼的质量也取决于调色和修色。清除局部损坏涂膜和修色的操作要点如下：

1. 清除局部损坏涂膜

(1) 首先应把脱落的涂膜和腻子及孔眼边缘的圈迹，用大于孔眼的钻头钻开，直钻到孔眼的底部或钉帽上，孔眼边缘应显出白木。如有疤痕应用锋利的剔脚刀剔去疤痕，然后清理干净后，用附着力较强的浅色油腻子嵌补孔眼，如嵌补厚度较大时，可分数次进行，直至腻子嵌补至与原木材面平齐。

(2) 对烧、烫焦疤的修补，先用木工小半圆凿凿去焦疤。凿时，要大于焦疤边缘约2～3mm，然后用附着力较强的浅色腻子嵌补平整。

2. 修色：在已嵌补过腻子的腻子疤上，用1号木砂纸打磨平整的施涂原涂膜的涂料一遍。干透后，按照孔眼周围的木纹和棕眼颜色（颜料放在木砂纸背面），试准后逐个修描，细心画出木纹及棕眼。干透后，在修色面上施涂原涂膜涂料2～3遍，待其干燥后即可施涂罩面涂料。

（三）旧涂膜的局部或全部配修工艺

为了使旧的建筑物及木制品装饰能重新获得良好的装饰和保护功能，经常要对旧涂膜表面存在的脱落、老化、龟裂、起皮、褪色、伤疤等缺陷进行局部配修或全部重新施涂。

对旧涂膜的配修施涂工艺，要比在新基面上的施涂工艺复杂很多，因为首先要把旧涂膜基层处理好。在一般情况下，当涂膜病态面积较大，可采用局部配修的方法来修复。反之，当涂膜病态面积较大，附着力较差时，则应全面清除旧涂膜后，重新施涂。

1. 旧涂膜局部配修工艺

旧涂膜局部配修工艺首先要清除掉病态涂膜，经嵌补腻子、调色、拼色、修色后重新全面施涂罩面涂料。

(1) 操作工艺顺序：局部清除旧涂膜并对其边缘进行“倒楞”处理→基层处理→嵌批腻子及打磨→配修部位施涂新涂料→清理全部旧涂膜表面及打磨→全面施涂虫胶清漆或罩面小料一遍→拼色、修色→全面施涂罩面涂料二遍。

(2) 操作工艺要点

1) 局部清除旧涂膜并对其边缘进行“倒楞”处理：局部清除旧涂膜的基本方法有火喷法、手工及机械清除法、碱液清除法、有机溶剂（脱漆剂）清除法。清除时，被清除的面积应大于有病态部分的面积。

旧涂膜清除后，应对边缘进行“倒楞”处理，其目的是使旧涂膜边缘牢固坚实，并能与新配修的涂膜牢固地结合成整体。操作时，可先将旧涂膜边缘的不牢固部分先磨去或刮去，对部分附着力较好的涂膜，用玻璃或锋利刀刃来刮削，但刃口须平直无缺口，以免留下刮削条痕，然后将平面打磨平整光滑。

2) 基层处理：已被清除掉旧涂膜的基层表面上，可能有油污等，另外采用碱液或有机溶剂清除旧涂膜时，基层表面将留下残余碱、残留溶剂、石蜡等，这些都将对新的涂层产生有害的影响，或给基层留下了潜在的腐蚀隐患，只有将其清理干净，才能确保配修和涂层质量。操作时可采用清水或酒精揩洗。

3) 嵌批腻子及打磨：对已被清除的旧涂膜处应嵌批腻子，调配腻子时其颜料的量要准确和适量，使之更接近原腻子的颜色，干燥后应打磨平整。

4) 配修部位施涂新涂料：施涂时应特别仔细，各涂层的厚度应均匀；新涂膜与旧涂膜的结合部位应平整、光滑、密实、完整。

5）清理全部旧涂膜表面及打磨：配修部位的新涂料施涂只进行到罩面漆涂层以下，不可一次完成。然后应清理全部旧涂膜表面，将旧涂膜原罩面涂层全部打磨掉。

6）全面施涂虫胶漆或罩面涂料一遍：待局部新涂膜和原旧涂膜全打磨后，为了能使罩面涂料施涂后达到色泽一致和令人满意的效果，可先施涂虫胶清漆或罩面涂料一遍，此遍施涂可尽量稀薄一些，主要能显示出新配修涂膜和原涂膜的色泽是否有差异、从而决定是否需拼色或修色。

7）拼色、修色：以上涂料施涂后，对其新旧涂膜表面仍存在的色泽不一致处，应进行拼色和修色。旧涂膜局部配修应特别重视调色与拼色工作，配修的质量取决于调色与拼色，如调色、拼色适当，配修后的色泽可与原涂膜色泽完全一致。其操作要点如下：

a. 在原涂膜表面上色和修色时，必须按照原涂膜的用料和颜色来进行拼色和修色。拼色材料可由罩面清漆、稀释剂、颜料等组成。其具体配合比应以旧涂料涂膜为样板，经反复试配，使色泽尽量接近原涂膜。配成的料应稀薄、无杂质、无粉粒、便于操作。拼色工具应用油漆刷或排笔，修色应用小毛笔进行，切忌急躁。拼好色以后，边缘不得留下“楂子”，发现如有，必须用400号水砂纸蘸水后轻轻打磨掉。待干透后经检查，如色泽确实已达到了浑然一体的地步，方可施涂面漆。反之则应打磨后重新拼色、修色，直至达到令人满意为止。

b. 对于调合漆、磁漆、桐油、大漆等旧涂膜的局部配修，如在配修地仗、涂料施涂后，也应将全部旧涂膜表面清理及打磨干净。然后进行拼色和修色，干燥后再统一施涂一层罩面漆，方能取得较满意的配修效果。

c. 操作注意事项：

(a) 拼色和修色时，应做到与旧涂膜之间既不留空白，又不得有丝毫搭接，应顺木纹理顺。另外还应反复调整颜色，使之与原涂膜颜色一致无差别。拼色后，不得有“乱纹”迹象，要去除“晕痕”。

（b）拼色的颜料属氧化铁系列，沉淀较快，使用前必须充分搅拌均匀，施涂中也应经常搅拌，以防颜色深浅不一。

（c）应根据气候的潮湿程度，选用或适当调整拼色材料及配合比，防止拼色后泛白和颜色不准而造成返工。

8）全面施涂罩面涂料 1～2 遍：罩面涂料的施涂方法与新基面施涂罩面涂料的方法相同。

2. 旧涂膜全部清除配修工艺

旧涂膜全部清除后重新施涂工艺，除了增加清除原有旧涂膜的工序外，其余完全与在新基面上涂料施涂工艺相同。旧涂膜的清除方法与局部清除方法相同。

五、模拟涂饰施工工艺

模拟涂饰工艺是一种传统的工艺美术油漆。它是用特殊的工艺手段将油漆涂到物面上，仿制出优美的木纹或石纹，可以达到以假乱真的装饰效果。

普通木材（如针叶树）的纹理粗糙，并存有各种缺陷，如节疤、病虫害、青变、色斑等。采用模拟涂饰可遮盖木材的上述弊病，变粗陋木面为秀丽的水曲柳等高级木纹或石纹面。模拟涂饰不但能在木材上应用，同样也可以用到非木质面上，如石膏板、水泥制品、金属铁皮等。应用模拟工艺装饰物面，不但可以提高饰面的装饰效果，同时可节约大量珍贵木材和石材，经济实惠。

模拟涂饰可以用机械方法在人造板、刨花板、纤维板上印刷图案，生产效率高，但图案比较单调，适合于工厂大规模生产。采用手工绘制图案，自由灵活，可任意出样成纹，图案丰富多彩，特别对旧家具翻新，更宜采用此法。

手工涂绘有笔绘、刷绘、拉绘（用齿形橡皮）、拍绘、喷绘、感光丝网印刷等技法。要掌握好模拟涂饰技艺，先要对所模仿的珍贵木材或石材的色泽纹理、纹路特征及规律进行仔细观察，只有在充分了解和熟悉的基础上，通过不断实践，才能逐步做到得心应手，使仿制出来的木纹或石纹达到惟妙惟肖的境界。学习模拟涂饰，最好采用纹理清晰的实物作为样板，并且自制一些适宜的工具。下面介绍水曲柳、樟木及大理石纹的模拟方法。

（一）模拟水曲柳木纹

水曲柳是一种较贵重木材，其木纹的纹理清晰、层次分明，深得大家的喜爱，是仿制木纹的理想材料。仿制水曲柳木纹可用笔描绘，但更多的用滚绘和自制橡皮拉绘，滚绘和拉绘的速度快，而且纹理层次分明。

模拟木纹的底面用不透明漆涂饰，根据底漆和木纹色的不同，模拟施工方法有虫胶漆底水色模拟法、乳胶漆底氯偏水色模拟法、油漆底油色模拟法三种。

绘制木纹用的有成品的橡胶木纹滚桶（商店有售，见图 5-23*a*），齿形橡皮需要自己制作（见图 5-23*b*）。所用橡胶板的厚度为 3mm，长 80mm，宽度有 30mm、50mm、80mm 三种。橡皮的一端是稀齿，另一端为密齿，刷宽分别为 30mm、50mm、80mm。橡皮的质量要好，与物面摩擦不能有掉色现象。

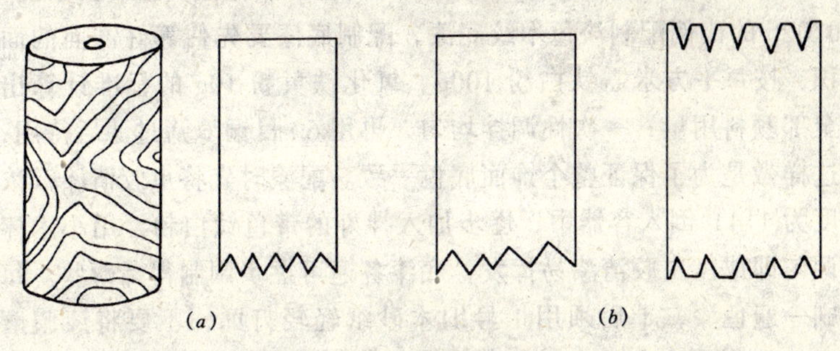

图 5-23　各种仿纹绘制工具

（*a*）橡皮滚桶；（*b*）齿形橡皮

1. 虫胶漆底水色模拟法

用虫胶漆作底漆，干燥快，工期短，物面涂饰后平整光滑，色泽均匀，无小颗粒。在虫胶清漆面上很适合水色模拟涂饰，水色材料容易使纹线掸刷成形象逼真的棕眼，使纹理更趋自然。但虫胶清漆的耐水性及耐高温性较差，故此法一般只适用于室内装饰和家具涂饰。

(1) 操作工艺流程

基层处理→嵌批腻子→打磨→复嵌腻子→打磨→刷虫胶色漆→揩涂虫胶清漆→刷水色→绘制木纹→固色→罩面层清漆。

(2) 操作工艺程序要点

1) 基层处理：将物面上的胶漆、油渍、锈迹、砂浆、浮灰等污浊物清除干净（旧家具必须刮除起壳的漆膜，用碱水洗去污垢，再用清水洗净），用1:6虫胶清漆或头抄清油通刷一遍，作封底用，同时增加与腻子的附着力。

2) 嵌批腻子、打磨：将物面上的洞眼、缝隙等缺陷用猪血腻子或石膏油腻子填平嵌实，干后打磨平整，然后满批腻子2～3遍，每遍腻子嵌批后都须用1号木砂纸打磨平整，掸清浮灰。

3) 复嵌腻子、打磨：对批刮腻子后的基层面上留存的不平整处进行补嵌，然后用砂纸打磨平整，使整个物面达到平整光滑。

4) 刷虫胶色漆：按虫胶漆：钛白粉：氧化铁黄粉=1:0.25:0.025的比例配制淡色木纹底漆，配制底漆要先估算好饰面的面积，按每平方米需钛白粉100g、氧化铁黄粉10g的标准计算出全部颜料用量，一次性调拌均匀，再用60目铜箩筛过滤后待用，这样做是为了保证整个饰面底色一致。配漆时先将虫胶清漆（浓度为1:4）倒入容器中，逐步加入拌好的带色钛白粉，用小木棒调匀即成。虫胶清漆易挥发，底漆各遍可逐步调制得稀薄些。每刷一遍色漆，干后须用1号旧木砂纸轻轻打磨，不要将漆膜磨穿，特别要注意对边角和线脚的打磨。

5) 揩涂虫胶清漆：在刷好底色的物面上刷涂或揩涂2～3遍虫胶清漆，揩涂的效果比刷涂好，这是因底色是自行配制的，颜料的粒度较大，采用棉花揩涂能使物面更加光洁清爽。

6) 刷水色：按氧化铁黄粉:哈巴粉:化学浆糊胶液:清水=25:5:5:1000的比例配制成浅水曲柳木纹色，或按哈巴粉:墨汁:化学浆糊胶液:清水=25:5:5:1000的比例配制成深色水曲柳木纹色。根据设计要求将深或浅的水色用底纹笔均匀地刷涂到物面上，刷水色宜薄不宜厚，而且要根据物面的具体情况在阴阳角及线脚处隔断，使水色一次涂刷面不要过大，因为水色易干，特别在气候干燥情况下，如果一次涂色过大，会造成木纹绘制困难。

7）绘制木纹：饰面涂好色浆，即可用涂绘工具按要求将色浆绘成水曲柳木纹。绘制木纹有多种办法，使用的工具有毛笔、排笔及齿形橡皮刷等。绘制的次序是先树心后两边。先介绍用自制齿形橡皮绘制木纹的方法。

a. 用斜边橡皮画出树心部位：用食指与拇指紧握斜边橡皮（斜边朝工作面），中指辅助，用橡皮尖端部位从下而上，再从上而下画出树心。同样方法可重复画几圈，一圈比一圈大（见图5-24）。

图 5-24　树心画法

b. 用齿形橡皮画出边皮年轮线：拇指在下，其余四指在上，手握齿形橡皮从上往下拉出年轮线，靠近树心的部位用稀齿，远离树心的用密齿。操作时注意橡皮的折转要缓慢，年轮线条必须清晰、不断，并在适当的部位加上小节疤，使木纹更趋于自然、逼真（见图 5-25）。

c. 飘刷木纹棕眼：紧按排笔上端（以不脱毛排笔为好），从树心年轮线向两侧约 20°～30°的角度方向上掸刷出木纹棕眼，操

图 5-25　木纹年轮的画法

作时将排笔毛尖平而均匀地接触工作面，从木纹中心往两侧从下而上掸刷（见图 5-26）。如此重复掸刷 1～2 遍，使纹理曲线颜色逐步变深，形成木棕眼。掸刷时应注意饰面上的色浆干燥程度，太湿了容易将纹理掸浑，应稍等片刻再掸，色浆干燥快时，动作要敏捷迅速，也可以在水色中适量增加化学浆糊的用量。

图 5-26　掸木纹棕眼

8）固色：绘制的水色木纹干燥后，刷 1～2 遍虫胶清漆。第一遍虫胶清漆用排笔轻轻刷过，不要来回多刷，以免将水色木纹刷掉，刷虫胶清漆是起封闭色作用，使年轮、木棕眼等纹理更加清晰可见。如果要使颜色再深一些，可以在虫胶清漆干后再薄薄地刷一遍水色，当然水色干后仍需刷一道固色虫胶清漆。

9）罩面层清漆：根据罩面层所选用材料以及施工简繁程度的不同，可有普通罩面层、中级罩面层、高级罩面层之分。

a. 普通罩面层：一般采用酚醛清漆或醇酸清漆作为罩面材料，用漆刷涂刷 2～3 遍，以漆膜丰满、光亮、平整为标准，要求做到无流挂、皱皮、刷痕、刷毛等缺陷。

b. 中级罩面层：用双组分的聚酯清漆作罩面层材料，涂饰效果要明显好于酚醛清漆及醇酸清漆。它可以喷涂，也可以手工涂刷，用排笔和漆刷涂刷 3～4 遍即可，要求无流挂、气泡、结皮等缺陷，每遍干后用水砂纸打磨，并清理干净，对磨穿部位要及时修补。该工艺可以视工程需要进行刷亮或抛光处理。

c. 高级罩面层：用硝基木器清漆作罩面层，可使物面光亮如镜，硝基清漆面层的操作方法可参见“硝基清漆理光工艺”的有关叙述。用手工方法施工时，先刷涂几遍硝基木器清漆，再用棉花球团揩涂 1～3 遍。待涂膜干燥后，涂上光蜡，用洁净回丝揩擦干净即可。

2. 氯偏水色模拟法

在墙面、地面及水泥制品面上仿制木纹，可采用氯偏水色模拟法。氯偏涂料是由氯乙烯、偏氯乙烯共聚乳液加入适量的颜料及助剂混合而成。它具有无毒无味、抗水耐磨、涂层快干不燃、施工简便、光洁美观等优点，而且耐碱、耐化学性能好，成本又低，是一种理想的建筑涂料。

（1）操作工艺流程

基层处理→嵌批腻子→打磨→复嵌腻子→打磨→刷底漆→刷氯片液→刷氯片水色→绘制木纹→罩面漆。

（2）操作工艺程序要点

1）基层处理：将物面上的砂浆、灰尘清除干净。旧涂料层应起底或烧出白，裂缝处开槽。清理完毕后通刷一道封底涂料，其配合比按氯偏:108 胶水:水＝1:0.5:4 的比例配料。

2）嵌批、打磨：用石膏油腻子先嵌补后满批，操作方法与前相同。也可用白水泥加 108 胶调制成腻子，进行批嵌。

3）复嵌腻子、打磨。

4）刷底漆：用淡黄色或象牙色的成品乳胶色漆作底漆。无合适的现成色漆时，可用白色乳胶漆自行配色，涂刷乳胶漆一般用 16 管羊毛排笔，刷时要求均匀，一般刷 2～3 遍，以色泽一致不露底为准。

5）刷氯偏液：底漆干后，刷 1～2 遍氯偏液，以物面滑光洁为准，干后用细砂纸轻轻打磨一遍。

墙面的面积较大，为便于绘制木纹，可将大的面积分成若干等分，其间用 10mm 的分隔带隔开，待以后每格内的木纹绘制好后，再用油笔蘸墨汁将 10mm 的分隔带涂成黑色。用分隔带既解决了大面积上绘制木纹的困难，又使饰后物面增加木质感和立体感（见图 5-27）。

图 5-27　木纹线

1—木纹线；2—分隔线；3—台度线；4—踢脚线

6）刷氯偏水色：水色有两种配方，第一种配方为淡水曲柳木纹色，其配合比为铁黄:哈巴粉:化学浆糊:108 胶水:氯偏:清水=25∶5∶5∶1∶500∶500。第二种配方为深水曲柳木纹色，其配合比为哈巴粉∶墨汁∶化学浆糊∶108胶水∶氯偏∶清水=25∶5∶5∶1∶500∶500。

调好的水色均须用100目铜箩筛过滤，然后用底纹笔均匀地刷到工作面上，水色涂层宜薄不宜厚，遇有水色收缩时，可稍沾些肥皂液涂于收缩处。

7）绘制木纹：在刷过氯偏水色的物面上，用齿形橡皮刷绘制木纹，方法与虫胶漆底水色模拟法相同。

8）罩面漆：木纹水色干后，用清氯偏作为罩面材料，刷3～4遍。也可采用其他清漆或透明聚氨酯漆作为罩面材料。

3.油漆底油色模拟法

以油漆作底漆，用油色绘制木纹的涂饰方法适用于室内外饰面的模拟涂饰，其优点是耐水性和耐候性好，能耐一般的高温，缺点是施工周期长，光洁度不如前面两种模拟法。

（1）操作工艺流程

基层处理→嵌批腻子→打磨→复嵌腻子→打磨→刷底漆→打磨→刷半光亮漆→刷油色→绘制木纹→罩面漆。

（2）操作工艺程序要点

1）基层处理和批嵌腻子：按基层处理要求将物面清理干净，涂一遍头抄清油，然后按一般做法嵌批和复批油性腻子，打磨平整。

2）刷底漆：按厚白漆∶熟桐油∶清漆∶松香水=10∶0.7∶1.3∶0.3的比例，加上适量的汞黄颜料和催干剂，调成象牙色底漆，经100目铜箩过滤后用漆刷在处理好的物面上涂刷两遍，干后用旧砂纸打磨光滑，掸清灰尘。

3）刷半光亮漆（平光漆）：平光漆的配合为厚白漆∶白色调和漆∶熟桐油∶清漆∶松香水=5∶5∶0.8∶4∶15，加上适量的汞黄颜料和催干剂，用120目铜箩过滤。平光漆可用漆刷在涂过底漆的物面上刷一遍，要求饰面平整光滑，色泽一致（平光），无挂漏和皱皮。

4）刷油色：水曲柳木纹的油色可按松香水∶熟桐油∶酚醛清漆∶氧化铁黄∶哈巴粉＝150∶10∶140∶5∶1的比例配制，冬期加上适量催干剂。颜色应事先用松香水充分浸泡后才能调色。配好的油色用120目铜箩过滤，待半光亮漆干燥后，经轻磨，除去颗粒，揩抹干净后用底纹笔均匀地薄刷在工作面上。

5）绘制木纹：涂刷油色后即可用齿形橡皮按前面讲述到的方法拉出水曲柳木纹。

6）罩面漆：用酚醛清漆或醇酸清漆在干后的油色木纹上刷2～3遍，头两遍清漆干后要用旧砂纸轻磨。

（二）模拟石纹涂刷工艺

在众多的石纹中，人们特别喜爱大理石的石纹，这是因为它的纹理清晰美观，装饰性强，所以仿制石纹多为大理石纹。大理石纹可以在木材面、水泥面、铁制品等物面上仿制，仿制得好的饰面与真大理石相差无几，而其成本大大低于真大理石。在日常生活中常会碰到木制凳面、茶几面以及水泥墙面、柱廊、工艺品、基座等物面上的模拟大理石纹。

大理石纹按其色彩不同，可分为消色大理石纹和彩色大理石纹两种，前者由白、灰、黑三色交错组成大理石纹理，后者则由多种色彩综合组成彩色石纹。下面简单介绍这两种大理石纹的施工方法。

1. 笔绘消色大理石纹

（1）操作工艺流程

基层处理→嵌批腻子→打磨→复嵌腻子→打磨→刷底漆→画底线→刷油性调和漆→绘大理石纹→画线→罩面漆。

以上操作程序为刷底漆以前的工序，它与油色模拟法相等。

（2）操作工艺程序要点

1）画底线：根据施工设计，将工作面划分成石块大小的尺寸，用铅笔和直尺在白色底漆上画出底线，视作石块间的拼缝。

2）刷油性调和漆：在画出的石块尺寸格内，刷一遍伸展性较好的白色油性调和漆，也可以用市场出售的进口意大利仿大理石涂料，其伸展性和装饰效果较好，但价格较贵。

3）绘制大理石纹：白色油性调和漆尚未干燥前，用漆刷蘸上浅灰色调和漆，参照真大理石样品花纹，在白色调和漆上刷出模拟石纹，随后用油画笔蘸黑色调和漆点刷黑色线纹，最后用80mm油画笔轻轻掸刷，形成黑白灰三色相间错落有致的大理石纹。

4）画线：石纹漆膜干透后，在原底线处用特种铅笔画出2mm宽的仿石块拼缝。

5）罩面漆：用酚醛清漆或醇酸清漆罩面2～3遍。

2. 喷涂彩色大理石纹

彩色大理石纹多采用喷涂。它的彩色可多种多样，如白底褐红色筋络纹、墨绿底白色筋络纹、深灰底黄色筋络纹等。喷涂大理石纹，先要按设计石块尺寸制作同等大小的木框，把经过薄淀粉浆洗晒干的丝棉扯成不规则的网状（仿大理石的网状筋络纹），绷到木框上。丝棉也可不经浆洗直接网在木框上，喷涂清蜡克加以硬结。

喷涂大理石纹工艺的操作程序与手工描绘大致相同，当物面上的白色油性调和漆干后，用旧砂纸轻轻打磨光滑，掸清灰尘。

(1) 喷涂花纹

在白色调和漆面上按设计需要分别喷涂黄色和红色调和漆，干燥后把丝棉网格置于物面上，用喷枪对着网格满喷一遍紫红或绿色调和漆，饰面即成有紫红色或绿色筋络纹的仿大理石面了。

喷涂彩色大理石纹，可按设计要求或参照样板仿制。参照样板仿制时，先要仔细观察分析其色泽组成和纹理走向，确定先喷哪种颜色，后喷哪种颜色，只有充分掌握规律才能有把握地施工。

喷涂大理石纹的材料也可选用油性磁漆或各色硝基漆。硝基漆干燥速度快，可大大加快施工进度。采用硝基漆喷涂大理石纹，底层操作应该用硝基腻子或猪血老粉腻子，刷两遍虫胶漆。在虫胶漆面上喷3～4遍白色硝基漆，要求物面色泽均匀，平整光滑。然后运用套色法喷各色硝基漆，效果较为理想。

(2) 画线、罩面

石纹涂膜干后，用特种铅笔画 2mm 宽的仿石拼缝，然后罩面。方法与模拟消色大理石相同。

(三) 病态分析

1. 拉不出木纹

(1) 受气候影响水色干燥太快。

(2) 一次施工面积过大。

(3) 在调制水色时适当增加化学浆糊用量。

(4) 底漆面不光滑是因为虫胶清漆浓度不够所致，可使用自配的虫胶清漆。

2. 水色的油色出现收缩现象

物面上如沾有油渍，会使水色的油色发生收缩。此时可用底纹笔蘸些肥皂刷在收缩处，用干净棉花擦一下即可清除收缩现象。

3. 纹理单调呆板

产生纹理单调呆板的原因是操作者对所绘纹理不熟悉，操作技术不过硬。要使绘制的纹理自然逼真，必须加深对仿制木纹和石纹的理解，熟练绘纹和掸刷的技能。操作时应合理安排每幅树心的位置，不要将每幅树心的位置放在中间，避免使各幅画面类同；掸刷时要用力均匀，不要遗漏。

4. 木纹模糊

木纹或石纹模糊是因为色浆施涂过厚，色浆中胶量过多。

防治方法：

(1) 刷水色或油色一定要薄。

(2) 减少化学浆糊的用量。

(3) 掸刷时注意色浆的干燥速度，发现色浆过湿时可稍等片刻，待色浆稍干再掸刷。掸刷用力要恰到好处。

5. 断纹

绘纹、掸纹手势不熟练常会发生断纹，应加强技能训练。发现断纹应及时纠正、不合格的擦去重做。

6. 分块工作面颜色深浅不一

产生原因：

(1) 色浆发生沉淀。

(2) 涂刷色浆厚薄不一，操作时用力轻重不同。

防治方法：

(1) 色浆在涂刷前要搅拌均匀，防止沉淀。

(2) 色浆涂刷厚薄一定要均匀，最好由同一人操作。

(3) 发现色差应及时修色调整。

六、缩放、描复、刻字工艺

在建筑装饰中，对各种字体样的装饰是工程不可缺少的组成部分，常见的有各种楼堂馆所的冠名，也有古建筑中的匾、额、楹联等。对刻、堆出的字样常采用贴金、扫青、扫绿、涂刷金粉等多种方法来进行装饰，使字体更显示其艺术魅力。但不管采用何种工艺，都应根据需要对原字样进行放大或缩小、描复、刻字后才能对字体进行装饰，以取得理想的装饰效果。

(一) 缩放字样

缩放字样是将写好的字样根据需要缩小和放大若干倍数。缩小或放大的方法一般有：用放大尺缩小或放大；用方格纸缩小或放大；用幻灯机照射放大。

1. 用放大尺缩、放字样

(1) 准备字样及缩、放所用的纸张；

(2) 工具：放大尺、铅笔、墨汁等；

(3) 操作方法：放大尺是一种由竹制、木制或铝合金制成的工具，它有四根尺杆用元宝螺钉连接，每根尺面上有比例相等的数字和洞（穿元宝螺钉用），如图 5-28 所示。操作时，先将放大尺 A 点用螺钉连接，B 点用螺钉固定在板上，C 点孔中插尖头竹笔，下面放原字样，D 点孔中插铅笔，下面并放上一张白纸。如需将原字样放大两倍，使折尺 CD 的距离比 CB 的距离尺寸大两倍，即 $CB:CD=1:2$。需扩大三倍时，使 CD 的距离比原距

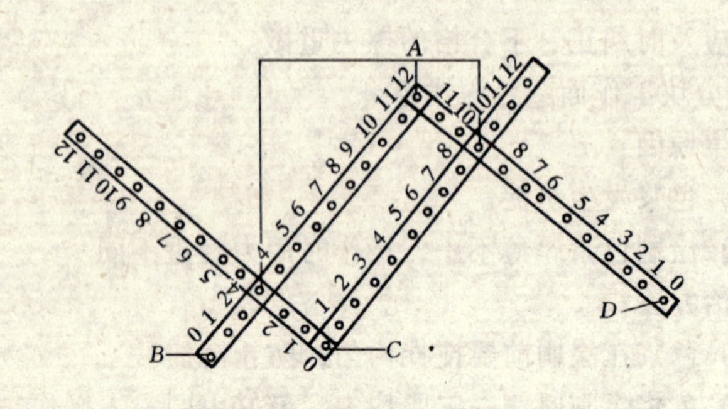

图 5-28 放大尺

离大三倍就行，以此类推；反之缩小，只需将铅笔与竹笔的位置调换一下即可。

描写时，把尖头竹笔移向原字样的边沿，随字的笔画慢慢移动，C 点竹笔在缓慢移动过程中，D 点的铅笔笔端在白纸上也随之移动，竹笔画完字体后，D 位白纸上出现了同样字体的放大后的字样。

2. 用方格纸缩放字样

不论放大或缩小，用纵横线条方格纸是一种简单、可靠、常用的方法。放字样时，在原字样纸上画出纵横方格线条（可用成品的方格纸），再在空白纸上按倍数画出放大或缩小的方格线条，然后按格内的原字样笔画的位置逐笔描入放大或缩小的方格内位置，只要准确地描出字体的笔画，就能得到正确的放、缩后的字样。

3. 用幻灯机照射放大

（1）制作幻灯底片，即将原字样用照相机拍摄，得到可制作幻灯片的实样，再用透明纸对实样复描，然后将复描后的字样复制在幻灯片上。

（2）放大。放大时将白纸固定在墙上，用幻灯机将复制的字样投影到墙上的白纸上，调整焦距，直到字体大小理想、清晰为止。然后按投影的字体用铅笔描画。但利用幻灯机放大字样，由于多次描复字样，字形易走样，放大的倍数也不太精确，所以在每次复描中应特别仔细。

(二) 描复、刻字

1. 描复字样

描复字样即将字样描复到须装饰的物面上，描复的关键，一是字与字的间隔排列适当，上下左右的留空应适中。字样初步排好后，应在较远的距离，双目与字成同一水平高度进行目测检查，观察字样排列是否端正，上下左右有无差错。确认符合要求后可以开始复描，复描的方法主要有粉末复描法及复写纸复描法。

(1) 粉末复描法

1) 量准工作面的实际尺寸，裁拼一张与工作面大小相等的白纸，把要描复的字样按要求排列在白纸上，确认无误后将字样和衬底的白纸粘接固定。

2) 上粉，在样纸的背面揩抹上带色的粉末，在上粉末时最好用砂布包成粉球，这样揩抹的粉末更为均匀。然后将揩抹上粉末的样纸固定在原物件上，四边对齐，用胶带纸将样纸与物件固定，再检查一遍方可描复。

3) 描复，用硬质铅笔或尖头竹笔细心地按字体笔画沿边勾勒，复描时注意不走样，不遗漏笔画，复描完毕后，轻揭字样一角，检查一下字样是否完全印到物面上，如不完整或遗漏应及时补上，确认符合要求后方可揭去纸样。为防止色粉字迹因揩擦等原因变得模糊，可用铅笔沿字迹轮廓线仔细描绘一遍。

(2) 复写纸复描法

将纸样正确地排列于物面上，下衬复写纸将纸样固定，用铅笔沿字体轮廓复描，这种方法适用于非透明的物面上描复字。当采用透明涂饰时，印迹必须全部刻、推掉，以免留下痕迹，影响美观。

2. 刻字

刻字的工具有刻刀和木工凿，有多种规格，市场有售，也可自制。刻字时握刀的姿势一定要正确(见图 5-29)，做到稳而有力。

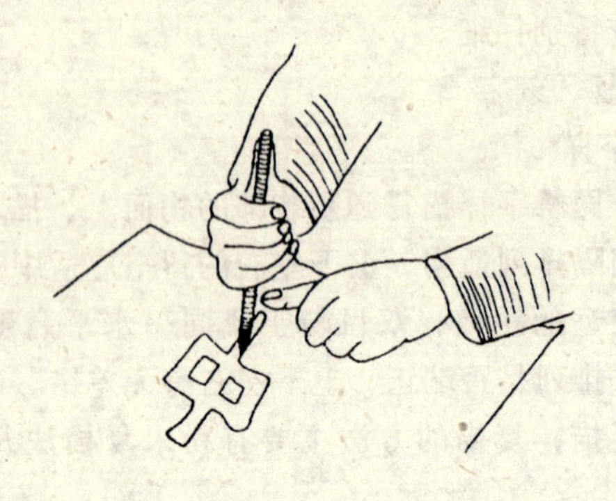

图 5-29　握刀刻字的正确姿势

(1) 刻字的方法

刻字有多种方法，一般有里还刀、外还刀、升箩底、肉里混、铲平字等。

1) 里还刀：所谓里还刀，是指还刀线在落刀线（字样线）里侧，还刀时刀面成向外倾斜状，与落刀线相交（见图 5-30*a*）。操作时，右手握刀，大拇指顶着刀柄侧面，用力刻木，左手大拇指抵住刻刀下端，以控制刀的走向和走速。落刀要准确，刀要垂直，入木深度依字大小而异，100mm 大小的字刻深约为 5mm，还刀线距离刀线约 3～4mm，呈向外坡状。里还刀的技术要求可归结为：落刀垂直，深浅一致，还刀宽度相同，光洁和顺，转角分明，字样完整。

2) 外还刀：与里还刀相反，外还刀的还刀线在落刀线（字样线）的外侧（见图 5-30*b*）。外还刀的握刀姿势和操作方法与里还刀相似。所不同的是还刀线在外侧，向里成坡度状。用外还刀刻出来的字体显得粗壮厚实，有庄重感，适宜做黑漆字或煤屑字。

3) 升箩底：升箩底刻出来的字的笔画剖面成 V 字形，字体的立体感强，适用于大写拼音字母。操作时，用双刃平口刻刀在字样线的中间垂直落刀，刻深 4～5mm，还刀时使用单面刃刻刀，向两边推出均等的坡度（见图 5-30*c*）。升箩

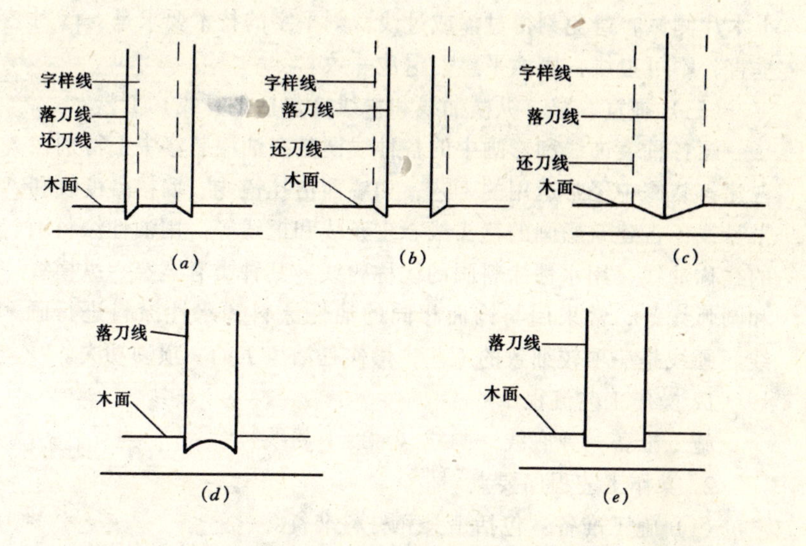

图 5-30　刻字的各种落刀方法

(*a*) 里还刀；(*b*) 外还刀；(*c*) 升箩底；(*d*) 肉里混；(*e*) 铲平字

底的技术要求是：落刀垂直，还刀两侧匀称光滑，阴阳角分明。

4) 肉里混：肉里混刻出来的字的笔画剖面呈椭圆状，字体饱满，显得古朴、庄重，古色古香。肉里混适合刻篆体和隶书，匾牌常采用黑底金字饰面。肉里混的操作方法与里还刀有些相似，落刀深度约 5mm，还刀用单面刃平口刻刀铲出弧状（见图 5-30*d*）。肉里混的技术要求是：落刀垂直，还刀弧线饱满，匀称光滑，夹角分明。要注意还刀时的用力大小和入木深度，用力过大容易铲破笔画。

5) 铲平字：铲平字所形成的字体笔画呈规则的凹形，其底面用錾铲成平面，故称刻平字。该平字的字迹工整，清秀端庄，匾牌适合做成透明饰面，字体扫青或扫绿。操作时，先沿字样线落刀，100mm 大小的字体刀深约为 3～5mm，字样线刻好后，用木工錾将字体笔画成铲平底状（见图 5-30*e*）。为控制好铲底深度，可先做一小木片，片厚等于设计刻深，每铲好一段，放入小木片测试，避免刻得过深或过浅。刻平字的技术要求是：落刀垂直，不可走线，底面平整，深浅一致。

（三）画宽、窄、纵横油线和粉线（包括平身线）工艺

画各种装饰线和彩画中的各种线框是在油漆装修中，特别在古建筑装修中经常运用的工艺，如墙面仿挂镜线、墙裙台度线和平身线，古建筑彩画的箍头线、皮条线和框线等。用油性涂料画的线称油线，用水性涂料画的线称粉线，其种类有宽窄、纵横线和圆弧线等，常采用与饰面相同的油性涂料和水性涂料进行画线。画线是一项较细致的工艺，操作是油漆工的一项硬功夫。

1. 操作工艺流程

施工准备→弹底线→画线（油线、粉线）。

2. 操作工艺程序要点

（1）施工准备：包括工具和材料准备。

1）画线用的工具有：铅笔、描笔（狼毫笔）、扁漆刷、底纹笔、水彩笔、油画笔、两端垫有厚5mm橡皮垫的800mm长直尺、3m钢直尺、白铁小桶、粉线袋、注射器、双梯、棉纱头等。

2）画油线用的材料有：画线漆，其质量配合比约为铅油∶醇调和漆=3.7，各色调和漆、200号溶剂汽油或松香水等。画粉线用水性涂料：乳胶漆（水粉漆）、色浆等。

（2）弹底线

1）仿挂镜线弹底线：仿挂镜线与硬木真挂镜线相同，设置在客厅、书房及会议室等房间内墙上端四周，离地面高度根据设计所定，一般与门窗樘上口齐平，宽为35～50mm。弹底线操作，需待墙面涂料充分干燥后，从门背后阴角处，用钢卷尺从地面往上量至设计所定的高度，用铅笔标上记号，以此记号为标准，往下量取宽度尺寸，标上记号。以同样方法在其余墙角处标上相同记号，然后用粉线弹出四周墙面上仿挂镜线宽度的上、下两条直线，上线为挂镜线的上边控制线，下线为挂镜线的下边控制线。

2）墙裙台度弹底线：墙裙台度能保护墙体并防止污染，有

木材面、水泥面等。为了美观，墙裙台度与其上面的墙面交接处应设置一条台度线，其高度从地面以上1200～1500mm左右，弹线操作与仿挂镜相同。

3）分色线弹底线：待墙面上、下涂料均干燥后，量出分色线的高度位置，用铅笔标出两点作为线的宽度，弹出上、下两条平行直线，其颜色应比墙面台度涂料颜色深一些，只要隐约可见即可，因为颜色浓了在镶色时会把线条颜色混和而变为深色。

4）圆弧形线条：利用圆规画线。若线条较粗，应画出圆弧线宽度两边边线，即大圆弧内画小圆弧。细圆弧线可只画一条中线。

（3）画线

油线可画在油性或水性涂料的涂层面上，但画粉线的涂层面应为水性涂料。画线应考虑材料的配套使用。

1）仿挂镜线有两种：一种是"一色线"，另一种是"退色线"。具体画法："一色线"用同一种颜色完成仿挂镜线的画线工作，只需用狼毫笔画出上、下边线，然后填满中间空白处即可。"退色线"有五色、七色、九色之分，上边线的线条颜色最深，往下逐渐变线，最下边的颜色最浅。下面举例说明"退色线"仿挂镜线的画法：在弹好底线的套色漏空花墙面或滚花墙上（其他涂饰面也可），其墙面是浅苹果绿底，花叶为中绿色偏黑，画"五色退色仿挂镜线"，其宽度为45mm。为了与墙面颜色协调，第一道用深绿色平光漆，先用直尺对准弹出的粉线，用大号狼毫笔画第一道线，宽为6mm左右。镶线时，执笔要稳，不可超越上边控制线。第二道线的颜色应比第一道浅约一半，用12mm油画笔画线，画时要压住第一道线下边1～2mm，下刷14mm。第三道线的颜色要比第二道线再浅约一半，画时，用10mm油画笔压住第二道线下边1～2mm，再往下刷12mm。第四道线用8mm油画笔画，压线同上，下刷11mm，颜色要比第三道线还要浅一半。第五道线用6mm油画笔画，压线同上，下边扣齐，其颜色最浅。“退色浅”仿挂镜线立体感强，有一定的艺术装饰效果，可以以假乱真。

2）墙裙台度划线时，宜采用毛头整齐、吸油量好的旧扁漆刷（漆刷宽为25mm）或毛头整齐的20mm旧油画笔、瓷碗或小桶一只，碗或小桶内存油不宜过多，漆刷蘸漆后，需在碗边或桶边匀油，使蘸漆不多不少。画线时，先镶画上线，后画下线，再画中间，从左到右，用力均匀，线端不应缺角，线条平直。技术不熟练时应该用直尺画线，熟练后可徒手操作。

3）画分色线时，可采用25mm新油漆刷、底纹笔、大楷笔或油画笔，用直尺靠在底线上，笔蘸涂料后，从左边向右边画涂，画线应均匀，一段画完后，再画一段，两段连接应吻合，运笔时，严格掌握执笔角度，笔与饰面的角度从小到大，直至与饰面垂直为止，速度以匀速为宜。画时，一气呵成，不能来回重复涂画。

4）水平面上画线，根据线条的宽窄，采用狼毫笔、油画笔。其画线方法与台度线分色画线方法相同。

5）圆弧形图案，其方法是在画好底圆的面上，用毛笔蘸水彩颜料，先镶画外圈边线，再镶画里圆边线，最后涂满中间空白处。若有端直线，可用直线笔靠直尺画线完成。画圆线时，应徒手完成，这需要经验和功力。

3. 操作注意事项

（1）在任何饰物表面，不论用何种工具画线，均应先弹样线，或用直尺和铅笔、水彩笔画框线。

（2）画线时应注意力集中，执笔应牢而稳，用力均匀，轻重一致，运笔应匀速移动，每一笔应一气呵成，每段颜色应一致，不显接头痕迹。

（3）根据线条粗细、宽窄，选择大小合适的画线笔、刷，并根据各种笔、刷的特性，运用恰当的画线方法。

（4）涂料稠度要适当，使画的线条不流坠，不露底，不皱皮，不混色，在画下线时尤其应注意不能发生流坠。

(5) 画线要选配着色和遮盖力强的涂料，色彩应与饰面的颜色协调。

七、石膏拉毛涂饰工艺

石膏拉毛涂饰工艺常用于影院、大会场和会议室等室内场合，它可提高装饰效果和减少噪声。建筑物内的混凝土墙面、抹灰墙面、石膏板面、木材面、顶棚等均可作为拉毛的基层。

石膏拉毛分粗、中、细等几种涂饰规格，一般根据空间大小和使用要求而定，粗的吸声强，细的吸声弱。粗拉毛适用于大会场及影剧院的顶棚；中拉毛适用于会议室的顶棚及影剧院、大会场及影剧院的顶棚和墙面；细拉毛适用于会议室等小空间的墙面和顶棚。施工时具体采用何种拉毛，一般应由设计确定。

(一) 操作工艺顺序

施工准备→基层处理→嵌批拉毛腻子→拉毛→施涂面层涂料。

(二) 操作工艺要点

1. 施工准备

(1) 工具：铲刀、钢皮批板、橡皮批板、椭圆形长毛刷或长方形猪鬃毛板刷、油印橡皮滚筒海虎绒、转辊、油漆刷、喷枪等。

(2) 拉毛腻子：

石膏胶油腻子：其重量配合比为熟石膏粉:108胶:老粉:油基清漆:水=2:1.2:2:1:3.2。这种腻子适用于混凝土面、抹灰面及石膏板面。

石膏油腻子：其重量配合比为:熟石膏粉:白厚漆:熟桐油:松香水:水=11:4.3:3.2:1:13.8。这种腻子适用于木材面及金属面。

乳胶漆石膏腻子：其重量配合比为:乳胶漆:熟石膏粉:老粉=5.3:2:1。这种腻子也适用于抹灰面。

(3) 其他材料：汁血料、油性涂料、水性涂料等。

2. 基层处理

混凝土面、抹灰面应严格按照相应的基层处理方法进行处理。基层遇有裂缝时，应用铲刀将裂缝口铲大，并施涂一遍汁血料或熟桐油加松香水配制的底油，以增强腻子的附着力。然后用较厚的石膏油腻子或石膏胶腻子将裂缝、凹洞及门窗与墙间的缝隙嵌补平整。

金属面应进行除锈处理，并施涂二遍防锈漆；镀锌白铁面应先涂一遍磷化底漆和一遍锌黄酸底漆，然后再施涂一遍平光漆。

木材面基层处理后，应先施涂一遍底油，再用石膏油腻子满批一遍，干后用钢皮批板刮去残余腻子。

3. 嵌批拉毛腻子

嵌批拉毛的厚度为 1～2mm，中拉毛的厚度为 3～5mm，粗拉毛的厚度为 5mm 以上，因此嵌批拉毛腻子时应严格控制厚度。细拉毛用自制钢皮批板；中、粗拉毛用橡皮批板嵌批，对拉毛工艺操作而言，腻子的稠度是关键，腻子稠厚，拉出的毛头尖锋利，感觉不美观；反之腻子稀薄，则拉不出毛头。所以腻子的稠度应适中，以嵌批时不淋漓为准。腻子批得厚，拉出的毛头粗而大，腻子批得薄，拉出的毛头细而小。腻子嵌批后应达到厚薄均匀和平整，以使拉出的毛头也能均匀一致。

4. 拉毛

拉毛操作需多人配合操作，一般由二人搭挡，即一个在前面嵌批腻子，另一人紧跟拉毛。拉毛操作时，将椭圆形长毛刷（或长方形猪鬃毛板刷），先蘸清水甩干净，随后有规则地在腻子表面依次拍拉（毛刷朝向一致）。使拍拉过的腻子表面形成凹凸均匀的花纹，拉出的腻子毛头有回缩的弹力，从而形成优美的毛端。细部拉毛的补充做法：

(1) 用可施涂的铅油加熟石膏粉和适量水调配成油腻子，先用钢皮批板嵌批后，再用滚筒滚拉出细拉毛。另外还可用密封胶空筒包裹海虎绒，装柄后作滚筒，滚拉细拉毛。

(2) 用乳胶漆石膏腻子拉毛：在已处理好的抹灰面上，施涂一遍乳胶漆作底色用，涂层需厚薄均匀。待干燥后，嵌批与底层同色的乳胶漆腻子，再用滚筒滚出细拉毛，此种细拉毛方法，面层可以不再施涂涂料。

5. 做面层涂料

拉毛干燥后，先涂一层清油，干燥后涂面层二遍，面层涂料可用乳胶漆或无光漆。

第七节　质量通病与防治

一、壁纸裱糊

(一) 壁纸翘边

当基层上有灰尘、油污、过分潮湿、胶粘剂粘结性差、阳角处壁纸少于20mm时，都会使壁纸出现翘边。

防治措施：基层表面的灰尘、油污必须清理干净，基层含水率不得超过8%；对裱贴壁纸的胶粘剂配合比要掌握正确，并对其成分的质量要把好关；已出现翘边情况，应查清原因，采取措施治理；若壁纸的翘边已变硬，要加压粘贴，待胶粘剂干后再除去压力。

(二) 壁纸空鼓

当局部胶粘剂过多，长期不能干燥时，胶粘剂涂刷不均匀，出现漏刷时，局部有空气没有赶净、基层有空鼓或洞眼的腻子塌陷时，壁纸都会产生空鼓。

防治措施：

1. 胶粘剂涂刷要均匀，不能堆积、也不能漏刷；

2. 壁纸裱糊后要将多余胶粘剂赶压出来，擦拭干净，并将气泡赶净；

3. 基层有问题时应将壁纸揭下来，修补基层再重新裱糊壁纸。

(三) 壁纸离缝起翘边

壁纸裱糊施工，往往都在工程最后阶段，如有些宾馆饭店等工程，交付使用不久，就发现大量壁纸拼缝处离缝起翘等现象。

1. 产生的主要原因：建筑物竣工后室内温度较高，在交工前安装施工单位调试空调系统，温差很大，裱糊不久的壁纸反复受温度、湿度变化影响，会迅速干燥和收缩。

2. 防治措施：适当增加胶粘剂中的白乳胶的掺量，以增加其粘结力，合理安排空调系统调试时间，避免室内的温度反复急骤变化。

二、涂料

（一）油基漆涂层在未干的木材上出现片落

1. 原因：未干的木材涂漆数月后就出现片落，木材未烘干前其含水量很高，此时如涂刷可渗透性涂料，特别是在使潮湿气迅速蒸发的阳光直接照射下更易出现片落。

木质面上的春材软而多孔隙，夏材硬而密实，当温度变化时它们的膨胀率有较大的差异，因而在木纹明显较宽的木材上涂漆时也易产生片落。

此外雨水、潮气易被木材内的管孔吸入内部，如未涂涂料保护的木材及潮湿的砖石靠近的木材都容易出现片落。

2. 预防措施：含水率高于标准的木质材料不应涂刷油基涂料。

底漆应用含5%红丹的铅白用亚麻油稀释的木质专用底漆，不要使用劣质底漆，木质端部及其他与砖石接触的部位都应涂刷两道底漆以防止潮气渗入。

3. 治理方法：首先清除全部有毛病的漆膜，最好使用电加热的刮除器或喷灯，脱漆剂只适宜室内使用，然后刷洗表面，彻底干燥后涂刷由含5%红丹的铅白颜料、亚麻籽油、松节油调制的木质底漆，对于明接缝部位更应填实、压紧，然后将表面打磨平整，涂刷1～2道中间涂层后再涂刷油漆。

（二）油基漆涂层在硬木基层上出现片落

1. 原因：在硬木上涂刷除非采取措施外，一般都易出现片落，如柚木和红木，由于木质坚硬、光滑，有利于底漆的渗透，特别是它还含有油性就更不利于底漆的附着。

2. 预防措施：涂刷前用溶剂擦洗表面去油脂，干后用粗的砂纸将表面打磨糙，然后擦拭填孔剂或全胶底漆或铅酸钙底漆，最后涂刷面漆。如涂刷聚氨酯、环氧树脂漆时，头道涂料须用相应溶剂稀释25%。

3. 治理方法：将开裂破损的涂膜烧除或清除掉，并将表面打磨清理干净。表面的油质用松香水、松节油擦涂干净后，用砂纸打磨，然后用下面的任一方法进行处理。

(1) 采用全胶或合成树脂调配透明颜料的填孔剂填充表面的棕眼、坑凹。填充时用粗麻布棕眼横向擦拭，干后进行打磨，涂刷木质底漆后再刷2～3道面漆。

(2) 涂刷含高比例全胶用松节油或松香水稀释的清漆类中间涂层，并使其渗进木材管孔中，驱赶内部空气，待干硬后便涂刷底漆、中间涂层及面漆。

(3) 涂刷一层铅酸钙底漆然后再漆刷正常油漆，当涂膜只是局部片落时，只须按上述方法做局部处理，但片落部位边缘的棱角要磨平。

(三) 油基漆涂层在旧木质上出现片落

1. 原因：由于旧木质面长期暴露于大气中，木质开裂、变软、变酥甚至出现墨色霉斑，没有经过基层处理便涂漆，因而涂漆后很快便出现开裂和片落。

2. 预防措施：长期放置于大气中的裸木在涂刷前必须对表面进行重新处理。

3. 治理方法：烧除表面开裂的涂膜，然后用力打磨表面，最好采用机械打磨，以使表面平整、坚实，然后按新木质面进行处理。

(四) 油漆在钢铁基层上出现片落的原因

1. 油基漆在普通钢铁基层上出现片落

(1) 原因：钢铁轧制后出现一层铁鳞，由于铁鳞与金属面的膨胀、收缩系数不同，铁鳞便脱落，在此前涂刷料，涂层便会随着铁鳞一起脱落。在此后涂刷涂料，若钢铁表面出现锈蚀，同样也不利涂层的附着。

（2）预防措施：最好的办法采用喷砂方法清除所有的铁鳞，然后立即涂刷防锈底漆，在运到施工现场后对受损部位应补刷底漆，然后，至少再涂刷二道具有防水能力的油漆。

（3）治理方法：将所有开裂的涂层全部清理，铁鳞锈蚀也同表面油渍污物一同清除。基层处理应立即涂刷红丹底漆，底漆最好采用刷涂施工。其他底漆还有铅酸钙、锌铬黄和白铅等。

2．油基漆在镀锌铁板基层上出现片落

（1）热镀锌是使用最广泛，也是最不易与涂层粘附的一种。涂层产生片落是由于镀锌面表面很光滑，不易附着涂料，有时还沉附着不利油漆粘附的污物，其次镀锌板较薄，受温度影响的膨胀收缩率较大，对涂层的附着有破坏性，选择错误的底漆对粘附也会产生不利影响。

（2）预防措施：最好的办法是将镀锌板在室外放置一段时间，使它受到轻微的侵蚀，以便增加表面的粗糙度，放置时间一般为 6 个星期，如无法搁置太久的可采如下三种方法：

1）表面涂刷酸性洗液，放置干燥，然后用清水漂洗干净，干燥后立即涂刷铅酸钙底漆，酸性洗液中的弱酸将表面轻微侵蚀，可除去表面的油脂和助溶剂。

2）用松香水擦拭表面，除去油脂后，将表面擦干，然后涂刷磷化底漆，最好再涂刷一道锌铬黄底漆。

3）铅酸钙底漆对镀锌铁面非常适宜，特别是新镀锌面，但是涂刷前一定要用适宜的溶剂除去表面的油脂。镀锌铁面涂刷底漆后，室内用最少须涂刷两道面漆，室外用须涂刷三道面漆。

（3）治理方法：将有问题的漆膜全部清除，但不得伤及镀锌面，然后涂刷铅酸钙底漆。如果片落只是个别孤立的部位，可将涂膜刮除到粘附牢固的部位，然后将整个表面用洗涤剂刷洗，并且水砂纸水磨，最好用清水漂洗、干燥。刷洗时对旧膜的边缘应特别注意，有翘起的部位应及时刮除、打磨掉，然后将裸露部位涂刷铅酸钙底漆，其面积要超过旧有漆层的边缘，以保证旧注层与新涂层有良好的连接性。

(五) 涂料脱落

脱落是指涂膜失去粘附力，大片的剥落、脱落，有时是所有的涂层，有时仅是面漆，各类涂料都会出现脱落，但出现最多的还是乳胶漆，特别是醋酸乙烯酯类乳胶漆。

1. 原因：涂膜出现脱落，一是由于各涂层间膨胀收缩力不同造成脱落（出现单层脱落）；一是基层受湿，使腻子粉化，造成脱落（出现多层脱落）；三是各涂层和基层涂刷前清理不干净，含有油污，没进行充分打磨，也引起脱落；四是涂料涂刷在疏松表面上（粘附不牢）或潮湿环境中（涂膜引起膨胀）同样会出现脱落。

2. 预防措施：要尽量避免上、下各涂层使用不同类材料的油漆和涂料，最好使用配套的底漆和面漆材料，如出现渗色物，尽可能不使用封闭底漆，以免降低涂层间的附着力，各类基层涂刷前都应彻底清理干净并经适当打磨，乳胶漆不要在不坚实的基层上涂刷，受冷凝影响或潮湿的环境不应使用普通腻子与乳胶漆配合的作法。

3. 治理方法：清除所有脱落的涂膜，然后重新嵌补腻子，再刷涂料。

(六) 漆膜为什么会出现粗粒（俗称痱子），如何防治？

粗粒是指漆膜表面漂浮或内部含有灰尘、脏物颗粒等细小外来物，看起来像长了痱子。各类涂膜都可能出现这类毛病，但有光漆由于表面光滑最明显，亚光漆稍好，无光漆不易发现这弊病，尤其在光滑基层上涂刷高级有光涂层，在粗糙面上涂刷一般涂层容易发现毛病。

1. 原因：致使漆膜表面出现粗粒的主要原因有如下几种：

(1) 涂料中混入粗粒状杂质，当涂料中混有粗粒时，会使漆膜含有粗粒。这种情况可能是涂料本身的质量问题，也可能是施工时未加小心，致使涂料受到了污染，如放涂料的容器不洁净，涂料施工工具不洁净或环境中的尘土飞入涂料中等，还可能是基层表面不干净。

(2) 涂料未干时表面粘附粗粒，此时，粗粒状杂物不被涂料包裹，只是粘在表面，这种情况可能是在漆膜涂刷完后，干燥环境不好，灰尘太多；或者是室外作业，遇有大风等等。

2. 预防措施：涂刷前基层表面要保持清洁，所用的油漆涂料要选用优质材料，需要过滤时不可用油刷挤压。涂刷工具用后应及时清洗保持干净。为避免空气中的灰尘污染，涂刷前应将地面清扫干净，并加以湿润，以防走动时将尘土带起，尽量减少来回走动的次数，与工作无关的人尽量不要留在施工现场。室外施工防止污染比较困难，可在雨后天气涂刷。对入口处等室外重要部位，采用塑料布遮挡或将附近地面洒湿，都有助于防尘，大风天最好避免在露天环境涂刷油漆涂料。

3. 治理方法：用水砂纸加皂水打磨表面，为避免划伤或遗留粉尘，不可使用普通砂纸干磨。然后重新涂刷最后一道油漆涂料。

(七) 涂层起泡

当富有弹性、非渗透性的涂膜被基层的潮气水分拱起时，便形成气泡。气泡内的物质有水、气体、树脂、结晶盐及锈蚀物等，新气泡软而有弹性，旧气泡硬脆易于清除。

涂膜下的水、树脂和潮气，上升到涂刷面形成气泡与基层的含水率有关，热量越大、越持久，产生气泡的可能性就越大。

深色油漆涂料由于反射性差，对热量的吸收量多，要比浅色的油漆涂料容易产生气泡。

油漆涂料常出现气泡，乳胶漆稍好些，水浆涂料很少有气泡，只是局部失去粘附力，然后出现脱落。

1. 木质面上的油漆涂层气泡

(1) 原因：

未风干的木质材料：木材的含水率应控制在 12% ~13%，

超过15%就容易起泡，这时室外朝阳部位和室内热源附近尤为明显，当气温达到露点，木材中的水冷凝也会使漆膜形成气泡。

已风干的木质材料：风干的木面含水量虽低，但潮湿，仍会从木面的某部位渗入形成气泡，与砖石、水泥接触的木材端、接缝、钉孔及刮抹好的油灰都容易吸潮，因此在这些部位，涂刷前就应用封闭底漆封闭。室外的木面即使有防雨措施，由于吸入大量的潮气，也会引起气泡。

含树脂木质材料：油漆涂刷在树脂含量较高的木质材料表面上，特别是未风干的新木面上，受到高温影响后树脂会变成液态，体积增大形成压力将涂膜掀起，从而形成气泡甚至将涂膜顶破流出树脂。

硬木面：有些硬木面，如橡木表面有许多开放的管孔，涂刷油漆时将空气封闭在管孔内，受热后形成气泡。

水的带入：使用带水的油刷涂刷，涂桶内有水或涂刷面上有露水等，都可以在涂层间形成潮气，产生气泡。

(2) 预防措施：

未风干：已风干木面涂刷时，必须严格控制木材的含水量，当现场环境湿度较大，无法降低含水量时可将其暂移至其他场所，待含水量达到规定标准，涂刷防潮涂料后再涂装。风干的木面在处理或安装后应尽快涂刷优质底漆，底漆应用油刷刷进木材管孔内，基层的边及与砖石、水泥接触的断面宜涂刷二遍底漆，以防潮气渗入。

含树脂木面：将含有树脂或树节的部位加温，使树脂稠度降低或流出，然后用刮刀刮除，大的树脂结可将其挖除后用好木材修补，也可将其挖低，用腻子修补平整。对含树脂的面可经打磨、除尘后，涂刷一层耐刷洗的水浆涂料或乳胶漆。

硬木：用麻布将填充剂擦在木材的管孔内，除去里边的空气后涂刷底漆。

(3) 治理方法：查清产生气泡的原因并予以根除，将有问题的涂膜全部清除后，涂刷优质油漆涂料。对旧有涂层处理时，为防止潮气渗入，宜使用溶剂型漆剂或采用烧除法清除漆膜。清除后打磨表面，特别是旧涂层的边沿部位，并将接缝、钉孔等处填塞严密，然后再涂刷耐水的油漆涂料。

2. 钢铁面上的涂膜出现气泡

钢铁面涂膜上产生的气泡形状不规则，小而密。气泡的大小与涂膜的弹性和下面的锈蚀量有关。涂膜出现气泡后会引起涂膜开裂，使水分渗入加快锈蚀，最后导致膜完全毁坏。

（1）原因：新砖石、混凝土、抹灰面一般都含有较高的水分，含水时间长短受环境条件影响。由于基层深处的水分缓慢地上升至表面，然后迅速蒸发，因而常常给人一种基层已完全干燥的假象。当被非渗透性的涂层覆盖时，在表面上便会产生气泡。产生气泡的时间主要与基层含水量的多少、涂膜弹性的程度、基层所受的热量及水分或潮气是否有可以从其他方面逃逸的可能等因素有关。

（2）预防措施：新的砖石、混凝土、抹灰面尽可能搁置较长一段时间，等内部水分基本蒸发后再进行涂刷。

（3）治理方法：将开裂、凸起的漆膜刮至完好漆膜的边缘，然后放置一段时间，让其干燥。当两面都涂有涂料，裸露部位较少，不利潮气散发时，可采用加热措施加快其干燥时间。重新涂刷前应将裸露部位涂耐碱底漆。

3. 旧砖石、混凝土、抹灰面上涂层气泡

（1）原因：产生气泡是由于基层内的潮湿因某种原因不断上升而引起的，如防潮层损坏、室外地面高于防潮层、墙面有破损雨水掺入、上下或排水系统有渗漏等。

（2）预防措施：将建筑上问题、引起潮湿的部位查清并修复好，待基层彻底干燥后涂刷新涂层。如问题无法根除或没做防潮层，可不涂刷非渗透性涂料，只涂刷乳胶漆一类渗透性涂料。

（3）治理方法：查清产生潮湿的原因并将其根除，然后修复建筑上有问题的部位，将开裂起泡的涂膜清除掉，当基层充分干燥后再涂刷优质底漆及面漆。

4. 金属面由于受热使漆膜起泡

当环境温度升高或金属基层受热后，溶剂量较高的涂层易起泡。

(1) 原因：涂膜受热变软，弹性变大，并可以使涂膜内的溶剂变成气体，从而产生气泡。

(2) 预防措施：在涂刷金属面之前应将住宅可能受到的最高温度了解清楚。然后在较低的温度下涂刷耐热油漆涂料。

(3) 治理方法：将有问题的涂膜铲除后，将底面清理干净，然后在较低的温度下涂刷底漆和面漆。

(八) 涂层出现刷痕

出现刷痕时在涂层表面留有明显的涂刷印迹，涂层浅厚不均。刷痕严重时不仅影响涂层的外观，而且涂层浅部位还是涂膜最薄弱环节，是引起漆膜开裂的根源。有光油漆涂料流平性好，涂刷在平整基层上时不显刷痕，但涂刷操作不当，也会产生刷痕。

1. 原因：刷痕的产生主要与刷毛种类、涂刷技术及使用油漆涂料的流平性有关。

猪鬃油刷对油的吸附性适宜，弹性也好，适宜涂刷各种油漆涂料。与猪鬃混合使用的油刷及尼龙或其他纤维的刷毛不仅易产生刷痕，还不易将涂料刷匀。涂刷技术是产生刷痕的重要原因，即使使用优质油刷，如果涂刷时不仔细、涂刷方法不正确也会产生刷痕，如漏刷、油刷倾斜角度不对、收刷方法杂乱、各刷间隔时间过长等；另外基层过糙、涂料过于粘稠、涂料流平性差等，都会产生刷痕。

2. 预防措施：找出各类涂层产生刷痕的原因，及时加以修正，使用优质油刷，熟练运用涂刷技术涂刷，并注意打磨砂纸工序。

3. 处置方法：用水砂纸蘸肥皂水将表面打磨光滑、平整后使用优质油刷正确涂刷优质涂料。

(九) 涂层出现龟裂

龟裂是指干涂膜上出现的小裂缝，裂缝一般以三种形式出现：不规则状、梯子状或鸟爪状。

1. 原因：龟裂是因涂膜轻微收缩运动产生的，这与所用油漆涂料质量低劣有关，特别是用于室外的油漆涂料，容易产生龟裂。

2. 预防措施：避免使用劣质油漆涂料，中间涂层干燥变硬后就尽快涂刷面漆。

3. 处理方法：先将涂层表面污垢刷洗掉，进行打磨，然后最少涂两遍涂料。

（十）涂料漏刷

漏刷一般容易发生在人们不太注意的部位，如门窗的上、下冒头和靠领的小面，管道靠墙处，暖气片缝隙处等，这将影响油漆涂刷工程的质量。

1. 原因：主要是由于操作者的基本功较差、责任心不够强，对不大引起人们注意的部位，就采取了马虎的态度和省工的办法。这也是衡量一个油漆操作工水平高低的标准之一。要引起油漆工的高度重视。

2. 预防措施：不易刷到或部件安装后无法涂刷的地方（如门扇下冒头小面），要采取预先涂刷的措施或制做特殊油刷，以满足刷严刷满不漏刷的要求。油漆工加强责任心，树立对产品负责的观念。

3. 治理方法：对漏刷的部位，要进行补刷，必要时将不能补刷的部件（如门窗等）拆下，重新涂刷后再安装上，以保证油漆涂刷工程的质量。

（十一）缺腻子和磨砂纸

必须找补腻子和磨砂纸的部位遗漏未做或做得不够（如门窗领槽、上下冒头、榫头、裂缝等处）均会影响油漆涂饰的质量。

1. 原因：主要操作者工作不认真，图省事，不按规范和工艺去操作。也是操作者对这些部位进行嵌补腻子、磨砂纸的重要性认识不足造成的。

2. 预防措施：修补腻子和磨砂纸是油漆涂料工作的重要工序，应作为一道工序进行中间检查，未达到要求时不能进行下一道油漆和涂料施工，以防影响全面的油漆涂料工程施工质量。

3. 治理方法：将缺腻子处重新磨毛，修补腻子，待腻子干后重新磨砂纸，重新涂刷油漆和涂料。

（十二）流坠裹楞

油漆、涂料产生流坠、裹楞是油漆涂饰工程常见的施工质量通病，也是衡量一个油漆涂饰工程质量的重要标志之一。

1. 原因：第一是由于油漆涂料的稠度太稀，涂膜涂刷又太厚或环境温度过高及油漆涂料干燥慢等原因，都易造成流坠；第二是由于操作顺序不对和手法不当；尤其是在角部位蘸油量过大的更容易造成流坠和裹楞。

2. 预防措施：油漆涂料的稠度要根据环境调配适宜，油漆涂料的干燥快慢也要选择合适，操作者的操作顺序和蘸油量多少要适合油料稠度和操作环境，避免流坠和裹楞现象。

3. 治理方法：找出造成流坠、裹楞的原因，将流坠裹楞的部位用砂纸打磨平整，并清理干净，调整好涂料的黏稠度，按正确方法重新涂刷优质涂料。

（十三）五金件（包括灯具等处）污染

衡量一个油漆涂饰工程的质量，五金配件灯具、电盒等洁净，不造成丝毫污染是很重要的。如有污染，尽管是轻微的污染都会影响装饰质量。

1. 原因：油漆涂饰前未采取保护措施。

2. 预防措施：对五金配件灯具、电盒等处在涂刷油漆涂料前都要进行保护，保护方法很多，如用纸包覆贴不干胶条保护或涂凡士林油措施，均能保护好五金、灯具、电盒和其他不需要涂刷油漆涂料的部位，油漆涂料施工完了，去掉保护纸和膜，必要时用潮湿布擦干净。

3. 治理方法：如发生了污染，可以用稀料进行擦洗，使五金配件、灯具、电盒的本来面目表露出来。

（十四）油漆常见的变质现象

油漆常见的变质现象有如下几种：

1. 浑浊：多见于清漆或清油，一般情况为轻微浑浊，也有的变稠，现象严重的为白糊状。原因是稀释剂选用不当或用量过多，室温过低，相对湿度过大，容器封闭不严，内含水分，铅类催化剂用量过多等等。

2. 黏度增高：严重时为冻胶状，原因是漆料酸性高，与碱性染料反应、成品聚合过度、过热、过冷，容器漏气、漏液等。处理方法：室温保持在18～25℃，将涂料水浴加热，醇酸氨基漆可在溶剂中溶解25%。

3. 变色：清漆类：变黑红色、棕色。色漆类：上、下颜色不一致，金粉、银粉漆发黑变乌。原因是溶剂水易与铁器反应、漆中含有酸性树脂。色漆类：颜色褪色、金属颜料被氧化导致沉淀等；处理方法采用木桶玻璃或塑料容器盛装，色漆最好的是涂料和颜料分装现用现调。清漆中可以加入少许磷酸。

4. 沉淀：清漆类：底层沉有各种杂质或不溶性物质，上部漆料完好。色漆类：颜料密度大，颗粒太粗，体质颜料太多。处理方法清漆类：过滤除去杂质。色漆类：定期反复倒置，使用时充分搅拌，若结块后得重新研碎调配或用在不重要部位。

5. 容器变形：容器起鼓、膨胀。原因是天热，容器内温度过高，漆内溶剂变成气态，应将漆桶放置于温度较低的地方。

6. 结皮：面上有层薄皮，有时有小颗粒或全部胶化现象，原因是容器封闭不严、溶剂挥发、催化剂加入过多，贮存时间过长等。

处理方法：使用前涂料重新过滤，涂料用完时，要在漆面上洒上稀料。

（十五）皱纹

皱纹又称皱皮，是指涂层表面出现许多弯曲棱脊的现象，有皱纹的地方会使涂层失去光泽。

1. 产生原因

(1) 施涂时或施涂后，遇高温或太阳曝晒，施工现场环境条件差。

(2) 干燥快和干燥慢的涂料掺合使用。

(3) 施涂不均匀或过厚。

(4) 气候骤冷或受煤气、二氧化碳的影响。

(5) 催干剂掺量太多，外表干燥太快，致使外干内不干。

(6) 涂料黏度过高。

2. 防治方法

(1) 当涂层附着力较好时，可将面层磨光磨平，重新施涂面层涂料；当附着力差时，应将面层彻底清除，打磨平整后，重新施涂面层涂料。

(2) 在施涂中避免高温日晒，防止骤冷。当气温较低时，可加入适量催干剂。

(十六) 粉化

粉化又称脱粉、掉粉。是指涂料成膜后，经风、霜、雨、雪、露等侵蚀，年长日久，涂膜中的主要成膜物质被破坏而出现一层粉状物的现象。

1. 产生原因

(1) 涂料中稀释剂过多，油分过少或颜料及填充料过多，施涂后经过日晒雨淋表面早期氧化而产生粉化。

(2) 在高温下涂料因受热而快速成膜，当出现不易施涂时，错误地加入快干或慢干的稀释剂，日久便会产生粉化。

(3) 水性涂料中掺水过量，以致胶少而稀薄，或墙面过于干燥，涂料中的胶质被吸收，使涂料的粘结力受到影响，成膜后容易出现早期粉化。

2. 防治方法

当涂膜底层比较牢固时，可用有机溶剂擦洗掉面层重新施涂。否则应彻底返工。

(十七) 泛白

泛白又称发白。是指热塑性的挥发型涂料层在干燥过程中，发生浑浊或呈半乳色，甚至变成雾状白色，严重的如白云层一般使光泽消失。

1. 产生原因

(1) 施涂时，空气较为潮湿（相对湿度在80%以上），稀释剂水分蒸发慢，在涂膜中凝聚起来，出现发白现象。

(2) 虫胶清漆及乙烯树脂类涂料。若含大量低沸点溶剂时，不但易发白，而且往往并发针孔及细裂纹现象。

(3) 喷涂施工时，由于压缩机油水分离器失效，将水分带入涂料中，使大量水分凝聚。

(4) 物面上沾有酸性植物胶吸引水分。

(5) 涂料本身的质量原因，如耐气候性差或稀释剂掺加过多，使涂料沉淀，施涂后泛白。

2. 处理方法

(1) 可在涂料内加入适量防潮剂，或在虫胶清漆中加入少量的松香。

(2) 在泛白处可用稀释剂加少量防潮剂喷涂一遍。

(3) 虫胶清漆涂膜泛白，可用棉团蘸稀虫胶清漆揩涂泛白处使之复原。气温较低时施涂虫胶清漆应适当提高室温。

(4) 泛白严重，要清除掉该涂层，并重新施涂。

(十八) 显斑疤

显斑疤是指涂料施涂干燥后，涂膜上显露各种疤痕。

1. 产生原因

(1) 施涂显露木纹的清漆时，未满批腻子或未将残余腻子收刮和打磨干净；嵌补洞、缝的腻子颜色与物面颜色存在色差。

(2) 对物面基层上的油污、树脂等没有清除或未用虫胶清漆封闭。

2. 防治方法

(1) 物面基层一定要清理干净，对油污、树脂等用松香水和汽油揩擦后，再用虫胶清漆封闭。

(2) 基层清理后应先施涂清油一遍，干燥后再满批腻子，并将洞、缝嵌批平整，打磨干净再施涂料。

(3) 斑疤严重的要将涂膜清除干净后再重新施涂。

(十九) 失光

失光又称倒光。是指涂膜形成后表面无光或光泽不足，或有一层白色雾状凝聚在涂膜表面上。

1. 产生原因

(1) 涂料内加入过多的稀释剂或掺入不干性稀释剂。

(2) 涂料施涂后遇到大量烟熏或天冷水蒸气凝聚于涂膜表面，或有灰尘粘附。

(3) 表面处理不当，油污、树脂未清除干净。

(4) 底漆或腻子未干透，或底层未处理好，吸收面层光泽。

(5) 涂料本身的耐候性差，经日光曝晒失光，或底层粗糙不平造成光泽不足。

2. 防治方法

(1) 适量掺加稀释剂，不得超过允许掺入量，同时应尽量不掺或少掺不干性稀释剂。

(2) 可用软布蘸清水擦洗或用胡麻油、醋和甲醇的混合溶液揩擦并清洗。

(3) 可在失光面层上用砂纸轻轻打磨后重新施涂面漆。

(二十) 咬色

咬色又称为渗色。是指面层涂料成膜后下层涂膜的颜色渗透到面层中来，造成色泽不一致。

1. 产生原因

(1) 底涂料未充分干燥或底涂料太稀，涂膜不牢固，或面涂料内的稀释剂溶解性能强而催化底涂膜。

(2) 底涂料中含有溶解性较强的染料、沥青或杂酚油。

(3) 木材节疤等没有用虫胶清漆封闭。

(4) 旧涂膜中有品红等油溶性的颜料或油渗性很强的有机颜料。

(5) 涂膜被水泥砂浆中的碱腐蚀。

2. 防治方法

(1) 选择合适的涂料。基层处理时要清除油污、树脂、沥青等，并应在树脂或沥青面上施涂一遍虫胶清漆封闭。

(2) 咬色严重的应返工重新施涂面漆。

(二十一) 发粘

发粘又称慢干、不干或返粘等。是指涂膜干后，表面仍有发粘慢干、粘手、粘连衣物的现象。

1. 产生原因

(1) 基层物面沾有油质、蜡质、碱、盐等物质，或不干性树脂等未清除或封闭。

(2) 涂料内含水分过多，或加入过多松香水、催干剂，或掺入不好的油料和稀释剂。

(3) 涂料本身的质量原因，如涂料太稠，使涂层过厚。头遍涂料未即刷下遍，造成对下层涂料的隔离，致使底涂料氧化干燥困难，溶剂也难以挥发，涂膜长期不能干透。

(4) 抹灰面基层的含水率超过规定标准。

(5) 受煤气作用或气候严寒、冰冻、雨、霜、潮湿及烈日曝晒，这些都会使涂料的干燥不正常。

2. 防治方法

(1) 加强基层处理，必须将渍污等除净，并用虫胶清漆封闭，保持基层干燥。

(2) 可除去面层涂料，促使底涂料干燥，待其干透后再重新施涂面涂料。

(3) 需掺加催干剂时，应适量。

(二十三) 发笑

发笑又称笑纹、收缩。是指涂料在被涂物上收缩，点点斑斑，就象水洒在蜡纸上一样，出现不规则大小圈形，甚至还会露出底层。

1. 产生原因

(1) 底层涂料内有不干性稀释剂，如煤油、柴油等。干后未挥发就施涂面涂料。

(2) 底层沾有油污、蜡质等，或施涂后受熏和潮气影响。

(3) 涂料中使用的干性油过稠，或涂层太薄，或溶剂配合不当，挥发过快，涂层来不及流平。

(4) 施工环境温度过低，受阴雨天气候的影响。

(5) 双组分或多组分涂料在使用前未充分搅拌均匀，或未经熟化就马上进行施涂。此外，过多使用硅油也会造成发笑病态。

2. 防治方法

(1) 如在操作过程中发现应停止施涂。可用汽油、松香水擦净物面上的油污等，并用水砂纸打磨和揩擦干净。

(2) 在气温较低的室内施涂，应适当提高温度。

(3) 对收缩不严重的可在施涂时反复理顺，如收缩严重要全部干透后，打磨平整再重新施涂。

(4) 对双组分或多组分的涂料要搅拌均匀后才能进行施涂。硅油掺量要适当。

(二十三) 发花

发花是指复色涂料在施涂与干燥过程中，颜色及色调出现一些不均匀的现象，如下所列：

泛色：涂料中一部分着色颜料均匀地浮起到涂层表皮部分，造成湿时发淡，干燥后转深的现象；

浮色：在层表面形成不同颜色的斑纹；

丝纹：在层表面显出不同颜色的直线丝纹。

1. 产生原因

(1) 颜料的密度和颗料大小不同，润湿性能不佳，吸潮性过大，溶解性过大以及吸油量大。

(2) 施工环境湿度过大。

(3) 不恰当地掺入干性油。

防治方法参见“发笑”的处理方法。

(二十四) 木纹混淆，色泽深浅不一

1. 产生原因

（1）混色漆施涂时间长，使颜料沉淀，从而造成上面的涂料稀，其色浅，下面的涂料稠厚，其色深。

（2）软、硬木材上色能力不一致。松木等软木类容易上色，硬木类则不易上色。

2. 防治方法

（1）施涂时要经常搅拌涂料，不使其沉淀。

（2）当木制品有软硬木混用时，硬木上色要比软木色重，浓稠一些。

（3）如果木纹混淆严重，应将涂膜清除干净后重新施涂。

（二十四）生霉

生霉是指涂膜表面出现霉斑现象。

1. 产生原因：对有些用植物油改性的涂料，当气温在28℃左右，湿度在85%以上，空气流通不畅时，涂膜表面就容易滋生微生物，微生物的活动能够把硫酸盐还原成黑色硫化物（有时还会嗅到硫化氢气体的气味），并使涂料中的某些有机物发生霉变，造成涂膜表面颜色变暗。

2. 防治方法：当出现不严重的霉斑现象时，可除去表面，用加有适量防霉剂的涂料重新施涂面层。当严重时，必须清除涂膜，并重新进行表面处理，重新用加有防霉剂的涂料来施涂。

第六章　涂裱作业分包的管理知识

高级工、技师、高级技师作为专业技能的高级人才，他们所承担的任务，不仅仅是做好个人的技能工作，还要管好整个本专业队伍的有关技术工作。

作业分包企业的管理重点是工程项目部，因此它的一切管理工作都应该满足工程项目部的要求。

第一节　编制施工组织设计与项目规划大纲

装饰装修施工和建筑施工一样，产品是固定不动的，随着施工进度的变化，改变着劳动力、材料、设备的供应调配状况，同时也与施工周围的环境发生着密切的联系，这就要求有一个周密的组织工作，如果把这种组织工作用书面表达出来，便是施工组织设计。

一、施工组织设计的主要内容

1. 装饰装修工程概况介绍；
2. 施工总平面图的布置；
3. 对原结构的检查验收要求；
4. 对施工工程环境的处理；
5. 对施工用水用电的设置；
6. 交通运输；
7. 垂直运输；
8. 工艺规程及质量标准；
9. 施工进度计划；
10. 劳动力计划；

11. 机具配备；

12. 冬期、雨期施工条件；

13. 安全保卫及消防措施；

14. 成品、半成品保护措施；

15. 新工艺要求；

16. 饭店改造时营业区与施工区的隔离；

17. 现场生活设施；

18. 拆除物及施工渣土处理。

二、项目管理规划大纲

《建设工程项目管理规范》（GB/T 50326—2001）中对项目管理的内容首先就是编制“项目管理规划大纲”和“项目管理实施规划”。“规范”明确，“当承包人以编制施工组织设计代替项目管理规划”时，施工组织设计应满足项目管理规划的要求，可见“规划大纲”是实现工程项目管理新的管理要求。

“项目管理规划大纲”由企业管理层在投标之前编制的，作为投标依据，满足投标文件要求及签订合同要求的文件。

“项目管理实施规划”是在开工前由项目经理主持编制的，是指导施工项目实施阶段管理的文件。

项目管理规划大纲编制依据：

1. 项目管理规划大纲应由企业管理层依据下列资料编制：

（1）招标文件及发包人对招标文件的解释。

（2）企业管理层对招标文件的分析研究结果。

（3）工程现场情况。

（4）发包人提供的信息和资料。

（5）有关市场信息。

（6）企业法定代表人的投标决策意见。

2. 项目管理规划大纲内容：

（1）项目概况。

（2）项目实施条件分析。

（3）项目投标活动及签订施工合同的策略。

(4) 项目管理目标。

(5) 项目组织结构。

(6) 质量目标和施工方案。

(7) 工期目标和施工总进度计划。

(8) 成本目标。

(9) 项目风险预测和安全目标。

(10) 项目现场管理和施工平面图。

(11) 投标和签订施工合同。

(12) 文明施工及环境保护。

三、项目管理实施规划

1. 项目管理实施规划必须由项目经理组织项目经理部在工程开工之前编制完成。

2. 项目管理实施规划应依据下列资料编制：

(1) 项目管理规划大纲。

(2) "项目管理目标责任书"。

(3) 施工合同。

3. 项目管理实施规划应包括下列内容：

(1) 工程概况。

(2) 施工部署。

(3) 施工方案。

(4) 施工进度计划。

(5) 资源供应计划。

(6) 施工准备工作计划。

(7) 施工平面图。

(8) 技术组织措施计划。

(9) 项目风险管理。

(10) 信息管理。

(11) 技术经济指标分析。

4. 编制项目管理实施规划应遵循下列程序：

(1) 对施工合同和施工条件进行分析。

（2）对项目管理目标责任书进行分析。

（3）编写目录及框架。

（4）分工编写。

（5）汇总协调。

（6）统一审查。

（7）修改定稿。

（8）报批。

5．工程概况应包括下列内容：

（1）工程特点。

（2）建设地点及环境特征。

（3）施工条件。

（4）项目管理特点及总体要求。

6．施工部署应包括下列内容：

（1）项目的质量、进度、成本及安全目标。

（2）拟投入的最高人数和平均人数。

（3）分包计划，劳动力使用计划，材料供应计划，机械设备供应计划。

（4）施工程序。

（5）项目管理总体安排。

7．施工方案应包括下列内容：

（1）施工流向和施工顺序。

（2）施工阶段划分。

（3）施工方法和施工机械选择。

（4）安全施工设计。

（5）环境保护内容及方法。

8．施工进度计划应包括施工总进度计划和单位工程施工进度计划。

9．资源需求计划应包括下列内容：

（1）劳动力需求计划。

（2）主要材料和周转材料需求计划。

(3) 机械设备需求计划。

(4) 预制品订货和需求计划。

(5) 大型工具、器具需求计划。

10. 施工准备工作计划应包括下列内容:

(1) 施工准备工作组织及时间安排。

(2) 技术准备及编制质量计划。

(3) 施工现场准备。

(4) 作业队伍和管理人员的准备。

(5) 物资准备。

(6) 资金准备。

11. 施工平面图应包括下列内容:

(1) 施工平面图说明。

(2) 施工平面图。

(3) 施工平面图管理规划。

施工平面图应按现行制图标准和制度要求进行绘制。

12. 施工技术组织措施计划应包括下列内容:

(1) 保证进度目标的措施。

(2) 保证质量目标的措施。

(3) 保证安全目标的措施。

(4) 保证成本目标的措施。

(5) 保证季节施工的措施。

(6) 保护环境的措施。

(7) 文明施工措施。

各项措施应包括技术措施、组织措施、经济措施及合同措施。

13. 项目风险管理规划应包括以下内容:

(1) 风险因素识别一览表。

(2) 风险可能出现的概率及损失值估计。

(3) 风险管理重点。

(4) 风险防范对策。

(5) 风险管理责任。

14. 项目信息管理规划应包括下列内容:

(1) 与项目组织相适应的信息流通系统。

(2) 信息中心的建立规划。

(3) 项目管理软件的选择和使用规划。

(4) 信息管理实施规划。

15. 技术经济指标的计算与分析应包括下列内容:

(1) 规划的指标。

(2) 规划指标水平高低的分析和评价。

(3) 实施难点的对策。

16. 项目管理实施规划的管理应符合下列规定:

(1) 项目管理实施规划应经会审后，由项目经理签字并报企业主管领导人审批。

(2) 当监理机构对项目管理实施规划有异议时，经协商后可由项目经理主持修改。

(3) 项目管理实施规划应按专业和子项目进行交底，落实执行责任。

(4) 执行项目管理实施规划过程中应进行检查和调整。

(5) 项目管理结束后，必须对项目管理实施规划的编制、执行的经验和问题进行总结分析，并归档保存。

四、涂料工程施工方案的编制方法

涂料工程是单位工程中装修工程的主要组成部分，它的施工是建立在结构完成，抹灰和木装饰基本完成的基础上进行，其施工方案编制的主要内容和方法有:

(一) 工程概况

包括工程特点(如建筑物的平面组合、建筑物的高度和层数、结构和装饰特征)，建筑面积，涂料分部工作量和实物工程量，工程竣工和交付使用期限等。

(二) 施工条件

包括三通(指水、电、道路)情况，材料的供应情况以及本单位的机械、运输、劳动力等条件和本工种施工所需具备的条件。

对上述各点要结合资料进行详细分析，找出关键性问题加以说明。

（三）施工方案和施工方法

施工方案和施工方法要根据工期要求、材料、构件、机具、劳动力的供应情况，以及协作单位的施工配合条件和其他现场条件进行周密考虑。

1. 施工方案应在拟定的几个可行方案中突出主要矛盾加以分析比较，选用最优方案。

编制方案前应有必要的施工准备，如图纸会审、编制施工图预算和单位工程施工组织设计等。

2. 确定施工流向。单层建筑要定出分段（跨）在平面上的施工流向，多层建筑除了定出平面上的流向外，还应定出分层施工的流向。确定施工流向要考虑以下几个方面：生产使用的先后；适应施工组织的分区分段；与主导工程的施工顺序相适应。

3. 施工方法的选择：施工方法是施工方案的核心，一般应考虑以下几点：

（1）确定采用工厂化、现场预制法、机械化施工方法：尽可能在工厂或现场地面完成某些施涂工序，如：门窗扇、铁件等可先在现场选择合宜的场地，在地面完成工艺顺序的前部分，待安装后，再完成工艺的全部操作顺序。外墙面的涂刷工艺，尽量采用机械喷涂或滚涂的方法。以提高装饰质量和劳动生产率。

（2）确定工艺流程和施工组织，组织好流水施工，有利于合理安排进度，也便于开展班组或互助小组之间的劳动竞赛。本工种工艺流程的确定应建立在上道工序已完成，施涂基层达到规定的干燥程度，保证涂料工程能连续、顺利施工条件的基础上，而涂料工程又要为下道其他工种工序的施工创造条件。例如：某六层住宅工程的内外墙面抹灰已基本完成，外墙窗安装完毕，正在安装内墙木门窗。这时本工种便可根据条件插入施工了。一般是先外后里，先上后下流水施工。如果外墙面是喷涂或涂刷工艺，那么根据工程的总进度，在拆除外脚手架之前，安排足够的劳动力，把外墙面、落水管、玻璃安装等需要用到脚手架的作业，在规定的进度期限内完成。这就先要计算出外墙面等工程量，套定额算出需用的劳动力和材料。同时还应考虑工程的体型和立面特点、外墙面是否干燥、季节性和气候的因素等，结合施涂工艺的要求，确定施工流水并组织施工。又如对宾馆、大楼等较复杂的工程，要根据工程的施工组织设计分流水施工段，分部分项编制本工种的施工方法。

（四）质量技术措施

对常规施工项目，应贯彻各项行之有效的质量保证措施。对新工艺、新材料和新技术的应用必须制定有针对性的质量保证措施。还可运用全面质量管理的原理和方法，对本工种某些质量通病进行攻关。

如制定某工程本工种的质量技术措施时，应根据工程设计所采用的施涂工艺（裱贴、玻璃工艺）和材料、工程质量和进度目标要求、操作班组的技术素质以及气候环境条件等多方面情况，分别有针对性地制定。

（五）安全施工措施

1. 对于采用新技术、新材料、新工艺，必须制定有针对性的、行之有效的安全技术措施，以确保施工安全。

2. 高空或立体交叉作业必须有防护和保护措施。如在同一空间上下操作时，应设置隔层或其他防护措施。

3. 制定安全用电和机电设备的保护措施。机电设备应有防雨防潮设施和接地接零措施。

4. 制定预防自然灾害和涂料的防火防爆措施。

（六）施工进度计划

编制施工进度计划时，应在满足工期要求的情况下，对选定的施工方案和施工方法、材料、构件和加工、半成品的供应情况、能够投入的劳动力、机械数量及其效率、协作单位配合施工的能力和时间等因素进行综合研究，根据确定的施工顺序和分段流水进行安排。

1. 计算工程量：一般可以采取施工图预算的数据，但是应注意计量单位与采用的定额单位一致；要按本工种施工流水段的划分，列出分层、分段工程量，以便于安排进度计划。

2. 计算劳动力需要量和机械台班量。

$$劳动力需要量=\frac{某涂料分项工程量}{分项产量定额}或时间定额\times工程量$$

$$机械台班量=\frac{某涂料分项工程量}{分项机械产量定额}或机械时间定额\times工程量$$

3. 搞好各施工分项（或工序间）的搭接关系，编制施工进度图表。

施工进度图表按施工总进度计划的要求，根据计算出的劳动力需要量，除以可出勤人数，及可供应机械数加以平衡后编制。一般可以采用横道图线条计划表（表 6-1）。

××工程涂料施涂进度计划表（示意）　　表 6-1

分部分项名称	工程量		计划用工		进度（日）																	
	单位	数量	定额	工日数	2	4	6	8	10	12	14	16	18	20	22	24	26	28	30	32	34	36
六层调合漆钢门窗	$10m^2$	16.5	1	16.5																		
六层钢门窗玻璃裁装	$10m^2$	10.8	1.11	10.91																		
六层内墙抹灰面刷涂料	$10m^2$	125	0.328	41.0																		
六层木地板清漆	$10m^2$	8.4	0.516	4.33																		

（七）材料计划

材料计划是备料、供料和确定仓库、堆场面积及组织运输的依据，其内容见表 6-2。材料计划根据工程预算、预算定额和施工进度计划编制。

××工程涂料需用量计划　　表 6-2

序号	材料名称	规格（型号）	需用量		需用时间									备　注
			单位	数量	×月			×月			×月			
					上	中	下	上	中	下	上	中	下	

（八）劳动力需要量计划

劳动力计划是安排劳动力的平衡、调配和衡量劳动力耗用指标的依据，其内容见表 6-3。劳动力计划可根据工程预算、劳动定额和施工进度计划表编制。

××工程油漆工劳动力需用量计划　　表 6-3

序号	工种名称	计划工日数	需用人数及时间									备　注
			×月			×月			×月			
			上	中	下	上	中	下	上	中	下	

（九）机具使用计划

机具使用计划提出了机具型号、规格，用以落实机具来源、组织机具进场，其内容见表 6-4。机具使用计划可根据施工方案、施工方法和施工进度计划编制。

（十）降低成本技术措施

本工种的降低成本技术措施可从以下方面结合工程对象制定：

1. 集中调配涂料、裁制玻璃，以减少零料、边角料。

××工程施工机具需用量计划　　表 6-4

序号	机具名称	型号、规格	单位	数量	使用起止时间	备　注

2. 正确、合理选用涂料及其配套稀释剂和腻子。

3. 合理制定壁纸的裁割、裱糊方案，减少壁纸的损耗。

4. 严格涂料领料、配料的计量工作，必须正确过秤。

5. 合理组织流水搭接施工，提高劳动生产率。

6. 因地制宜，推广应用“四新”，发动群众多提合理化建议。

第二节 技术交底

技术交底是参与施工人员在施工前了解设计和施工等技术要求的重要工作，有利于科学地组织施工，按合理的工序、工艺进行作业。在工程正式施工前，都必须认真做好技术交底工作。

交底内容主要包括：施工图纸，施工组织设计（项目规划大纲）施工工艺，技术安全措施，规范要求、操作规程、质量标准等，还有新材料、新工艺、新技术的特殊要求，更要详细交底清楚。技术交底的具体要求如下：

一、参加单位和人员

参与施工的各班组负责人及有关技术骨干工人。

二、交底内容

1. 落实有关工程的各项技术要求。

2. 找出施工图纸上必须注意的尺寸，如轴线、标高、预留洞孔的位置、规格、大小、数量等。

3. 所用材料品种、规格、等级及质量。

4. 各种装饰装修材料的配合比、规格和技术要求。

5. 有关工程的详细施工方法、程序、工种之间装饰与各专业之间的交叉配合部位，工序搭接及安全操作要求。

6. 各项技术指标的要求，具体实施的各项技术措施。

7. 设计、修改、变更的具体内容或应注意的关键部位。

8. 有关规范、规程的工程质量要求。

9. 机械设备的性能，使用及安全注意事项。

10. 在特殊情况下，应知应会注意的问题。

第三节　技术岗位责任制

岗位责任制有两个层次，一是技术人员，二是技术工人。

一、技术人员岗位责任制

1. 参加编制和贯彻工程施工组织设计（施工方案），制订创优质工程措施。

2. 检查单位工程测量定位、找平、放线工作，负责技术复核，组织隐蔽工程验收和分项工程质量评定工作。

3. 负责图纸审查，技术交底和其他技术准备工作，在设计交底会上统一提出问题，做好修改变更会议记录签证工作。

4. 负责贯彻执行各项专业技术标准，严格执行工艺标准，验收规范和质量评定标准。

5. 负责砂浆、涂料的调配。

6. 检查施工大样图与加工订货大样图，并核对加工件数量及进场日期。

7. 组织工程样板和参与新技术新产品的质量鉴定。

8. 负责所管辖的工程原始技术资料，提出技术小结，汇总竣工资料并绘制竣工图。

9. 参加质量检查活动及竣工验收工作，负责处理质量事故。

10. 积极开展技术改进及合理化建议活动，实施技术措施计划。

11. 参加技术业务学习和技术安全教育。

二、技术工人岗位责任制

1. 遵守劳动纪律；

2. 认真执行技术规范、保证工程质量；

3. 严格执行现行防火规定；

4. 严格执行安全操作规程；

5. 严格执行现场管理制度；

6. 做好与其他工种协作施工；

7. 保护好成品、半成品；

8. 认真听从管理人员的指挥。

第四节　涂饰施工工艺特点与工艺卡编制

涂饰施工工艺在第五章已经作了比较全面的介绍。

本节对涂饰施工工艺特性的与其他饰面工艺进行分析比较，以引起对涂饰工艺特性的关注。

一、涂料装饰的特性

饰面用材料大部分都有一定的形状、厚度、规格，比如，大理石、花岗石、片石、人造石、釉面砖、通体砖、现代砖以及铝塑板、微孔板、吸声板等，这些材料在施工时都需要通过中介物质来固定。比如，石材、金属干挂、铜丝勾挂加灌浆，墙地砖的水泥砂浆或胶粘剂，微孔板、吸声板的骨架等。这些材料本身都有很强的遮盖力、并保持各自的形态占有一定的空间。装饰质量是由材料的质量和连接、粘结质量两部分因素决定的，施工人员不能改变面料的材质。这些材料的装饰成品质量主要是考察施工的作用是通过金属连结件或胶粘剂来达到粘结牢固以及表面平整度、缝隙的整洁与横平竖直。

涂料与上述材料不同有他自己的特殊性。他是靠自己的结膜功能覆盖于基底上，形成装饰成品，它是液体材料，粉状涂料也是液化后才能施工。通过涂料使用涂料的主要成膜物质与基底结合，次要成膜物质与辅助物质随之挥发。这种装饰成品质量除涂料的自身质量以外，主要靠操作者的操作手段来获得，比如基底处理，要求平、光，不能有半点残缺，补腻子、打砂纸，满刮腻子，磨砂纸，使基底平光。无缺陷才能刷涂料。而施涂（滚、喷磨退）质量与施涂遍数、手法、工艺流程有直接关系。

比如磨退工艺，磨退遍数多达 40 多遍。可以用于比较高档的装饰工程。

涂料（油漆）经过涂饰而获得的装饰成品名目繁多。调合漆、磁漆有遮盖作用，利用其丰富的色彩，显露油漆自身的装饰点，清漆具有透明特点，可以显露木材的纹理和天然色彩，起到自然美的装饰效果，还有复合层喷涂，聚酯漆磨退，仿真、花岗石、大理石、木纹滚花等多种装饰产品，使涂料饰品，多姿多彩，这些都是涂料的特殊功能所起的作用，任何一种块料面层装饰都无法实现。可见，涂饰施工技能的复杂程度不同一般。

二、涂饰工艺卡的编制

涂饰工艺卡是指导涂饰施工的标准工艺方案，一般以工艺比较定型和采用新工艺的分部分项工程为对象进行编制，作为工程项目部制订施工计划组织物资供应，安排劳动组织，进行质量检查等工作依据。新编施工工艺卡经过在施工实践中多次使用，证明其内容较为成熟对施工有普遍指导意义，根据主管部门批准后，可以成为标准施工工艺卡，直接提供给企业使用。

（一）施工工艺卡的内容

施工条件、工艺操作方法、施工机具的配备、工作地点的布置、质量检验标准、安全注意事项、劳动组织及工时安排、原材料消耗以及其他技术经济指标等，要采用图文并茂的方法编写在固定格式的卡片上。

（二）工艺卡实例

市场上推出的新型涂料一般都附有较详细的产品性能介绍和施工工艺要求，例如：某厂生产的复层浮雕涂料（复层腻子膏）。

1. 涂料介绍

复层浮雕涂料（复层腻子膏）是保护内外墙体，并起装饰美化作用的厚质复层涂料。具有耐水性好，粘结力强，质感丰富，保光保色性能优良的特性。

2. 标准：达到 GB 9779—88 标准中的 E 类指标。

3. 技术指标：

透水性　0.5Ml

耐碱性　168h不剥落，不起泡、不粉化，无裂纹。
耐候性　250h不起泡、无裂纹、粉化0级，变色0级。
粘结强度　>1.5MPa

4. 产品构成：

底层　复层衬底剂
中层涂料　复层涂料
面层涂料　苯丙外墙高档涂料
　　　　　苯丙外墙涂料

5. 施工要点：

(1) 雨天及大风、气温低于5℃时不宜施工，基层表面应坚实牢固、平整、清洁、无灰尘、杂物、空鼓、裂缝、粉化现象。

(2) 新抹水泥砂浆面要求压光，墙面含水率小于10%，pH值小于10方可施工。

(3) 喷涂前先在基层上辊涂上一道衬底涂料，封闭基层。

(4) 喷涂气压应为0.4～0.8MPa，喷口垂直距面40～50cm。根据不同花型选用不同口径喷嘴。

(5) 喷涂数分钟用工具辊压。压力应掌握均匀，以保证涂层厚度一致，如需平块效果，在喷完后用辊筒辊压；喷涂24小时，可刷面涂两遍，面涂间隔时间为2～4小时，每种涂料在施用前都需搅拌均匀，如过稠可以加少量水稀释方可施工。

6. 贮存、运输和包装

(1) 涂料应存放在干燥通风的库房内，避免日光照射和冰冻，储存和运输温度为5～40℃为宜，保持期为6个月。

(2) 涂料属水性、无毒、不燃，储存和运输可按《非危险品规划》办理。

(3) 包装：40kg/桶、25kg/桶。

(4) 工程用量：小花1kg/m^2；中花1.5～2kg/m^2；大花2～3kg/m^2。

(三) 对新产品工艺的考核

目前涂料生产厂家正在纷纷向无毒无害产品转向，新产品大批量推向市场，相应的新工艺新技术也随之出台。由厂家制订的各种产品的资料，只是在工厂实验室作试验得出结论，在工程上实用时间不会太长。因此，作为本专业的技术人员，应该对厂家的介绍作实地试用。以确定工艺是否可行。最好的办法是做样板。

第五节　装饰工程的质量特点与管理要求

一、装饰工程的质量特征

(一) 观感特征

观感质量总的要求是：点要匀、线要直、面要平，具体部位要求做到：

“接不错位”，在装饰工程中，为了艺术效果的需要，短料接长是经常出现的。窗帘盒，装饰线，踢脚板都要有接头，要求做到“接不错位”最好做到不露痕迹。

“拼不乱缝”，壁纸拼缝要做到不漏缝，瓷砖大理石拼缝横平竖直，缝隙均匀。

“交不起翘”，两种材料交叉处不能起翘，做到自然接交，严密无隙。

“镶不虚空”，镶嵌是一项要求很高、很细的工艺，既不用钉，又不用胶，要将各种装饰物体镶嵌在某种物体上，一定要保证严丝合缝，不能活动。

“盖不露底”，在装饰面上，安装各种盖板是很多的，比如，插座板、开关、排风扇、箅子，空调箅子、音响口、喷淋头、筒灯、卫生间的附件等，都是加盖在壁纸、瓷砖、大理石、石膏板、金属板上面，要保证安装严密，不能露出基底。

“边不出斜”，装饰空间的每一个面（六面）在基底处理时都要做到平直方正，不可出现斜面，一旦出现，便会在抹糊或饰面时出现斜边，这将严重影响观感质量。

此外，对分格的处理要考虑材料的规格，如果非裁不可，要将小边贴到隐蔽处。

当然，讲观感首先是以牢固为前提，如果不牢固，再好看也不行。

装饰工程质量的观感特征除了直观部分外（所谓直观指人在站立位置能看到的部位）还有非直观部分，即人在特定位置才能看到的部位，但也是很重要的。非直观质量有梳妆台底面部分，当人躺到浴盆内才能看到。因此必须做得整齐，该油漆、抹平都要认真做好，不能因为在底部就马虎从事。

还有一种触觉质量，虽不能看到，但影响使用，如抽屉面板的底边不做油漆，木扶手沙发的扶手底面不做油漆就会直接影响使用。

（二）时效特征

装饰工程的质量虽然不像结构工程那样讲究百年大计，但也要保持一定期限的质量，一些具有功能特征的设备，其使用质量应该保持更长的时间。饰面工程也应保持3～10年（因技术进步而更新者除外）。这就要做到质量的稳定，在一定期限内不产生下列情况（常见通病）：

壁纸开裂，瓷砖脱落。

窗轨变形，顶棚塌陷。

罩面板移位，油漆起皮。

附件松动，冷凝滴水。

管道堵塞。

保持装饰质量的关键是施工过程中做到连接牢固，粘贴密实，吊挂稳固，为此应在施工过程中加强质量监督。比如贴壁纸的基底处理，应作为隐蔽工程来验收。

粘结剂的选用要经过试验，特别是遇到墙面基底需要修补，如预埋电线管时，在墙上开槽，而后要修补抹灰，由于工期关系，有时不等修补面干燥就刮腻子、刷桐油、贴壁纸，这种做法在几天内不会发生问题，可以应付验收，但是不出3个月新补墙面就会起鼓，实际施工中这种弊病屡见不鲜。

还有贴瓷砖，工艺规定用水泥砂浆1:1.5，有的滥用107胶(现禁用)，认为和易性好，能延长初凝时间，结果不出数月，瓷砖崩裂，墙面起壳（目前虽然已经禁止，但还有偷用的)。在防水石膏板上粘贴瓷砖，正确的做法是一定要将石膏板平面处理好，不能用建筑胶来调整平整度，如果用建筑胶来调整平整度，不仅浪费材料，更因胶太厚，反而影响粘结力。另外对建筑胶的使用必须保证甲乙两种胶混合使用，不可单一使用，否则不起粘结作用。

吊顶龙骨的安装一定要做到吊挂稳固，各种管道不能直接压在水平龙骨上，以免增加龙骨的承载，日后产生塌陷。同样，龙骨也不能吊挂在管道上。

当然，装饰质量能否保持数年不变，除了操作上的问题以外，还有使用单位的保养和维护。从设计角度来看，什么部位选用何种材质的装饰材料也是很重要的，比如壁纸，在风机盘管和灯具的周围很容易开裂，外走廊在受阳光照射和自然气候影响的部位也容易开裂。总之，饰面工程（包括壁纸）的质量检验，决不能只看表面，必须在施工过程中监督其基底处理及粘结剂的使用情况。

二、质量管理的一般要求

1. 质量控制应按2000版ISO 9000国际认证和GB/T 19000族标准企业质量管理体系的要求进行。

2. 质量控制应坚持“质量第一，预防为主”的方针和“计划、执行、检查、处理”循环工作方法，不断改进过程控制。

3. 质量控制应满足工程施工技术标准和发包人的要求。

4. 质量控制因素应包括人、材料、机械、方法、环境。

5. 质量控制必须实行样板制。施工过程均应按要求进行自检、互检和交接检。隐蔽工程、指定部位和分工项目工程未经检验或已经检验定为不合格的，严禁转入下道工序。

6. 经理部应建立项目质量责任制和考核评价办法。项目经理应对项目质量控制负责。过程质量控制应由每一道工序和岗位的责任人负责。

7. 分项工程完成后，必须经监理工程师检验和认可。

8. 承包人应对项目质量和质量保修工作向发包人负责。分包工程的质量应由分包人向承包人负责。承包人应对分包人的工程质量向发包人承担连带责任。

9. 分包人应接受承包人的质量管理。

10. 质量控制应按下列程序实施：

(1) 确定项目质量目标。

(2) 编制项目质量计划。

(3) 实施项目质量计划：

1) 施工准备阶段质量控制。

2) 施工阶段质量控制。

3) 竣工验收阶段质量控制。

三、编制质量计划

1. 质量计划的编制应符合下列规定：

(1) 应由项目经理主持编制项目质量计划。

(2) 质量计划应体现从工序、分项工程、分部工程到单位工程的过程控制，且应体现从资源投入到完成工程质量最终检验和试验的全过程控制。

(3) 质量计划应成为对质量保证和对内质量控制的依据。

2. 质量计划应包括下列内容：

(1) 编制依据。

(2) 项目概况。

(3) 质量目标。

(4) 组织机械。

(5) 质量控制及管理组织协调的系统描述。

(6) 必要的质量控制手段，施工过程、服务、检验和试验程序等。

(7) 确定关键工序和特殊过程及作业的指导书。

(8) 与施工阶段相适应的检验、试验、测量、验证要求。

(9) 更改和完善质量计划的程序。

3. 质量计划的实验应符合下列规定:

(1) 质量管理人员应按照分工控制质量计划的实施，并应按规定保存控制记录。

(2) 当发生质量缺陷或事故时，必须分析原因、分清责任、进行整改。

4. 质量计划的验证应符合下列规定:

(1) 项目技术负责人应定期组织具有资格的质量检查人员和内部质量审核员验证质量计划的实施效果，当项目质量控制中存在问题或隐患时，应提出解决措施。

(2) 对重复出现的不合格和质量问题，责任人应按规定承担责任，并应依据验证评价的结果进行处罚。

四、施工准备阶段的质量控制

1. 施工合同签订后，项目经理部应索取设计图纸和技术资料，指定专人管理并公布有效文件清单。

2. 项目经理部应依据设计文件和设计技术交底的工程控制点进行复测。当发现问题时，应与设计人协商处理，并应形成记录。

3. 项目技术负责人应主持对图纸审核，并应形成会审记录。

4. 项目经理应按质量计划中工程分包和物资采购的规定，选择并评价分包人和供应人，并应保存评价记录。

5. 企业应对全体施工人员进行质量知识培训，并应保存培训记录。

五、施工阶段的质量控制

1. 技术交底应符合下列规定:

(1) 单位工程、分部工程和分项工程开工前，项目技术负责人应向承担施工的负责人或分包人进行书面技术交底。技术交底资料应办理签字手续并归档。

(2) 在施工过程中，项目技术负责人对发包人或监理工程师提出有关施工方案、技术措施及设计变更的要求，应在执行前向执行人员进行书面技术交底。

2. 工程测量应符合下列规定：

（1）在项目开工前应编制测量控制方案，经项目技术负责人批准后方可实施，测量记录应归档保存。

（2）在施工过程中应对测量点线妥善保护，严禁擅自移动。

3. 材料的质量控制应符合下列规定：

（1）项目经理部应在质量计划确定的合格材料供应人名录中按计划招标采购材料、半成品和构配件。

（2）材料的搬运和贮存应按搬运储存规定进行，并应建立台账。

（3）项目经理部应对材料、半成品、构配件、进行标识。

（4）未经检验和已经检验为不合格的材料、半成品、构配件和工程设备等，不得投入使用。

（5）对发包人提供的材料、半成品、构配件和工程设备和检验设备等，必须按规定进行检验和验收。

（6）监理工程理师应对承包人自行采购的物资进行验证。

4. 机械设备的质量控制应符合下列规定：

（1）应按设备进场计划进行施工设备的调配。

（2）现场的施工机械应满足施工需要。

（3）应对机械设备操作人员的资格进行确认，无证或资格不符合者，严禁上岗。

5. 计量人员应按规定控制计量器具的使用、保管、维修和检验，计量器具应符合有关规定。

6. 工序控制应符合下列规定：

（1）施工作业人员应按规定经考核后持证上岗。

（2）施工管理人员及作业人员应按操作规程、作业指导书和技术交底文件进行施工。

（3）工序的检验和试验应符合过程检验和试验的规定，对查出的质量缺陷应按不合格控制程序及时处置。

（4）施工管理人员应记录工序施工情况。

7. 特殊过程控制应符合下列规定：

(1) 对在项目质量计划中界定的特殊过程，应设置工序质量控制点进行控制。

(2) 对特殊过程的控制，除应执行一般过程控制的规定外，还应由专业技术人员编制专门的作业指导书，经项目技术负责人审批后执行。

8. 工程变更应严格执行工程变更程序，经有关单位批准后方可实施。

9. 建筑产品或半成品应采取有效措施妥善保护。

10. 施工中发生的质量事故，必须按《建设工程质量管理条件》的有关规定处理。

六、竣工验收阶段的质量控制

1. 单位工程竣工后，必须进行最终检验和试验。项目技术负责人应按编制竣工资料的要求收集、整理质量记录。

2. 项目技术负责人应组织有关专业技术人员按最终检验和试验规定，根据合同要求进行全面验证。

3. 对查出的施工质量缺陷，应按不合格控制程序进行处理。

4. 项目经理部应组织有关专业技术人员按合同要求编制工程竣工文件，并应做好工程移交准备。

5. 在最终检验和试验合格后，应对建筑产品采取防护措施。

6. 工程交工后，项目经理部应编制符合文明施工和环境保护要求的撤场计划。

七、质量持续改进

1. 项目经理部应分析和评价项目管理现状，识别质量持续改进区域，确定改进目标，实施选定的解决办法。

2. 质量持续改进应按全面质量管理的方法进行。

3. 项目经理部对不合格控制应符合下列规定：

(1) 应按企业的不合格控制程序，控制不合格物资进入项目施工现场，严禁不合格工序未经处置而转入下道工序。

(2) 对验证中发现的不合格产品和过程，应按规定进行鉴别、标识、记录、评价、隔离和处置。

(3) 应进行不合格评审。

(4) 不合格处置应根据不合格严重程度，按返工、返修或让步接收、降级使用、拒收或报废四种情况进行处理。构成等级质量事故的不合格，应按国家法律、行政法规进行处置。

(5) 对返修或返工后的产品，应按规定重新进行检验和试验，并应保存记录。

(6) 进行不合格让步接收时，项目经理部应向发包人提出书面让步申请，记录不合格程度和返修情况，双方签字确认让步接收协议和接收标准。

(7) 对影响建筑主体结构安全和使用功能的不合格，应邀请发包人代表或监理工程师、设计人、共同确定处理方案，报建设主管部门批准。

(8) 检验人员必须按规定保存不合格控制的记录。

4. 纠正措施应符合下列规定：

(1) 对发包人或监理工程师、设计人、质量监督部门提出的质量问题、应分析原因，制定纠正措施。

(2) 对已发生或潜在不合格信息，应分析并记录结果。

(3) 对检查发现的工程质量问题或不合格报告提及的问题，应由项目技术负责人组织有关人员判定不合格程度，制定纠正措施。

(4) 对严重不合格或重大质量事故，必须实施纠正措施。

(5) 实施纠正措施的结果应由项目技术负责人检验并记录；对严重不合格或等级质量事故的纠正措施和实施效果应验证，并应报企业管理层。

(6) 项目经理部或责任单位应定期评价纠正措施的有效性。

5. 预防措施应符合下列规定：

(1) 项目经理部应定期召开质量分析会，对影响工程质量潜在原因，采取预防措施。

(2) 对可能出现的不合格，应制定防止再发生的措施并组织实施。

(3) 对质量通病应采取预防措施。

(4) 对潜在的严重不合格，应实施预防措施控制程序。

(5) 项目经理部应定期评价预防措施的有效性。

八、检查、验证

1. 项目经理部应对项目质量计划执行情况组织检查，内部审核和考核评价验证实施效果。

2. 项目经理应依据考核中出现的问题、缺陷或不合格，召开有关专业人员参加的质量分析会，并制定整改措施。

附：安全隐患和安全事故处理

1. 安全隐患处理应符合下列规定：

(1) 项目经理部应区别“通病”、“顽症”、首次出现、不可抗力等类型，修订和完善安全整改措施。

(2) 项目经理部应对检查出的隐患立即发出安全隐患整改通知单，受检单位应对安全隐患原因进行分析，制定纠正和预防措施。纠正和预防措施应经检查单位负责人批准后实施。

(3) 安全检查人员对检查出的违章指挥和违章作业行为向责任人当场指出，限期纠正。

(4) 安全员对纠正和预防措施的实施过程和实施效果应进行跟踪检查，保存验证记录。

2. 项目经理部进行安全事故处理应符合下列规定：

(1) 安全事故处理必须坚持“事故原因不清楚不放过，事故责任者和员工没有受到教育不放过，事故责任者没有处理不放过，没有制定防范措施不放过”的原则。

(2) 安全事故应按以下程序进行处理：

1) 报告安全事故：安全事故发生后，受伤者或最先发现事故的人员应立即用最快的传递手段，将发生事故的时间、地点、伤亡人数、事故原因等情况，上报至企业安全主管部门。企业安全主管部门视事故造成的伤亡人数或直接经济损失情况，按规定向政府主管部门报告。

2）事故处理：抢救伤员、排除险情、防止事故蔓延扩大，做好标识，保护好现场。

3）事故调查：项目经理应指定技术、安全、质量等部门的人员，会同企业工会代表组成调查组，开展调查。

4）调查报告：调查组应把事故发生的经过、原因、性质、损失责任、处理意见、纠正和预防措施撰写成调查报告，并经调查组全体人员签字确认后报企业安全主管部门。

第六节　成品、半成品保护及修补清理

一、成品、半成品保护

在装饰工程施工中，这是一项保证工程质量，节约材料的重要措施。

1. 门框，在高度1.2m以下部分，要做防护套，防止被撞击损坏。

2. 浴盆，要加盖保护，不得将工具、材料或其他物品堆放在浴盆内。贴墙面砖时要将保护盖加厚足以承人和堆放材料。不得在浴盆内用水洗工具和工作服，特别是带水泥砂浆的物品。

3. 梳妆台，不得以台面作为脚蹬，不得将坚硬物品以及各种工具放在台面上，不得在面盆内洗涮带水泥砂浆的工具。

4. 便桶，交工前不准用来大小便，不准将水泥带、纸及其他杂物、棉线等投入马桶内，不准将马桶作为脚蹬。

5. 地面：

(1) 不得将各种坚硬重物直接堆放在地面上。如要将梯子支撑在地面上，可以在梯子腿底布包上泡沫塑料或在地面垫上4cm的木板。

(2) 不得在水泥地面、大理石或其他材料的地面上堆放水泥，更不准在地面上拌和水泥砂浆。

(3) 地毯地面，禁止穿鞋入内。

(4) 铺地毯房内禁止吸烟。

(5) 不得在地毯房内睡觉。

(6) 不得在地毯房内存放各种工具及其他物品。

6. 墙面，不得将金属材料、木料、工具靠在墙面上，不得将墙面做支撑点。

7. 卫生间地面成品要用塑料薄膜和编织布遮盖。

8. 地漏、下水口、水龙头在施工过程中要加以堵塞，以防止掉进杂物。

9. 施工时应将废弃物随时清理。

10. 清理时，先用人工拣拾大块杂物，然后用大功率吸尘器清除。不能用扫帚清扫，不得用酸性材料清洗卫生间。清除粘在表面上的水泥浆以及其他污染物时，不能用坚硬工具铲剔。

11. 卫生洁具安装完毕，不得动用电气焊，如非动不可，要采取措施。

12. 石膏板、岩棉板、轻钢龙骨要随用随领，不得无计划领用、堆放以至被损坏。

13. 有棱角的材料要小心搬运、码放，不得乱堆。应采取措施保护好成品。如卫生陶瓷、浴盆等。

14. 要随时清除现场的易燃性包装物。

15. 如安装好的设备妨碍下一道工序装饰施工，装饰工人不得单独改变设备位置，应与安装工人合作。同样，安装工人要检修设备管线时，也要与装饰工人合作，不得私自拆毁吊顶及装饰面层。

二、清理与修补

竣工清理是装饰工程中特有的工序。其质量标准应达到使用要求，达到用户满意，具体做法和要点如下：

(一) 玻璃窗清理

先将铝合金框的塑料保护膜沿壁纸板和窗台板面用刀割开，然后揭掉。

用湿毛巾擦掉玻璃和边框的污渍，然后再用干毛巾擦，如有残留痕迹可以用洗衣粉擦拭或用开刀轻轻铲掉。严禁用砂纸或砂轮打磨。

在擦窗框时要注意不要弄脏墙面壁纸。

（二）墙面壁纸清理

壁纸局部有污渍，可先用洗衣粉擦净再用清水清洗，与顶棚交接处应注意不要弄脏了顶棚的乳胶漆。

（三）木制品清理

木门、踢脚板、窗台板可用湿毛巾擦洗，特别要注意踢脚板上口，门贴脸的侧立面、门扇上冒头的顶面均应清洗干净，不要漏掉。

（四）壁柜清理

壁柜门及衣架均应清理干净，在清洗时注意不要污染墙面的乳胶漆。保证壁柜樘框突出墙面 2mm 并清理干净，以保持线条清晰。

（五）家具清理

家具的表面应擦拭干净以保证使用。

（六）墙面瓷砖、大理石清理

先用开刀铲掉灰渍，然后用湿毛巾擦洗，注意清理墙面大理石带上口的凹槽，应保证顺直光滑。

（七）洗手盆、浴盆、便桶清理

先将盆面上的污渍有开刀铲净，注意把铲掉的灰渣等垃圾集中在垃圾桶或垃圾箱内运走，严禁掉入盆中下水口内，以保证下水管通畅。后再用水冲洗，洗不掉的痕迹可用去污粉擦洗，也可用洗衣粉擦洗。

（八）地面清理

地面上的污渍用开刀铲掉，集中起来运走，严禁将灰渣扫进地漏，以免堵塞。地面应用水冲洗，残留的痕迹可用去污粉擦洗或用水砂纸打磨，以保证地砖的洁净。

（九）修补

不是返工，而是因某种客观原因使成品遭到损坏后又不可能更换而进行的修补。比如，门框上有个节疤掉下来出现一个缺口，这时可以将门框缺口处修理，再找一块相似的木料，依照缺口大小修凿好，镶嵌到缺口里，使之严密无隙，再打磨光滑，油漆后即可。再如大理石台面在安装时折断，如果更换新料，浪费太大，可以用云石粉和胶水调和，将台面粘起来，经打磨后即可。

类似的情况是很多的，比如石膏板被撞破了一个洞、壁纸坏了一角都可以修补，但技术要求很高。

第七节　样板间施工与操作示范

一、样板间做法

在相同的房间进行装饰施工时，可以先做样板间。做样板的种类包括有设计方案，无设计方案两种。

“有设计方案”是指甲方已经有了设计方案，按方案施工完后，再进行评判取舍，以此方案定材料，定工艺，定价格，修改设计图。

“无设计方案”是指没有设计，甲方口头交底或书面交底，指明做法和用料要求。做完以后根据样板间决定取舍、定材料、做法定方案，并依据样板间进行设计。

按做法不同深度，可以是“实地做”和“模拟做”两种。实地做也有两种做法：

一是新建工程原设计已将上下水定位与设备配套，这样的样板间，可以按成品施工，以后不必拆改。

一是旧屋的改建，这种房间的上下水不一定与设备配套，所以做完的样板间，上下水或电气是不能使用的，正式施工仍需拆改。

另一种做法叫“模拟做”，按照设计在另一处进行模拟搭设房间的样板间，这种样板间可以供参观，也可作设计模拟。

另外，同一工程可能会做几个不同风格的样板间，这是招标的附带条件，投标单位为了争取工程任务，会尽力去做好的。

样板间不是布景道具，施工时要认真对待，按规范施工，不可马虎从事。

二、工艺示范

对于某一项工艺，高级工程技师应该选择有代表性的部位进行示范，示范也可以有两种做法。一是实地示范，可以按系列工艺示范，也可以某一栋作层示范，另一种是做样板。如：在木板上、石膏板上、在抹灰面上都可以做示范样本。示范样本有两个作用，一是给初、中级工演示做法，一是做成样给甲方签定作为工程验收的依据。凡演示做法的，应该做出总结编成工艺卡，作为大面积施工的规范。

第八节　工 料 计 算

工料计算既是专业分包合同计价的需要，也是分包企业或班组内部核算的基础。

一、工料计算的依据

所分包的工程项目、设计图纸、施工做法及质量等级要求(工艺标准)、图纸汇审、答疑结果；

《建筑装饰装修工程质量验收规范》(GB50210—2001)；

《全国统一建筑装饰装修工程消耗量定额》（GYD—901—2002)；

地方建设行政主管部门颁发的有关定额，以及相关文件如《北京市建设工程预算定额（装饰工程）京建京［2001］664 号文。

二、工程量计算

涂裱工程的工程量计算是比较复杂的，凡是需要进行涂饰和裱糊的部位都需要进行计算。所以必须根据不同的部位和造型，依据“消耗量定额”计算规则进行计算。

（一）工程量计算规则

1. 楼地面、顶棚、墙、柱、梁面的喷（刷）涂料、抹灰面油漆及裱糊工程，均按表 6-5～表 6-12 相应的计算规则计算。

2. 木材面的工程量分别按表6-5～表6-8相应的计算规则计算。

3. 金属构件油漆的工程量按构件重量计算。

4. 定额中的隔墙、护壁、柱、顶棚木龙骨及木地板中木龙骨带毛地板，刷防火涂料工程量计算规则如下：

(1) 隔墙、护壁木龙骨按其面层正立面投影面积计算。

(2) 柱木龙骨按其面层外围面积计算。

(3) 顶棚木龙骨按其水平投影面积计算。

(4) 木地板中木龙骨及木龙骨带毛地板按地板面积计算。

5. 隔墙、护壁、柱、顶棚面层及木地板刷防火涂料，执行其他木材面刷防火涂料相应子目。

6. 木楼梯（不包括底面）油漆，按水平投影面积乘以2.3系数，执行木地板相应子目。

木材面油漆执行木门定额工程量系数表　　表6-5

项目名称	系数	工程量计算方法
单层木门	1.00	按单面洞口面积计算
双层（一玻一纱）木门	1.36	
双层（单裁口）木门	2.00	
单层全玻门	0.83	
木百叶门	1.25	

木材面油漆执行木窗定额工程量系数表　　表6-6

项目名称	系数	工程量计算方法
单层玻璃窗	1.00	按单面洞口面积计算
双层（一玻一纱）木窗	1.36	
双层框扇（单裁口）木窗	2.00	
双层框三层（二玻一纱）木窗	2.60	
单层组合窗	0.83	
双层组合窗	1.13	
木百叶窗	1.50	

木材面油漆执行木扶手定额工程量系数表　　表6-7

项目名称	系数	工程量计算方法
木扶手（不带托板）	1.00	按延长米计算
木扶手（带托板）	2.60	
窗帘盒	2.04	
封檐板、顺水板	1.74	
挂衣板、黑板框、单独木线条100mm以外	0.52	
挂镜线、窗帘棍、单独木线条100mm以内	0.35	

木材面油漆执行其他木材面定额工程量系数表　　表 6-8

项目名称	系数	工程量计算方法
木板、纤维板、胶合板顶棚	1.00	长×宽
木护墙、木墙裙	1.00	
窗台板、筒子板、盖板、门窗套、踢脚线	1.00	
清水板条顶棚、檐口	1.07	
木方格吊顶顶棚	1.20	
吸音板墙面、顶棚面	0.87	
暖气罩	1.28	
木间壁、木隔断	1.90	单面外围面积
玻璃间壁露明墙筋	1.65	
木栅栏、木栏杆（带扶手）	1.82	
衣柜、壁柜	1.00	按实刷展开面积
零星木装修	1.10	展开面积
梁柱饰面	1.00	展开面积

抹灰面油漆、涂料、裱糊　　表 6-9

项目名称	系数	工程量计算方法
混凝土楼梯底（板式）	1.15	水平投影面积
混凝土楼梯底（梁式）	1.00	展开面积
混凝土花格窗、栏杆花饰	1.82	单面外围面积
楼地面、顶棚、墙、柱、梁面	1.00	展开面积

消耗定额举例（一）

表 6-10

工作内容：清扫、磨砂纸、润油粉、刮腻子、刷硝基清漆、磨退出亮

定额编号				5—073	5—074	5—075	5—076
项目				润油粉、刮腻子、硝基清漆、磨退出亮			
				单层木门	单层木窗	木扶手（不带托板）	其他木材面
				m²		m	m²
名称		单位	代码	数量			
人工	综合人工	工日	000001	1.3610	1.3610	0.3745	0.9830
材料	石膏粉	kg	AC0760	0.0084	0.0070	0.0008	0.0042
	大白粉	kg	AJ0520	0.5600	0.4670	0.0540	0.2823
	砂纸	张	AN4950	0.4800	0.4000	0.0500	0.2400

续表

定额编号			5—073	5—074	5—075	5—076
项目			润油粉、刮腻子、硝基清漆、磨退出亮			
			单层木门	单层木窗	木扶手（不带托板）	其他木材面
			m^2		m	m^2
名称	单位	代码	数量			
材料 水砂纸	张	AN4952	0.4800	0.4000	0.0500	0.2400
泡沫塑料 30mm 厚	m^2	AP0260	0.0200	0.0200	0.0100	0.0100
豆包布(白布)0.9m 宽	m	AQ0432	0.0960	0.0800	0.0090	0.0480
棉花	kg	AQ1160	0.0100	0.0080	0.0010	0.0050
棉纱头	kg	AQ1180	0.0360	0.0300	0.0040	0.0180
硝基清漆	kg	HA0230	1.1743	0.9786	0.1125	0.5921
滑石粉	kg	HA1280	0.0020	0.0030	0.0010	0.0010
色粉	kg	HA1310	0.0420	0.0350	0.0040	0.0212
硝基稀释剂	kg	HA1930	2.7480	2.2900	0.2634	1.3850
煤油	kg	JA0470	0.0050	0.0040	0.0010	0.0020
酒精（乙醇）	kg	JA0900	0.0140	0.0114	0.0013	0.0070
漆片	kg	JA2390	0.0031	0.0026	0.0003	0.0016
砂蜡	kg	JA2480	0.0370	0.0310	0.0040	0.0190
上光蜡	kg	JA2490	0.0120	0.0100	0.0010	0.0060
骨胶	kg	JB0380	0.0180	0.0150	0.0020	0.0090

消耗定额举例（二）

表 6-11

工作内容：　清扫、补缝、刮腻子、刷漆等　　　　　　计量单位：t

定额编号				5—182	5—183	5—184	5—185
项目				过氯乙烯清漆			
				五遍成活	每增加一遍		
					底漆	磁漆	清漆
	名称	单位	代码	数量			
人工	综合人工	工日	000001	17.1000	3.2800	3.2800	3.0200
材料	过氯乙烯磁漆	kg	HA0080	22.6200	—	11.3100	—
	过氯乙烯底漆	kg	HA0390	11.2200	11.2200	—	—
	过氯乙烯清漆	kg	HA0550	30.4500	—	—	15.2300
	过氯乙烯稀释剂	kg	HA1660	22.0100	3.9500	3.5800	7.6200
	过氯乙烯腻子	kg	HA1770	0.100	—	—	—

裱糊消耗定额举例 **表 6-12**

工作内容：清扫、执补、刷底油、刮腻子、磨砂纸、配制贴面材料、裱糊、刷胶、裁墙纸（布）、贴装饰画等全部操作过程 计量单位：m^2

定额编号				5—287	5—288	5—289
项目				墙面贴装饰纸		
				墙纸		织锦缎
				不对花	对花	
名称		单位	代码	数量		
人工	综合人工	工日	000001	0.2040	0.2180	0.2510
材料	墙纸	m^2	AG0030	1.1000	1.1579	—
	织锦缎	m^2	AG0060	—	—	1.1579
	大白粉	kg	AJ0520	0.2350	0.2350	0.2350
	酚醛清漆	kg	HA0210	0.0700	0.0700	0.0700
	油漆溶剂油	kg	JA0541	0.0300	0.0300	0.0300
	聚醋酸乙烯乳液	kg	JA2150	0.2510	0.2510	0.2510
	羧甲基纤维素	kg	JA3040	0.0165	0.0165	0.0165

三、工时消耗定额举例（表 6-13）

四、工料计算实例（图 6-1、表 6-14）

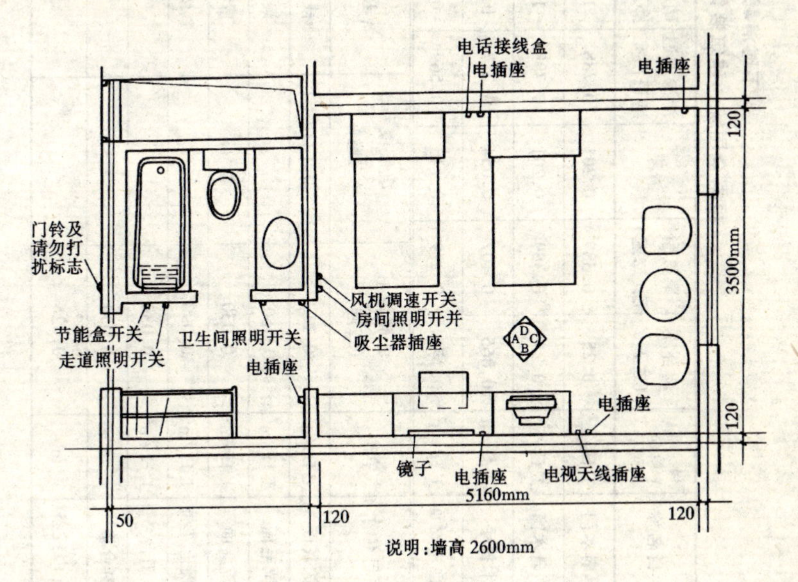

图 6-1 客房平面

工时消耗定额举例

（根据全国统一建筑装饰装修工程消耗量定额）

表 6-13

项目名称	单位	调合漆（二遍）	聚氨酯漆（二遍）	清漆	清漆四遍磨退出亮	硝基清漆磨退出亮	漆片硝基磨退出亮	丙烯酸磨退出亮	过氯乙烯五遍成活	广漆（二遍）	亚光面漆（二遍）	防火涂料
单扇木门	工日/m^2	0.25	0.389	0.201	0.788	1.361	1.048	0.707	0.490	1.237	0.557	0.1603
单扇木窗	工日/m^2	0.25	0.389	0.201	0.788	1.361	1.048	0.707	0.490	1.237	0.557	0.1603
木扶手	工日/m	0.065	0.107	0.054	0.217	0.3745	0.291	0.197	0.133	0.219	0.151	0.0323
其他木材面	工日/m^2	0.176	0.279	0.146	0.569	0.983	0.757	0.511	0.301	0.540	0.409	0.0897

项目名称	单位	乳胶漆（二遍）	乳胶漆（三遍）	项目名称	单位	墙、柱、梁	顶棚
抹灰面	工日/m^2	0.112	0.122	裱糊大压花	工日/m^2	0.114	0.127
拉毛面	工日/m^2	0.0501		裱糊中压花	工日/m^2	0.103	0.114
砖墙面	工日/m^2	0.030		裱糊喷中点	工日/m^2	0.093	0.103
混凝土花饰	工日/m^2	0.090		裱糊平面	工日/m^2	0.053	0.059
阳台	工日/m^2	0.030					
窗台板	m	0.034					
8m 内线条	m	0.026					

工料计算 表 6-14

定额编号	工程名称	单位	工程量		合计
5—196	客房卧室墙面抹灰面刷乳胶漆三遍	m^2	40.62		
综合人工		工日	0.122	40.62	4.956
材料	石膏粉	kg	0.0205		0.833
	大白粉	kg	0.528		21.447
	砂纸	张	0.080		3.250
	豆包布（0.9m 宽）	m	0.0021		0.085
	乳胶漆	kg	0.4326		17.572
	滑石粉	kg	0.1386		5.630
	聚醋酸乙烯乳液	kg	0.060		2.437
	羧甲基纤维素	kg	0.012		0.487

墙面工程：要求刷普通乳胶漆三遍。

1.A、O 面（3.9m－0.24）×2×2.6m（高）＝$19.03m^2$－$5.61m^2$＝$13.42m^2$

扣减（1）窗洞　1.5m×1.5m＝$2.25m^2$　（窗洞口）

（2）哑口　1.4m×2.4m＝$3.36m^2$

小计　$5.61m^2$

2.B、D 面（5.4m－0.17m）×2×2.6m 高＝$27.20m^2$

3. 墙面合计　$13.42m^2$＋$27.2m^2$＝$40.62m^2$

第九节　招投标知识

招标投标是在市场经济条件下进行大宗货物的买卖，工程建设项目的发包与承包以及服务项目的采购与提供时所采用的一种交易方式。

国家建设部于 2001 年 6 月 1 日发布了《房屋建筑和市政基础设施工程施工招标投标管理办法》（建设部第 89 号令）。

下面主要介绍投标单位应该做的工作：

1. 获取招标信息；

2. 参加报名（携带本单位工商行政登记证、资质等级证书、投标资格卡）；

3. 获得甲方的“投标资格预审书”；

4. 填报“预审书”；

5. 预审合格，获得招标文件及工程设计图纸；

6. 现场考察、图纸审阅、提出疑问；

7. 参加答疑会；

8. 编制报价书；

9. 编制施工组织设计；

10. 填写投标书；

11. 封标，送标书；

12. 参加开标会；

13. 中标；

14. 签订工程合同。

作为专业分包单位，应该密切配合承包单位做好投标过程中的各项工作，争取中标。

附　录

涂饰工艺名词浅释　　**附表 1**

序号	名词	含义浅释
1	油性漆	以具有干燥能力的油脂作为主要成膜物质的涂料，如清油、厚漆、油性调和漆，又称油脂漆
2	树脂漆	以树脂作为主要成膜物质的涂料，如天然树脂漆（虫胶漆、大漆）、人造树脂漆（如酯胶漆、硝基漆）、合成树脂漆（如醇酸漆、酚醛漆等），按含油量的多少有长油度、中油度、短油度之分
3	油基漆	以油料和少量天然树脂作为主要成膜物质的涂料，按含油量的多少有长油度、中油度、短油度之分
4	长、中、短油度	在油基漆中，树脂:油＝1:2 以下为短油度，1:2～3 为中油度，1:3 以上为长油度
5	灰油	将生桐油与土籽、樟丹等催干剂适量熬制成灰油。用来配制油满用
6	坯油	将纯桐油或以桐油为主的混合油，不加任何催干剂熬。成熟桐油用以配制广漆用
7	地仗活	在古建工程中利用灰油、光油、血料、砖灰、麻布等，将建筑物的构件进行衬底、整形、防腐和装饰的施工过程
8	油满	用面粉及石灰水将灰油乳化，搅成糊状
9	立粉	又称“沥粉”，是古建油漆彩画中的一种技法。用特制的工具将尖似软腻子的糊状物，成条状立在图案花纹的轮廓上，形成凸的特殊造型
10	拼色	也称调色或勾色，通过用水色中酒色调整物面的色差，使整个漆层色泽均匀的工艺过程
11	酒色	将一些碱性染料或醇溶性染料溶解于酒精或虫胶清漆中形成的染色液
12	水色	将溶解于水的颜料或染料，以一定的配合比溶解在水中形成的染色液
13	汗胶	为增强涂料与基层的粘结力，将一定稠度的胶液涂饰在基层上的操作过程

续表

序号	名词	含 义 浅 释
14	棕眼	又称鬃眼，树木的木质细胞，在木材的表面上呈现的管孔
15	金胶油	古建工程中粘贴金箔用的底油
16	土子	又称土籽，为催干剂，主要成分为 MnO_2

常用涂料名称对照表　　附表 2

序号	涂 料 名 称	又 名
1	清油	光油、熟桐油、全油性清漆、鱼油、调漆油、熟油
2	铅油	厚油、厚漆
3	油性调和漆	调合漆、普通色漆、复色漆
4	油基色漆	磁漆、高级色漆
5	虫胶清漆	虫胶漆、洋干漆、漆片、泡立水、虫胶油精涂料
6	硝基清漆	腊克、清喷漆、喷漆
7	大漆	天然漆、土漆、山漆、生漆、国漆
8	广漆	油基大漆、熟漆、金漆、龙罩漆
9	黑色推光漆	黑精制大漆
10	白酯胶磁漆	特酯胶胶磁漆、白万能漆
11	醇酸磁漆	三宝漆
12	醇酸清漆	三宝清漆
13	酚醛清漆	凡立水、永明漆、水砂纸漆
14	硝基磁漆	混色腊克、混色喷漆
15	聚酯漆	聚酯木器漆、不饱和聚酯漆、玻璃钢漆
16	聚氨酯漆	树脂清漆、685 树脂、672 树脂
17	银粉漆	铝粉漆、铝银浆、银粉浆
18	可赛银粉	酪素墙粉
19	石灰浆	石灰水、白灰浆
20	鸡脚菜	龙须菜、鹿角菜
21	松香水	200 号溶剂汽油、石油溶剂
22	酒精	乙醇
23	硝基漆稀释剂	喷漆稀料、香蕉水、信那水
24	催干剂	燥漆、燥液、易干油、燥头水、燥油、干燥剂

续表

序号	涂料名称	又名
25	固化剂	硬化剂
26	防潮剂	防白药水
27	脱漆剂	去漆药水、洗漆剂、脱白药水
28	油灰	批灰、油性腻子
29	水粉子	润老粉
30	动物胶	广胶、皮胶、骨胶
31	料血	血料、熟猪血、蚂蝗料
32	腻子	填泥
33	红丹	铅丹、樟丹、光明丹
34	黄丹	密陀僧、它参
35	氧化铁红	红土、铁红、西红、凡红
36	氧化铁黄	铁黄、茄门黄
37	洋苏木	金黄粉、酸性橙
38	哈巴粉	栗色粉
39	块子金黄	碱性橙、盐基金黄
40	金粉	铜粉
41	银粉	铝粉
42	老粉	大白粉、白土粉、双飞粉、方解石粉、白垩、碳酸钙、麻斯面子
43	锌钡白	立德粉、重碳酸钙
44	石膏粉	硫酸钙
45	滑石粉	硅酸镁
46	重晶石粉	硫酸钡
47	体质颜料	填料、填充料
48	石蜡	白蜡、硬蜡、四川蜡
49	上光蜡	油蜡、汽车蜡、亮光蜡、光蜡
50	砂蜡	磨光剂、抛光膏、绿油

参考文献

1 瞿云才．机械工业技师考评培训技材（涂装工）．北京：机械工业出版社，1998

2 土木建筑职业技能岗位培训教材（油漆工、中高级）．北京：中国建筑工业出版社，1998

3 周中平，朱立，赵寿堂，赵毅红．空气污染检测与控制．北京：化学工业出版社，2002

4 陈煜华．建筑油漆工（中级）．北京：中国劳动社会保障出版社，1999

5 房志勇．建筑装修机具使用与维修．北京：金盾出版社，2000

6 《建筑装饰装修工程质量验收规范》（GB 50210—2001）

7 《建设工程项目管理范围》（GB/T50326—2001）

8 建筑工人职业技能培训丛书（油漆工基本技能）．北京：金盾出版社

9 文化部文物保护科研所．中国古建筑修缮技术．北京：中国建筑工业出版社

10 叶刚．建筑工程安全员必读．北京：金盾出版社

11 《古建园林技术》杂志．总 54 期

12 陈晋尧，鲁心源．现代建筑装饰施工管理．北京：中国建筑工业出版社，1991

13 《全国统一建筑装饰装修工程消耗量定额》．2002